阿拉善高原拟步甲区系 与地理分布

主编 贾 龙 任国栋 张建英

宁夏高等学校一流学科建设(草学学科)项目(NXYLXK2017A01)
宁夏大学优秀学术著作出版基金 资助
宁夏高等学校科学技术研究项目(NGY2017014)

科学出版社

北 京

内 容 简 介

  阿拉善高原地处我国西北地区，气候干旱，环境条件恶劣，拟步甲在高原范围内普遍分布，而具体分布有多少种、生存在哪里、其分布格局如何等问题都极具研究价值，本书在大量采集标本的基础上探讨拟步甲在阿拉善高原的区系与地理分布。本书共 5 章：第一章介绍了阿拉善高原的研究现状，包括研究背景、研究目的及内容和高原的自然地理状况等；第二章介绍了阿拉善高原拟步甲的种类组成，共研究总结阿拉善高原拟步甲 5 亚科 23 族 52 属 206 种(亚种)，科学新发现 1 种，新描述蛹 4 种；第三章介绍了阿拉善高原拟步甲区系组成特点与地理分布、与毗邻及相关地区的关系、阿拉善高原拟步甲的空间分布格局；第四章介绍了阿拉善高原拟步甲的特有性与生态地理区划；第五章介绍了阿拉善高原拟步甲区系的起源与发展、区系与邻近地区的关系、生活型、适应特性。

  本书可作为植物保护、生物科学、动物学、昆虫学等专业科研人员及高等院校师生进行物种区系与地理分布相关研究、学习的参考资料。

图书在版编目(CIP)数据

阿拉善高原拟步甲区系与地理分布 / 贾龙，任国栋，张建英主编. —北京：科学出版社，2018.12

  ISBN 978-7-03-059031-2

  Ⅰ. ①阿⋯ Ⅱ. ①贾⋯ ②任⋯ ③张⋯ Ⅲ. ①拟步甲科–地理分布–阿拉善盟 Ⅳ. ①Q969.498.2

  中国版本图书馆CIP数据核字(2018)第226401号

责任编辑：王 静 白 雪 / 责任校对：郑金红
责任印制：张 伟 / 封面设计：刘新新

科 学 出 版 社 出版

北京东黄城根北街 16 号
邮政编码：100717
http://www.sciencep.com

北京虎彩文化传播有限公司 印刷
科学出版社发行 各地新华书店经销

*

2018 年 12 月第 一 版 开本：720 × 1000 1/16
2018 年 12 月第一次印刷 印张：14 3/4
字数：300 000

定价：**118.00 元**
(如有印装质量问题，我社负责调换)

前　言

　　阿拉善高原(Alxa Plateau)位于贺兰山以西、甘肃新疆边界以东的沙漠、戈壁集中分布区。荒漠化是该地区地貌的一个重要特征。高原处于我国干旱地区的东部，东部为我国的东部季风区，西南部是青藏高原；距海岸线较近的东侧和南侧其距离也分别超过 2000km 和 4000km，加之常年受西风带影响，其气候极其干燥，高原内分布有三大沙漠及若干小型沙漠，北缘是茫茫戈壁。

　　阿拉善高原尘源物质丰富、风大沙多，成为沙尘暴的多发中心，严重影响着全国甚至周边国家的气候，是我国乃至亚洲地区尘源物质的重要发源区域之一。高原荒漠化非常严重，而同时高原的现有植被仍然发挥着重要的生态作用，在维护我国北方地区乃至全国的生态安全上的独特地理和生态地位中异常重要。高原地处内陆西部，为极干旱荒漠区，沙漠众多、戈壁区域广、面积大，作为下垫面使得高原干旱程度愈加严重。高原蒸发强烈，风能资源丰富，且高温、多风、温差大、降水少，极易发生气象灾害。高原土壤养分含量低，植物以旱生为主，耐旱、耐寒、耐盐碱、耐风沙侵害，群落种类主要由荒漠植物和沙生植物组成；荒漠化形势严峻，沙化比例高，而拟步甲科昆虫是如何生存、活动和发展的，其区系性质等一系列问题，需要对高原拟步甲进行认真分析研究和深入探讨、阐释。

　　本书在长期对阿拉善高原拟步甲物种资源考察获得大量定名标本的基础上得以完成，整理出阿拉善高原拟步甲系统分类与分布名录，并对其区系组成、区系起源、动物地理学及与毗邻地区拟步甲分布的关系进行比较分析，得出如下初步成果。

一、种类组成

　　研究总结阿拉善高原拟步甲 5 亚科 23 族 52 属 206 种(亚种)，科学新发现 1 种，即梯胸齿足甲 *Cheirodes* (*Pseudanemia*) *scalarithoracus* Ren, Ning *et* Jia, 2011；新描述蛹 4 种，分别是景泰漠土甲 *Melanesthes* (*Melanesthes*) *jintaiensis* Ren, 1992、多皱漠土甲 *M.* (*Opatronesthes*) *rugipennis* Reitter, 1889、波氏真土甲 *Eumylada potanini* (Reitter, 1889)、钝突笨土甲 *Penthicus* (*Myladion*) *nojonicus* (Kaszab, 1968)。本书对亚科、族、属级阶元的形态特征系统地总结和凝练地描述；编制了亚科、族、属、种的分类检索表，列出了文献引证，详细记载了检视标本信息，总结了分布地。

二、区系成分

阿拉善高原拟步甲以古北区中亚成分为主体,共计 186 种,占总种数的 90.3%,绝大多数为狭域地理种;在亚科级阶元上,以漠甲亚科和拟步甲亚科 2 个亚科所占比例最大,分别为 92 种和 83 种,共计 175 种,占总种数的 84.9%;在族级阶元上,以鳖甲族 Tentyriini 和土甲族 Opatrini 的物种最为丰富,分别占总种数的 26.1% 和 23.2%;在属级阶元上,以琵甲属 *Blaps* 最多,共计 23 种(占总种数的 11.1%);特有属仅景土甲属 *Jintaium* 1 属;特有种 41 种(占总种数的 20.0%)。

三、阿拉善高原拟步甲的分布类型及其与我国动物地理区的基本关系

(一)分布类型

高原拟步甲分布类型有 16 种,按分布型所占比例:蒙新区单区分布型＞阿拉善特有分布型＞华北区+蒙新区分布型＞蒙新区+青藏区分布型,其他分布型所占比例甚微。

(二)与我国各动物地理区的基本关系

高原拟步甲分布情况与我国动物地理区的基本关系(由近到远):蒙新区＞华北区＞青藏区＞华中区＞西南区＞东北区＞华南区。

四、阿拉善高原拟步甲与其毗邻及相关地区的关系

(一)与蒙古国的关系

与蒙古国的相似程度高,蒙古国分布拟步甲 6 亚科 25 族 58 属 223 种,与阿拉善高原在族、属、种级阶元的共有成分占高原的 60.9%、51.9% 和 37.4%。

(二)与我国内蒙古高原的关系

与内蒙古高原的关系紧密,内蒙古高原分布拟步甲 7 亚科 26 族 62 属 209 种,与阿拉善高原在族、属、种级阶元的共有成分占阿拉善高原的 78.3%、73.1% 和 61.2%。

(三)与我国宁夏平原的关系

与宁夏平原的关系十分紧密。宁夏平原是阿拉善高原向黄土高原的过渡带,同时也是以贺兰山为标志的荒漠与半荒漠的分界线。宁夏平原分布拟步甲 5 亚科 17 族 39 属 140 种,与阿拉善高原在族、属、种级阶元的共有成分占阿拉善高原

的 69.6%、65.4% 和 56.3%。

五、阿拉善高原拟步甲的空间分布格局和垂直分布特点

（一）空间分布格局

阿拉善高原拟步甲的物种数量随经纬度变化而有差异，即拟步甲的物种数量随纬度的升高呈下降趋势，而随经度的增加呈上升趋势。利用栅格分析法，对特有种及总体种进行分析，将阿拉善高原划分为 5 个特有种分布区，即西祁连—额济纳小区、合黎山—龙首山小区、贺兰山以西阿左旗沙漠小区、贺兰山—香山小区、乌鞘岭南山地小区。

（二）垂直分布特点

在海拔＜1000m 的相对低海拔地区，以鳖甲族 Tentyriini 占优势（40%）；随海拔升高，土甲族 Opatrini、琵甲族 Blaptini 优势渐增（最高分别达 25.8%、25%）；在＞3000m 的高山地区，拟步甲的物种数减少，出现了适应高山环境的特有种，如祁连琵甲 *Blaps.*（*Blaps.*）*nanshanica* Semenov *et* Bogatchev、拟步行琵甲 *B.*（*B.*）*caraboides* Allard 等。

六、阿拉善高原拟步甲的区系起源与适应类型

（一）区系起源

综合阿拉善高原地质的形成和历史发展，初步推测该地区拟步甲起源于白垩纪大规模的海侵、海退运动，中亚地区成为欧亚大陆拟步甲的起源和扩散中心，东扩至阿拉善高原而逐步形成现有分布格局。

（二）适应类型

经过上亿年的生存选择和适应进化，拟步甲类昆虫对阿拉善高原形成了特殊的适应能力，主要表现为：①生理适应　成虫通过特殊装置——"鞘下窝"达到储水、滤水目的，通过特殊的生理反应获取水分等；②形态适应　通过坚硬的体躯、紧密连接的体节、后翅退化、前翅愈合、足部的"沙靴"等特殊体态和体征适应荒漠、半荒漠生活；③生物学适应　通过生活习性和生活史的适应等避开夏季沙漠的高温、炎热和冬季严寒。

在开展阿拉善高原拟步甲的相关研究过程中，得到下列专家的帮助和支持：河北大学石福明教授、张锋教授、蒋继志教授、贺学礼教授、杨玉霞副教授、刘浩宇博士、杨秀娟副教授、巴义彬博士、张超博士、刘杉杉博士、董赛红博士、

潘昭博士、牛一平博士、田颖硕士；宁夏大学于有志教授、王新谱教授、张大治教授、杨贵军教授、张峰举副研究员；大理大学徐吉山副教授；延安大学苑彩霞博士。宁夏农林科学院植物保护研究所提供部分拟步甲宁夏分布信息；加拿大农业和农业食品部 Patrice Bouchard 博士在拟步甲蛹描述方面提供建议。

研究中，河北大学博物馆侯文君老师、杨新焕老师、张慧老师帮助制作部分标本。

对上述专家学者和其他同仁的宝贵支持和帮助，在此一并致谢！

由于生物物种资源分布问题的复杂性，再加上作者时间仓促，特别是水平有限，书中的遗漏和不足在所难免，恳请专家学者不吝指教，使之日臻完善。

编　者

2018 年 1 月于银川

目　　录

第一章 阿拉善高原的研究现状

阿拉善高原受其地理环境的影响，气候干燥，区内广布戈壁、沙漠，生态环境异常脆弱，动植物数量和种类相对较少，而这些更加凸显出对该地区生物资源的研究的异常重要性。近年来，各学科学者已对该地区的动物资源进行了调查和研究。

据赵铁桥(1991)报道，早在19世纪，西方列强就以传教等为名，对内蒙古地区的生物资源进行了以掠夺为目的的考察，最著名的以法国谭卫道(1862～1873)对内蒙古及我国其他地区的生物学考察为代表；1905～1918年美国人迈耶在内蒙古及我国其他地区考察经济植物新种类；1916～1930年美国人安德鲁斯在内蒙古及我国其他地区采集大量动物、化石和矿物标本。诸如此类不一一列举。

第一节 研究背景

一、昆虫学及其区系研究概况

昆虫学方面，研究主要分为两个方面(表1-1)：一方面是有关阿拉善高原昆虫区系的研究。主要有：郑乐怡和高兆宁(1990)对宁夏半翅目昆虫的报道，涉及阿拉善高原分布的有23种；刘永江等(1997)对阿拉善地区瓢虫科Coccinellidae昆虫的调查表明：阿拉善地区瓢虫科昆虫18种隶属3亚科11属，瓢虫科在阿拉善地区物种丰富度小、总体数量少、地区间分布不平衡；李鸿昌等(1990)结合对蝗总科Aeridoidea的分析，建议将"阿拉善蒙古种"作为独立的区系地理成分；乌宁等(1997)对阿拉善地区瓢虫进行调查并鉴定出该科昆虫3亚科11属18种；杨勇奇等(1993)撰写的《内蒙古阿拉善地区的半翅目昆虫》记录了阿拉善高原半翅目昆虫197种隶属19科37亚科109属；石凯(2005)对内蒙古合垫盲蝽亚科Orthotylinae昆虫进行了研究，涉及阿拉善高原分布的有19种；张慧(2010)对中国圆痕叶蝉亚科Megophthalminae的系统分类研究(半翅目：叶蝉科)中涉及阿拉善高原分布的有2种。

表 1-1　阿拉善高原昆虫区系和昆虫学研究概况

	作者	时间	研究对象	主要结论
昆虫区系研究	李鸿昌等	1990	各蝗种的区系地理成分、种属分配	提出了"阿拉善蒙古种"应被视为独立的区系地理成分
	郑乐怡、高兆宁	1990	宁夏半翅目昆虫	阿拉善高原有 23 种
	杨勇奇等	1993	阿拉善地区的半翅目昆虫	记录 19 科 37 亚科 109 属 197 种
	乌宁等	1997	阿拉善地区瓢虫	调查并鉴定出该科昆虫 3 亚科 11 属 18 种
	刘永江等	1997	阿拉善地区瓢虫科昆虫	18 种瓢虫的生态地理分布
	石凯	2005	内蒙古合垫盲蝽亚科昆虫	阿拉善高原有 19 种
	张慧	2010	中国圆痕叶蝉亚科系统分类研究(半翅目:叶蝉科)	阿拉善高原分布 2 种
昆虫学研究	奚耕思、郑哲民	1993	阿拉善右旗华癞蝗属 1 新种	形态记述
	那日苏、能乃扎布	1993	采自阿拉善左旗的中国皮蝽科 1 新种	形态记述
	呼和巴特尔等	1994	阿拉善地区,黑须污蝇	黑须污蝇的生活习性
	齐宝瑛、能乃扎布	1996	阿拉善地区盲蝽科	1 新属及 2 新种记述(半翅目:盲蝽科)
	田兆丰、马忠余	1999	采自阿拉善地区的中国地种蝇属 1 新种记述(双翅目:花蝇科)	形态记述
	田兆丰、马忠余	2000	采自阿拉善左旗的溜蝇属 1 新种(双翅目:蝇科)	形态记述
	李俊兰、能乃扎布	2004	内蒙古长蝽科昆虫新种新记录	阿拉善地区采集种类 1 新种和 1 新记录种
	佟灵芝、能乃扎布	2008	花蝽科中国 2 新种及 2 新记录种	阿拉善高原花蝽科 1 新种和 1 新记录种
	胡晨阳等	2009	阿拉善左旗沙蒿尖翅吉丁	生物学特性

　　另一方面主要是有关昆虫学的研究。主要有:呼和巴特尔等(1994)报道了阿拉善地区,导致双峰驼阴道蝇蛆病蔓延流行的黑须污蝇的生活习性;佟灵芝和能乃扎布(2008)的报道中涉及阿拉善高原花蝽科 1 新种和 1 新记录种;齐宝瑛和能乃扎布(1996)报道了阿拉善地区盲蝽科 1 新属及 2 新种记述(半翅目:盲蝽科);胡晨阳等(2009)对阿拉善左旗沙蒿尖翅吉丁生物学特性的初步研究显示,该虫在阿拉善左旗 1 年发生 1 代,越冬虫态为幼虫,5~7 月为防治关键期;奚耕思和郑哲民(1993)报道了采自阿拉善右旗华癞蝗属 *Sinotmethis* 一新种;李俊兰和能乃扎布(2004)报道了内蒙古长蝽科 Lygaeidae 昆虫新种新记录,其中涉及阿拉善地区采集种类 1 新种和 1 新记录种;田兆丰和马忠余(1999)报道了采自阿拉善地区的中国地种蝇属 *Delia* 一新种记述(双翅目:花蝇科);田兆丰和马忠余(2000)报道了采自阿拉善左旗的中国内蒙古溜蝇属 *Lispe* 一新种(双翅目:蝇科);那日苏和能乃扎布(1993)报道了采集自阿拉善左旗的中国皮蝽科 Piesmatidae 一新种。

　　以上研究主要集中在昆虫系统学、种类记述及生物学等方面,而根据昆虫生物地理学对阿拉善高原所进行的昆虫区划研究却鲜有报道。

二、拟步甲研究概况

拟步甲科 Tenebrionidae 昆虫在全球范围内分布极广，对环境的适应能力极强，于 1802 年由 Latreille 建立至今已 200 余年，经过各国学者的潜心研究，该科世界已知约 20 000 种分别隶属 9 亚科 97 族约 2300 属（Matthews et al.，2010；Bouchard et al.，2011），而对于该科的研究存在着学科和地区间的不平衡。

以蒙古高原来看，据现有蒙古高原的研究资料统计，有关自然地理和生物学等研究的资料多达 1500 篇（部），而涉及昆虫分类区系、地理学、生态学和进化的论著却并不多。单就拟步甲科而言，自 1832 年至今，共有 16 名学者对其有过研究，发表有关论著 159 篇（部）。研究者以 Kaszab（1959～1984 年）、Fairmaire（1878，1889）、Dejean（1834 年）、Fahraeus（1870 年）、Rye（1893 年）、Motschulsky（1854～1868 年）、Faldermann（1833～1836 年）、Frivaldszky（1889 年）、Reitter（1887～1915 年）、Medvedev（1972～1990 年）、Skopin（1961～1965 年）、Gebler（1825～1841 年）、Semenov（1891～1936 年）、Fischer（1820～1844 年）、Fabricius（1792～1798 年）、任国栋（1999～2010 年）等的工作较多，有关工作被分别总结于：①*Catalogue of Palaearctic Coleoptera Vol. 5 Tenebrionoidea*，记载蒙古国拟步甲 6 亚科 21 族 51 属 154 种（亚种）；②任国栋（1999～2010 年）记录蒙古高原中国内蒙古范围内 3 亚科 23 族 65 属 255 种（亚种）；③G. S. Medvedev（1990 年）*Keys to the Darkling Beetles of Mongolia*，记载蒙古国 24 族 50 属 191 种。以上共计 70 属 300 余种，分别约占世界已知属、种的 8.3% 和 1.3%。

国内拟步甲相关研究起步较晚，相关研究工作主要由任国栋及其研究团队完成并做了较全面的总结，先后发表拟步甲相关论文 200 余篇，其工作主要总结于《中国荒漠半荒漠的拟步甲科昆虫》《中国土壤拟步甲志 第一卷 土甲类》《中国土壤拟步甲志 第二卷 鳖甲类》《中国动物志 昆虫纲 第六十三卷 鞘翅目 拟步甲科（一）》中。中国拟步甲幼虫的分类研究，主要见于于有志等在最近 20 年间（1992～2000 年）发表的 10 余篇有关论文，相关研究涉及蒙新区约 160 种。国内拟步甲蛹的研究更为薄弱，蛹的分类除主要农业害虫如类沙土甲 *Opatrum subaratum*、网目土甲 *Gonocephalum reticulatum*、二纹土甲 *G. bilineatum*（吴福桢和高兆宁，1978；高兆宁，1999）、草原拟步甲 *Platyxcelis sulcate*（魏均鸿等，1989）和姬小鳖甲 *Microdera elegans*（任国栋等，1990）报道外，近年报道了 6 种（于有志等，1993b）、编制了 27 种拟步甲蛹的检索表（于有志等，1999a）和漠甲亚科 4 族 9 属 26 种蛹的检索表、鉴别特征和特征图（于有志和杨贵军，2004），以及土甲族 11 种蛹的形态特征（Jia et al.，2013），为世界拟步甲蛹的分类提供了新资料。

而仅就阿拉善高原的拟步甲科研究国外学者涉及甚少，其研究主要集中在国内，自 20 世纪 60 年代至今，我国学者在极其艰苦的条件下对阿拉善高原的拟步甲研究做出了大量富有创见性的工作(表 1-2),尤其是任国栋及其研究团队,自 20 世纪 90 年代起至今始终坚持对包括阿拉善高原在内的我国全境范围进行拟步甲科昆虫的考察,采集地遍布全国,几乎涉及我国每一个乡镇,其中涉及阿拉善高原的有针对性的及涵盖式的采集次数众多,采集到阿拉善高原标本 2 万余号。经统计,阿拉善高原范围内国外学者发表新种 3 种,中国学者发表新种 35 种,分别占阿拉善高原分布拟步甲的 7.9% 和 92.1%(表 1-3)。

表 1-2　中国学者记录的阿拉善高原拟步甲一览表

作者	时间	著作或论文	记录内容
赵养昌	1963	中国经济昆虫志 第四册 鞘翅目 拟步行虫科	阿拉善经济拟步甲 14 属 23 种
任国栋、于有志	1999	中国荒漠半荒漠的拟步甲科昆虫	阿拉善拟步甲 41 属 125 种
任国栋、杨秀娟	2006	中国土壤拟步甲志 第一卷 土甲类	阿拉善土甲 9 属 44 种
任国栋、巴义彬	2010	中国土壤拟步甲志 第二卷 鳖甲类	阿拉善鳖甲 10 属 56 种
任国栋等	2009	中国动物志 昆虫纲 鞘翅目 拟步甲科 琵甲族	阿拉善琵甲 4 属 24 种
王新谱、杨贵军	2010	宁夏贺兰山昆虫	阿拉善拟步甲 14 属 49 种
白晓栓、彩万志、能乃扎布	2013	内蒙古贺兰山地区昆虫	阿拉善拟步甲 24 属 59 种
李哲	2002	中国琵甲族 Blaptini(鞘翅目:拟步甲科)系统学研究	阿拉善琵甲 4 属 24 种
朱玉香	2003	中国伪叶甲亚科形态学和分类学研究(鞘翅目:伪叶甲科)	阿拉善伪叶甲 1 属 1 种
白明	2004	中国朽木甲亚科 Alleculinae(鞘翅目:拟步甲科)系统学研究	阿拉善朽木甲 1 属 4 种
孟磊	2005	中国刺甲族 Platyscelidini(鞘翅目:拟步甲亚科)系统学研究	阿拉善刺甲 3 属 7 种
安雯婷	2010	中国漠王族 Platyopini 系统学研究(鞘翅目:拟步甲)	阿拉善漠王族 2 属 6 种
张承礼	2010	中国荒漠半荒漠拟步甲的区系起源与平行进化	阿拉善拟步甲 49 属 173 种
周勇	2011	中国伪叶甲亚族分类研究(鞘翅目:拟步甲科:伪叶甲族)	阿拉善伪叶甲 1 属 3 种
巴义彬	2012	中国漠甲亚科分类与地理分布(鞘翅目:拟步甲科)	阿拉善鳖甲 18 属 85 种
赵小林	2012	中国莱甲属 Laena 和小莱甲属 Hypolaenopsis 分类(鞘翅目:拟步甲科:伪叶甲亚科)	阿拉善莱甲 1 属 1 种
于有志、任国栋、戴金霞	1999a	北方拟步甲科昆虫蛹的鉴别(鞘翅目)	阿拉善拟步甲科蛹 14 属 20 种
于有志、杨贵军	2004	北方漠甲亚科昆虫蛹的鉴别	阿拉善拟步甲科蛹 9 属 23 种
杨贵军	2002	蒙新区漠甲亚科(subfamily Pimeliinae)幼虫系统学研究(鞘翅目:拟步甲科)	阿拉善拟步甲幼虫 11 属 30 种
张峰举	2004	拟步甲亚科昆虫酯酶同工酶及幼虫系统学研究(鞘翅目:拟步甲科)	阿拉善拟步甲幼虫 17 属 57 种
张建英	2005	12 种拟步甲科昆虫生物学特性研究(鞘翅目)	阿拉善拟步甲生物学特性 7 属 12 种
Jia,Ren,Yu	2013	*Descriptions of eleven Opatrini pupae (Coleoptera, Tenebrionidae) from China*	阿拉善高原土甲族蛹 7 属 11 种

表1-3　阿拉善高原拟步甲主要分类学者及记述种类一览表

分类学者		时间	命名物种数	所占百分比/%
外国学者	Kaszab	1965b	1	
	Semenov & Bogatchev	1936	1	7.9
	Skopin	1974b	1	
中国学者	Ba & Ren	2009	2	
	Li & Ren	2004	1	
	任国栋等	1992、1993(任国栋)，1993b(任国栋等)，1999(任国栋和于有志)	9	
	任国栋、巴义彬	2010	4	
	Ren, Ning & Jia	2011	1	
	任国栋、王希蒙、马峰	1993a	1	
	任国栋、王新谱	2001	1	92.1
	任国栋	1994	1	
	任国栋、杨秀娟	2006	3	
	Ren & Yu	1994	1	
	Ren & Zhang	2010	1	
	任国栋、郑哲民	1993a、1993b、1993c	8	
	Yang & Ren	2004	1	
	于有志、任国栋	1997	1	

第二节　研究目的及内容

一、研究目的

　　阿拉善高原的生态环境日益恶化，如何改善其恶劣的自然环境等相关问题也越来越受到各方面的关注，值得引起相关领域学者的重视。而对阿拉善高原所进行的有针对性的生物区系与地理分布的研究却为数寥寥，且主要集中在对哺乳动物等的研究，这就更使得对阿拉善地区生物的研究，尤其是与自然环境密切相关的动物及其区系与地理分布及区域划分的研究成为当下生物学科研工作领域不可或缺的一部分，此类研究可以有力地促进在此区域开展其他相关研究，成为相关领域研究的基础。

　　阿拉善高原地处内陆腹地、中温带干旱荒漠区，大部地区降水稀少，水资源总体贫乏，这样的自然地理环境和气候对于该区域内生物物种的存活、发育、繁衍都是极大的考验。而拟步甲科昆虫在该区多以荒漠和戈壁为主的环境下仍能广泛分布，这就使得学者对研究该区域的拟步甲区系、地理分布、适应性等产生了兴趣，这也是本课题研究的意义所在。

尽管对阿拉善高原拟步甲种类调查已开展了一定规模的工作,但尚未对该科昆虫在阿拉善高原的种类进行系统的总结分析,有关拟步甲的区系形成、生态地理分布等的研究也十分有限。本课题研究目的主要在于补充阿拉善高原拟步甲区系与地理分布方面研究的不足,为该地区开展进一步研究奠定基础。

二、研究内容

(一)研究范围

在划分阿拉善高原范围时,充分考虑动物分布的迁移扩散特点,参考所在地理区域的环境、地貌等自然因素对动物扩散分布的阻隔作用,并结合野外实地资源考察过程中的现实情况,将项目的研究范围在阿拉善高原地理界限的基础上稍作扩展,西部以新疆与甘肃省界为界;西南部以祁连山为界,扩展至祁连山脉南部山麓,基本以甘肃省与青海省省界为界,且包括青海省海东地区的互助县、民和县;考虑到东边界贺兰山海拔相对较低,对动物的迁移扩散阻挡作用有限,故向东扩展至银川平原以西的盐池,东北最远到达阴山山脉的最西端余脉狼山,包括内蒙古鄂托克旗、鄂托克前旗及鄂尔多斯市西北部库布齐沙漠部分;北部以中蒙国境线为界;南部角状区域扩展至甘肃兰州榆中县南界,白银市靖远县南界,宁夏南部西吉县、固原原州区的南界为界;研究区域近三角形。

(二)标本采集点及路线

本研究采集点涉及内蒙古阿拉善盟、宁夏中北部、甘肃祁连山及周边、青海(祁连、门源)等4省约56县(旗)主要的采集路线(表1-4)。

表1-4　阿拉善拟步甲主要采集时间及路线

时间	考察人员	考察路线
1985.05.24～05.30	任国栋	宁夏贺兰山林区
1986.07.12～08.28	任国栋	宁夏中卫→内蒙古腾格里沙漠东部
1987.05.24～05.30	任国栋	宁夏平罗→贺兰山东麓
1987.07.16～08.24	任国栋	内蒙古阿拉善左旗→阿拉善右旗→巴丹吉林沙漠
1988.06.05～06.14	任国栋	宁夏贺兰山滚钟口→盐池
1988.07.15～07.29	任国栋	内蒙古阿拉善左旗→阿拉善右旗→巴丹吉林沙漠(塔木素)→甘肃民勤→武威→宁夏中卫
1988.10.03～11.05	任国栋	宁夏石嘴山大武口→彭阳灯盏山→海原→中宁
1989.04.09～10.06	任国栋	内蒙古阿拉善左旗→鄂托克旗→宁夏中卫→同心→贺兰山→平罗→海原→泾源→永宁→陶乐→石嘴山→隆德→盐池
1990.07.05～07.25	任国栋、马峰、孙全有	宁夏贺兰山林区→盐池→中卫→中宁→石嘴山→大武口→海原→平罗(贺兰山东麓)→同心→灵武→吴忠→银川

续表

时间	考察人员	考察路线
1990.10.07~10.30	任国栋	宁夏中卫
1991.07.28~08.05	任国栋、于有志、马峰	内蒙古巴彦淖尔→乌拉特中旗→乌拉特后旗→乌海→巴丹吉林沙漠→阿拉善左旗→阿拉善右旗→巴丹吉林沙漠(塔木素)
1991.08.16~09.27	任国栋、于有志、马峰	宁夏中卫→陶乐→甘肃武威→山丹→金塔→三元→高台→内蒙古阿拉善乌力吉→苏海图→巴彦浩特→额济纳旗
1992.05.15~05.19	于有志、马峰	宁夏固原→彭阳→灵武
1992.07.19~08.27	任国栋、马峰	甘肃皋兰→兰州→酒泉→嘉峪关→玉门→敦煌→柳园→瓜州→清水
1995.07.11~08.13	任国栋、于有志	青海祁连→甘肃肃南→酒泉→玉门→马鬃山→瓜州→高台→山丹→武威
1996.07.25~08.10	王新谱、吴振邦	甘肃敦煌
1998.05.02~05.26	任国栋、王新谱	甘肃永登→民勤→周家井→金昌→张掖→肃南→酒泉→瓜州→敦煌→阿克塞→内蒙古阿拉善右旗→额济纳旗
2006.07.20~08.20	任国栋、巴义彬	内蒙古额济纳旗→阿拉善→甘肃嘉峪关→马鬃山→玉门→景泰
2007.07.14~08.22	张承礼	甘肃肃南→榆中
2008.07.6~08.16	张承礼	内蒙古乌拉特中旗(乌加河镇→川井镇→石兰计乡→赛镇→北山)→乌海(市区→火车站机务段)→额济纳旗→甘肃酒泉→肃南祈青→瓜州→玉门→清水→永昌→宁夏中卫→中宁→石嘴山
2009.06.06~07.10	张承礼、潘昭	宁夏大武口→平罗
2009.07.02~08.14	任国栋、侯文君、巴义彬、周勇	宁夏六盘山→同心
2010.07.22~08.05	任国栋、侯文君、于有志、贾龙	大武口(清水沟)→阿拉善左旗(宗别立→查哈尔→阿拉善左旗城郊→巴润别立→边关口→古拉本→扎哈乌苏→北寺→阿拉善左旗北部→豪斯布尔都→巴彦诺日公→苏宏图→乌力吉→巴彦诺日公)→贺兰山(哈拉乌)→阿拉善右旗(孟根布拉格→雅布赖→雅布赖山前→莎日台→额肯呼都格镇→努日盖→呼和乌拉→喇嘛井→塔木素→笋布日→固日班图拉格→苏泊淖尔)→额济纳旗(东风→达来呼布→策克口岸→苏泊淖尔→马鬃山→马宗→呼鲁赤古特→雅干)→宁夏银川(镇北堡)→甘肃金塔(鼎新→金塔县城→野马井→梧桐沟)→酒泉(怀茂乡)→嘉峪关(文殊山)→玉门市(大红泉)→肃南(镜铁山→镜铁山口(海拔4100m))
2010.07.20~08.24	王新谱、潘昭	宁夏平罗暖泉→甘肃榆中兴隆山→肃南东柳沟→康乐→临泽→肃北→敦煌杨家桥乡鸣山村
2011.05.04~05.30	贾龙、李进	宁夏中宁(牛首山)37°44′50.6″N, 105°58′2.7″E; 海拔1187~1332m→中宁(长山头农场)37°15′30.1″N, 105°43′9.8″E; 1232m→中宁(长山头)37°09′36.2″N, 105°45′39.54″E; 1299m→中宁(宣和镇东台村)37°24′54.0″N, 105°23′47.4″E; 1282m→中卫(香山镇三眼井村)37°04′28.9″N, 105°04′49.0″E; 1740m→甘肃民勤(东湖乡)38°56′32.0″N, 103°41′25.5″E; 1309m→山丹(龙首山)38°45′53.3″N, 101°11′06.4″E; 1867m→嘉峪关39°48′17.3″N, 98°13′08.7″E; 1709m→敦煌(鸣沙山)40°05′25.5″N, 94°39′30.8″E; 1154m→阿克塞(红柳沟)39°40′47.6″N, 94°17′12.8″E; 1649m→肃北(三北)39°34′47.3″N, 94°48′21.2″E; 2034m→玉门(老君庙)39°46′55.1″N, 97°32′20.7″E; 2333m→肃南 38°50′20.5″N, 99°36′53.7″E; 2415m→青海祁连38°10′58.8″N, 100°15′19.4″E; 2842m→门源(浩门)37°20′50.0″N, 101°38′39.6″E; 2889m→甘肃古浪八步沙37°38′23.6″N, 103°07′03.0″E; 1736m→内蒙古巴彦浩特(吉兰泰沙漠植物园)39°45′26.3″N, 105°46′13.1″E; 1027m

在标本鉴定的基础上，参考相关文献记载，归纳总结各分类单元的特征，根据最新的分类体系编制各级检索表，整理出阿拉善高原拟步甲名录，尽可能查证属、种等的相关原始文献，保证文献引证的准确性。列出检视标本信息及分布地。

形态术语主要以任国栋和于有志(1999)、任国栋和杨秀娟(2006)、任国栋和巴义彬(2010)及 Matthews 等(2010)为参考。

(三)物种多样性分析

本研究列出整理、鉴定等得到的阿拉善高原分布的拟步甲科昆虫的系统分类与分布目录，逐一细化，统一每个亚科、族、属、种的学名，文献引证，检视标本，分布地等信息；分析种类组成格局，根据族级、属级和种级多样性在各亚科分布的不同情况来分析拟步甲科昆虫在阿拉善高原分布的多样性；分别分析属级组成、种级组成，并分析各亚科中种级阶元在世界动物区系、中国动物地理区的归属，对阿拉善高原地区拟步甲区系成分多样性进行统计，分析各类成分在阿拉善高原的比例、分布情况，与世界和我国动物地理区的关系，以及与邻近及相关地区分布的拟步甲的关系，如蒙古国、我国内蒙古等拟步甲分布状况的比较。

(四)分布研究

主要包括地理分布格局、空间分布格局与垂直分布格局。地理分布格局从总体分布格局和各亚科分布格局角度分析；空间分布格局从物种多样性纬度梯度格局、物种多样性经度梯度格局角度分析。

(五)适应特性研究

结合已知的地球演化历史(主要是阿拉善高原的地质演化历史)，初步推测阿拉善高原拟步甲的区系起源，并对其荒漠生存与适应(生理适应、形态适应、生物学适应)进行辩证分析。

第三节　阿拉善高原的自然地理状况

阿拉善高原(Alxa Plateau)位于贺兰山以西、甘肃新疆边界以东的沙漠、戈壁集中分布区。与地质构造"阿拉善地台"基本一致，北部边界为中蒙国界线，以贺兰山为其最东缘，马鬃山地东端是高原的西缘，南部边界以阿拉善地台边缘为界，包括龙首山、合黎山，其南缘邻接河西走廊，界线不清晰，总体上与内蒙古自治区与甘肃省边界重合(胡乔木，1992)。雅布赖山等区内山地的干燥剥蚀将阿拉善高原划分为若干盆地，这些盆地的中心均覆盖着沙漠，这些沙漠的沙丘多数为流动沙丘，如著名的三大沙漠：腾格里沙漠、巴丹吉林沙漠、乌兰布和沙漠；

地势呈东南高、西北低，总体呈波状起伏(龚家栋，2005)。阿拉善高原地处温带荒漠地区，总体上气候干燥，降水量少，年降水量东多西少，最多处位于贺兰山近3000m处，年降水量达130mm；最少处位于高原西北部额济纳旗的达来呼布镇，年降水量不足40mm；水资源贫乏，地表水以内陆河水系为主，东、西部分别有黄河过境和黑河流入(陈曦，2010)，此外基本无地表径流。阿拉善高原地下水水质差异大，总体上水质均较差，而河流及山麓附近水质相对较好，额济纳三角洲及三大沙漠区地下水较丰富。巴丹吉林沙漠是我国第二大流动沙漠；腾格里沙漠、乌兰布和沙漠沙丘相对较为固定，究其原因主要是沙丘体积大，间有积水湖泊，地下水位对沙丘的固定起到一定作用。

阿拉善高原绝大部分地区自然植被稀疏(刘春莲和刘菊莲，2010)，大片地区由于干旱缺水几乎寸草不生，仅较大河流沿岸生长少量草甸，在水分相对充沛的地区生长有禾本科草类，植物组成主要为具发达根和矮小植株的灌木半灌木，同时此类植被兼有防强光灼伤、耐盐、耐旱特性，多年生禾本科和豆科植物很少见，绵刺、沙冬青两种植物属珍稀的沙地常绿灌木(周志宇等，2009)。高原共有种子植物612种隶属72科322属(巴士杰和马尔旺，1992)。鸟类、哺乳类、爬行类、两栖类、鱼类均有分布；野马、亚洲野驴、雪豹、盘羊、双峰驼为国家一级保护的哺乳类(潘高娃等，1997)。土壤方面，高原广布土壤，均极其贫瘠，以荒漠土、粗骨土和盐土为该地区的代表，冲积土少量存在于河流沿岸(胡乔木，1992)。本区矿产资源丰富，已发现矿产产地500余处，矿物80余种，具有代表性的有芒硝、湖盐、铁、煤、金等(秦玉英，2009)。

伴随着阿拉善高原人类活动强度和范围的加剧和扩大，荒漠草原长期超载过牧致使生态环境愈加脆弱，环境逐步恶化；一系列改变导致气温随生态环境破坏程度的增加而不断升高，同时潜在蒸发能力快速增强；另外黑河流域水资源的不合理利用，导致下游输水量锐减。阿拉善地区的环境逐渐恶化。这些因素综合作用，最终使目前高原呈现出：原本就数量少、面积小的湿地和湖泊资源大幅减少，甚至干涸、消失；具有涵养水源、净化高原空气重要意义的绿洲植被萎缩退化，进一步致使本区域内各种生物种群数量和物种多样性减少；沙漠化现象加剧，甚至出现了高原内三大沙漠逐渐接连成整体的趋势，由此而引发的沙尘暴发生频度也有所增加(龚家栋，2005)。

一、阿拉善高原的地理位置

我国荒漠干旱地区的最东界即阿拉善高原，高原同时占据内蒙古高原的西部，隶属蒙古高原，处于蒙古高原西南部，是内蒙古高原的主要组成部分。祁连山脉与世界海拔最高高原——青藏高原自高原南部与其相接连，黄河与黄土高原及鄂尔多斯高原自阿拉善高原东缘与其相连，从动物地理区划上划分应属于古北界、蒙新区、西部荒漠亚区。地理上位于 37°30′N～42°36′N、93°6′E～106°36′E 之间(胡乔木，1992)。

从行政区域角度分，高原处于我国内蒙古自治区西端最远处，东、西、南、北 4 个方面分别邻接：内蒙古自治区巴彦淖尔市、鄂尔多斯市至乌海市一线，甘肃省，宁夏回族自治区，蒙古国。最东与最西距离近 800km，南端到北端跨度约 400km，总面积近 27 万 km²，单就阿拉善盟面积排序，其在内蒙古各盟市面积中最大(刘春莲和刘菊莲，2010)，阿拉善盟包括阿拉善左旗、阿拉善右旗和额济纳旗 3 旗，截至 2016 年全盟人口达 24.57 万。

二、阿拉善高原的地貌

"东南高，西北低"状为阿拉善高原的基本地形，平均海拔 900～1400m，最低处为银根盆地，海拔 740m(娜仁图雅和张东明，2009)，最高处为祁连山疏勒南山，达 5500 余米。仅从阿拉善盟的各类地貌的面积来看，沙漠、戈壁、山地与丘陵、滩地所占比例分别为 28.1%、34.2%、18.0%和 19.7%(龚家栋，2005)。另外，在高原范围内分布若干盐湖，按湖水主成分可分为硫酸钠亚型、氯化物型、硫酸镁亚型、碳酸盐型(庞西磊和尹辉，2009)。

阿拉善高原的地貌特征主要表现在：地域面积宽广，地势坦荡且起伏近呈波状；戈壁、沙漠、干燥的平原、丘陵及山地、湖盆、滩地涵盖了高原的地貌类型，且沙漠及砾石戈壁为阿拉善高原主体地貌(李景斌等，2007)。荒漠化是该地区地貌的一个重要特征，阿拉善盟荒漠化面积超过全盟总面积的 1/4；人类生存的适宜区域仅不到全盟总面积的 1/10(刘春莲和刘菊莲，2010)。高原周边多山地，东、西、南、北分别为：海拔 2500～3500m 的贺兰山；海拔 1500～2500m 的马鬃山；海拔 2000～2500m 的乌鞘岭、阿拉善右旗的合黎山、龙首山；蒙古高原。在高原其余方向，有海拔 1000～1300m 的狼山、雅布赖山插入，二者方向一致，均为由东北向西南。阿拉善高原西南部的青藏高原，由于其地势高，可为阿拉善高原阻挡来自印度洋的携带湿润水气的空气，而阿拉善高原东南高，有贺兰山、祁连山脉等的阻挡，夏季风同样被阻隔，不能进入高原，致使此处降水稀少，加之区内几无河流，日照强度大，冷热温差大，气候极其干燥，区域内多为荒漠、半荒漠地形；高原西北部由于常年受西北风的风蚀作用，地表为戈壁，几乎寸草不生。长期受风力影响及干燥的剥蚀作用，沙漠、戈壁合计占阿拉善高原超过 90%的地表面积，恶劣的环境导致高原生态环境极其脆弱，该地区地球环境承载容量非常低(张百平等，2009)。高原三大沙漠的沙丘相对高度为 30～50m，最高为巴丹吉林沙漠，其沙丘高度多数处于 200～300m，最高则接近 500m；西部为高平原，是有低矮山丘分布的戈壁地带，内有属于黑河下游的额济纳河自南向北流入，额济纳冲洪积平原由此形成(陈曦，2010)；河流沿岸覆盖度较高的植被——梭梭林带跨越高原东西距离达 800 余千米(刘春莲和刘菊莲，2010)，形成沿河绿洲带；而贺兰山东南部和西北山麓及其山前平原水土条件好，森林植被茂密，甚至汇集成几条短而小的河流，流入腾格里沙漠，并在沿沙漠东部边缘至贺兰山前形成另一道天然绿色通道，同时对于阿拉善地区防风固沙、调节气候、涵养水源的作用显著，也是我国西北地区重要的生态防线(陈曦，2010；刘春莲和刘菊莲，2010)。

按照陈曦(2010)的划分方法，总共将阿拉善高原划分为 2 个大区。首先，位于阿拉善高原北部的高平原区，其范围为：东、西、南、北分别到达巴彦淖尔以西、马鬃山、古日乃和拐子湖及狼山一线、国境线，这一高平原区占阿拉善高原总面积的 33%，以低山和戈壁为主，该区还可以进一步细分为 2 个小区，即西北部的低山残丘戈壁区和中部的额济纳河冲积平原区；其次，另一个大区为沙漠区，含沙漠、山地、平原滩地，且以沙漠和山间平原为主。

三、阿拉善高原的地质状况及地质历史

从地质构造的角度分析阿拉善高原属阿拉善地块、鄂尔多斯地块与祁连山褶皱带的交接地带(姚正毅等，2008)。若按地层划分，约 60%属于天山—兴安地层区，其余组成部分为华北地层区和祁连山地层；著名地质学家李四光先生根据"地质力学"相关理论，把阿拉善的地质构造体系细分为一级、二级、三级共 3 个层级的地质构造单元，其数量分别为 9 个、11 个和 16 个(陈曦，2010)。阿拉善高原主要属于阿拉善地块，其东北、西部分别属蒙古褶皱带和额济纳地块，高原总体开阔平坦，深沟峡谷与崎岖山峦少，准平原特征明显。据周良仁(1989)报道，由于西伯利亚板块向南推挤楔入的运动，位于吕梁山、贺兰山和祁连山构成的类似"山"字形构造的西部，存在一个被学术界广泛认可的阿拉善弧形构造体系；该弧形构造带位于龙首山北偏东的地区，呈向南突出的马蹄形，故也称马蹄形构造带，该体系弧顶位于甘肃民勤南部红崖山至青山一带。

研究阿拉善高原的地质历史对于深入分析该地区拟步甲的区域分布和形成具有重要的参考意义。下面在参考前人研究结果的基础上，就该地区与拟步甲区系形成发展有关的地质历史过程做一简要阐述。

阿拉善地区异于其他区域的地质构造发展史，是因其处于一个巨大的南凸弧形构造的顶部，这一环境的特殊性决定了其地质历史的不同寻常(史美良，1987)。阿拉善左旗一带早石炭世有孔虫动物群的发现证明在早石炭世晚期，阿拉善地区应属于"祁连海湾"(张祖辉和洪祖寅，1999)，并且据资料和对阿拉善高原历史植被覆盖的研究推测，这里曾经有过较为湿润的气候，而且有过良好的植被，其

至极有可能曾经是湿热的河、湖众多的自然地理景观（郭华东等，2000；杨萍，2006）。寒武纪时期北祁连—阿拉善地区的地貌呈明显的海、陆分布的状况，这与震旦纪该地区地貌状况相似，并进一步扩展，高原自震旦纪末发展到寒武纪末，经历了 2 次大范围海侵，首次于早寒武纪早期开始，第二次于中寒武纪末达到海侵的最盛时期，海域面积被非常明显地扩张（由伟丰等，2011）。王乃昂等（2011）通过对阿拉善高原的野外考察、遗存的生物体 ^{14}C 定年并结合雅布赖盐湖地层年代结果进行分析，证明第四纪的更新世内末次冰期的深海氧同位素第 3、第 5 阶段晚期阿拉善高原确实存在高湖面和大湖期。而发展至晚古生代末期的造山运动也称华力西运动或海西运动使西伯利亚板块与阿拉善地块联合形成了亚洲古陆，而西伯利亚板块的南向运动、碰撞阿拉善地块，致使阿拉善区域在元古界发生的断裂隆起和剥蚀的情况更加显著（王同和，1990；张永清等，2003）。

　　阿拉善高原构造的明显改变是从晚古生代发生的（孙培善和孙德钦，1964），特别是在早、中侏罗纪燕山运动时期，由于印度板块、欧亚板块大范围碰撞，青藏高原剧烈上升，带动阿拉善（3.6～1.7Ma B. P.）（李吉均等，1996；李吉均和方小敏，1998），造成阿拉善地区不仅随这一运动有垂直隆升，还伴随出现了相对的水平移动，造成拗陷面积不断扩大，趋势为北向，中晚更新世时期，阿拉善高原的地貌状况是河流、湖泊呈现交错分布，如现今的巴丹吉林、腾格里、吉兰泰、居延海，在这一时期均为湖或海，且其流向为由西北向东或东南方向流，现今的沙漠带在此时期为古河床或河道，主要位于雅布赖山、哈拉乌山、狼山、贺兰山等峡谷，其联通了高原东部与西部的水系，而到了晚更新世，内蒙古高原（包括阿拉善地区）的翘起运动，不同位置同时发生了不同步的升高和降低、断裂凹陷运动及剪切运动，它们相互影响、交错发生，东南抬升幅度大于西北抬升幅度的运动，使得阿拉善高原的倾斜方向与之前刚好相反，最终呈东南高而西北低，抬升幅度为边缘 0.6km、内部 0.3～0.4km（张兆干，1992；张秉仁，2005；陈文彬和徐锡伟，2006）。

　　阿拉善弧形构造体系的发生不晚于晚古生代，其体系逐渐形成并基本趋于稳定的时期为第三纪，而据报道，时至今日，仍有局部的或较小幅的活动存在，这一体系与其所涉及地区地震的发生，甚至盐湖的发生、分布状况都有极强的联系。可以这样形象地概括：该体系的形成、发展是阿拉善地台在漫长的地质历史演化过程中的活化产物（周良仁，1989）。根据阿拉善现今南部的龙首山、合黎山、北大山、雅布赖山的地貌分析，阿拉善所属的华北板块在新生代前期主要的运动为由北向南；而受到柴达木—祁连块体所属的青藏板块的反方向推挤，且由于板块周边的不规则，最终形成了阿拉善高原的弧形构造带，且呈现外侧陡峭、内侧较为平缓的状态，龙首山为其南面的最凸出部分，据深入分析，阿拉善地块以缓慢速度向河西走廊底部插入，龙首山即阿拉善地块与柴达木—祁连块体相互推挤所产生，应属于祁连山脉分支(董治平等，2007)。

四、阿拉善高原地理位置的特殊性

阿拉善高原处于我国干旱地区的东部，在其东部跨越贺兰山就是我国的东部季风区，而其西南部则是被誉为世界海拔最高高原的青藏高原，属于高寒地区；相比其西缘和北缘，高原东缘和南缘距海岸线较近，而其东向和南向距海岸线的距离为东超过2000km、南超过4000km，加之常年受西风带影响，气候极其干燥，高原内分布三大沙漠及若干小型沙漠，北部及紧靠蒙古国的北缘是茫茫戈壁。浮沉、扬沙天气近年来不仅在北方愈加肆虐，在东部地区也呈现出日益加剧的趋势。阿拉善高原所处的地理位置对全国气候的影响不可小觑，在研究中国的大到气候、水土条件，小到风沙、沙尘，甚至近些年来的雾霾时也不时将阿拉善极其干燥的环境与风沙联系起来，阿拉善地区是一个局部环境的恶化对西部甚至全国产生影响的典型代表。阿拉善地区环境的细微变动，就很可能引起东部环境的剧烈变化。

阿拉善高原地理位置之所以具有特殊性，主要表现在其对周边环境的影响，主要有以下几个方面。

首先，从环境状况方面看，阿拉善高原尘源物质丰富：阿拉善高原处于西风带，在其影响下，强冷空气(3条)交汇于此，沙漠(腾格里、巴丹吉林、乌兰布和三大沙漠环绕)、干旱湖盆(仅11个大湖盆总面积就达10 000km^{2}以上)、沙丘(流动沙丘、半固定沙丘面积共超过90 000km^2)等，粉粒平均含量超过63.0%，为沙尘暴发生提供了充足的沙源，有助于沙尘暴的加强，有些沙尘暴甚至就源于此地；风能资源：阿拉善高原总体上处于干旱区，而进一步细分则属干草原与极干旱荒漠的过渡性地带，气候干燥、蒸发快速、风力异常强烈，据统计，阿拉善高原年大风日数西北部多达每年日数的1/6~1/3，东南部达每年日数的1/12~1/25，由于风大沙多，其成为沙尘暴的多发中心，严重影响着全国甚至周边国家的气候，该地区的细微气候变化会严重波及全国的气候，在环境治理与生态安全研究上的意义重大(姚正毅等，2008)。顾磊等(2011)的元素示踪研究表明，我国引起沙尘的黄土物质主要来源于阿拉善高原的两大沙漠——巴丹吉林沙漠、腾格里沙漠，进一步研究表明，包括阿拉善沙漠在内的中国北方沙漠是中国乃至亚洲地区尘源物质的重要区域之一。

其次，生态安全与其他方面的安全同样重要，是国家安全的必备部分，是国民经济、社会健康发展的必要条件。我国境内山地多、沙地面积广，生态环境十分脆弱，沙漠治理问题已与合理利用和分配水资源问题一并成为目前我国亟待解决的2个问题，其可以对一国的经济乃至社会发展起到制约作用(张景光等，2004)。阿拉善高原沙漠化面积非常严重，仅计算阿拉善盟，沙漠就占约盟面积的

29%，戈壁约达 34%，二者合计超过 63%。再加上大风和极度干旱的实际情况，在广泛的意义上，阿拉善高原甚至稍大于其边界都属于沙漠化区域，占我国北方总沙漠化面积的近 1/6；而同时，阿拉善高原上的现有植被仍然发挥着重要的生态作用，它们对于减弱该地区常年盛行的西北风风力、固定沙丘、减少起沙起尘、减少风沙散布至东部地区及保护东北、华北和西北的环境均起到了异常重要的作用(李景斌等，2007)。高原上的现有植被是保护河西走廊、宁夏平原、河套平原三大绿洲的天然屏障(陈善科等，2000a)。综上，阿拉善高原及其植被资源在维护我国北方地区乃至全国的生态安全上的独特地理和生态地位异常重要、不容忽视。

　　由此，可以毫不夸张地说，高原上的植被兴旺对甘肃、宁夏、内蒙古甚至我国北部的经济发展、社会发展乃至国防建设都有积极意义。研究高原动植物资源的分布和区系意义重大。

五、阿拉善高原的气候

　　阿拉善高原南部的青藏高原地势高，能有效阻挡来自印度洋的温暖潮湿的气流；而高原北部又有天山山脉、阿尔泰山作为天然的屏障，具有的阻挡作用，同样使得来自于西北方向的携带大量水汽的气流无法对高原气候带来根本性改变，所以海洋暖湿气流对阿拉善高原降水作用影响甚微；同时由于高原内大小沙漠众多，甚至接连成片，戈壁区域广、面积大，作为下垫面对气候的影响极大，使得高原干旱程度愈加严重、四季更替现象明显。

　　阿拉善高原地处我国内陆西部，四面距离海岸线均很遥远，常年受中纬度西风环流和蒙古高压影响，属典型的温带大陆性气候(庞西磊和尹辉，2009)，为极干旱荒漠区。阿拉善高原冬夏气温差异非常明显、昼夜温差大、异常干旱、降雨稀少、风大沙多、日照充足、蒸发作用强烈、无霜期短。气象灾害的种类主要包括：干旱、大风、霜冻、暴雨、冰雹、干热风等。

　　阿拉善高原年平均气温 6.8～8.8℃，气温最高和最低的月份分别为 7 月和 1 月，平均气温分别为 22.6～26.4℃、−15.7～−9.0℃；高原每日气温的极值差值非常明显，其差值最大可达 20℃，最小差值也在 10℃以上；地表温度每日变化最大的区域主要是植被稀少的沙漠地区和戈壁地带，其日最高气温可高至约 70℃(李景斌等，2007)。近年来，高原区域内气温总体呈上升趋势，尤以冬季明显；且从高原的西南部至其西北部，气温的升高幅度逐渐增加；据统计，每年日均温大于 30℃的高温日快速增加的同时，日均温低于−10℃的低温日数则锐减；同时处于植物的生长季节内的积温则表现出上升的势头(李春筱等，2011)。

　　阿拉善高原年平均降水量仅为 40～150mm(李景斌等，2007)。高原区域内降水量的空间分布不均匀，总体表现为处于高原地势较高区域的东部、南部降水量大，而地势较低的西部、北部降水量小；并且处于山区和山地的区域降水量也比较大，贺兰山海拔 3000m 的山坡降水量最大，年均达到 430mm；高原西北部的额济纳旗旗府是年降水最少的区域，往往不到 40mm；而在冬季和春季，极易起风扬沙，引起沙尘暴；至夏季，降水量逐渐加大，该季降雨量占全年总降雨量的 1/2～3/4，并且多以暴雨形式下降；秋季降水量再次下降，最低年份仅为 5mm，最高年份也只有 47mm，约占全年总降水量的 1/10～1/4；冬季是高原每年中最干旱的季节，降水量最低时只占全年总量的 1%，最高时也仅有 4%，同时降水量不同年份差异很大(陈曦，2010；韩海涛等，2008)。

阿拉善高原蒸发强烈，其高温干旱总是伴随着强烈的蒸发现象而发生，高原年平均蒸发量为 2300～4500mm(孙志强和孙志刚，2010；李景斌等，2007)。陈曦(2010)的研究表明，蒸发量最大处位于额济纳旗的吉诃德，高达 4200mm 以上，最小处位于贺兰山及其周边及阿拉善高原西部往北的黑河弱水南部，普遍在 2300mm 以下；同时，相关研究表明，高原蒸发量分布的趋势为自东南部的贺兰山等地向西北端的额济纳、巴丹吉林沙漠西部、中央戈壁地区逐渐增加，这与降水的地域分布趋势相反。而与蒸发量相比，其降水量只占蒸发量的 1%～10%；蒸发量最大的月份较气温最高月稍有提前，为 6～7 月，1 月蒸发量最小。

阿拉善高原风能资源丰富，高原受西北风影响严重，冬季和春季风力强劲，肆虐高原，年平均风速和最大风速分别达到 3.44～4.74m/s 和 34m/s，且大部地区年平均风速达 3.0m/s 以上；若以 7 级以上统计大风日数，则全年达到 16～58 天；同时极端天气现象——沙尘暴，在高原日数平均可达 8～28 天(潘高娃等，1997；孙志强和孙志刚，2010)。而据刘春莲和刘菊莲(2010)报道，阿拉善高原年均 8 级以上大风天气可多达 50 天左右。进一步研究发现，若以日平均风速 3.0m/s 为标准划分，则阿拉善高原大于此标准并且每年天数最多的地区是阿拉善左旗宗别立镇，该地区全年风速大于 3.0m/s 的天数大于 300 天，而阿拉善高原其他地区最高也仅有 280 天，最低 220 天；日平均风速大于 3.0m/s 天数最少的地区是阿拉善左旗旗府所在地巴彦浩特，为 165 天；至每年的 3～5 月高原迎来风季(刘志宁等，2012；陈曦，2010)。高温、多风、温差大、降水少等气候特征使得阿拉善高原极易发生气象灾害，高原常发生的气象灾害为干旱、大风与沙尘暴、霜冻、寒潮等(孙志强和孙志刚，2010)。

阿拉善高原的水资源主要分为地下水和地表水两部分，其中地下水资源主要分布于黑河在阿拉善盟境内形成的冲积平原(额济纳河冲积平原)；位于呼和浩特西北部的乌素图，距离黄河 70 余千米；阿拉善左旗巴音木仁苏木，黄河流经该区域 60 余千米；阿拉善左旗巴音毛道嘎查(该区属于引黄灌区)及阿拉善左旗漫水滩乡区域，上述区域主要处于黄河、黑河沿岸，接受河流及农业灌溉补充地下水资源(陈曦，2010)。据张宗祜和李烈荣(2004)报道，阿拉善高原总补给水资源有约

18亿 m³，河道和灌溉占总数的 1/4。阿拉善高原地表水资源主要是内陆河水系，如高原东部黄河自西南向东北方向蜿蜒流淌，西部黑河自高原南部穿过河西走廊北山山地自南向北流入高原；而由于夏季暴雨洪水而在山地形成的冲沟总计有 27条长度大于 10km，主要分布于贺兰山、龙首山、雅布赖山和东努日盖等区，阿拉善高原处沙漠地区沙质疏松，沙面以下水流流通顺畅，区内三大沙漠区会因降水形成湖泊和时令湖盆(李锦秀等，2010)。山溪、山泉是阿拉善高原另一重要的地表水资源，主要分布于较大的山系，祁连山、贺兰山、雅布赖山、龙首山甚至马鬃山等山区均有山泉或山溪，约有 40 处，这些溪流虽总量不大，但对于极度干旱的局部地区却显得尤为珍贵，比较有代表性的有：巴彦浩特、阿拉善右旗额肯呼都格均以山泉溪水作为当地主要的水源加以保护和利用；而高原内湖泊数量也很可观，主要为河水及降水，仅盐湖就达 53 处，而随着来水减少及人为原因多已干涸(陈曦，2010)。而据丁宏伟和王贵玲(2007)报道，巴丹吉林沙漠就有湖盆 73处，面积达 800km² 以上。

六、阿拉善高原的土壤

阿拉善高原的土壤总体上表现为养分含量低、松散，表层土有机质含量为0.2%～1.5%，随着海拔的逐步升高，由高原最低处的西北部至最高处的东南部，其土壤类型依次为盐碱土、草甸土、灰棕漠土、灰漠土、灰钙土(李景斌等，2007)。

阿拉善高原的土壤分为 7 纲 14 类 24 亚类 66 属(陈曦，2010)。而从总体上看，分布面积最为广泛的土壤类型为灰棕漠土，此类土壤多分布于高山的山前平原地带和海拔较低的低山山麓，如额济纳河流域主要分布即灰棕漠土；而位于高原东南部的贺兰山，其山前的洪积扇地区则主要分布有棕钙土；沙土分布于固定及半固定沙丘及沙丘之间的沙地；盐土主要分布于湖盆、洼地、河谷等处，几类土壤中沙土的有机质含量最低，小于 0.3%；而低山残丘主要分布粗骨土类和石灰土亚类(黄银晓等，1996；陈曦，2010)。高原区域内土壤呈垂直、水平两种地带性变化。以高原区内海拔最高之处的贺兰山为例，随海拔逐步升高，在坡麓和洪积扇分布淡棕钙土；至海拔 2200～2400m，主要分布石灰性灰褐土；至海拔 2400～3200m，主要分布灰褐土亚类；而森林线以上则为亚高山灌丛草甸土(陈曦，2010)。

七、阿拉善高原的植被

阿拉善高原植被从地理区域上划分，处于亚洲荒漠植物区、亚洲中部荒漠亚区(戈壁荒漠亚区)，阿拉善荒漠区(李景斌等，2007)。阿拉善高原总体干燥的气候和变化多样的地貌，造成了高原的植物主要以旱生为主，其他植物类型交错分布，总体分布表现为较强的地带性规律，兼有隐域性植被散布(乌恩图，2012)。

高原植物有 72 科 322 属 612 种（李景斌等，2007；陈曦，2010）。阿拉善高原分布有若干国家重点保护植物，其中划归为重点保护的是梭梭、胡杨、沙冬青、羽叶丁香、膜荚黄芪共 5 种（潘高娃等，1997）。

与阿拉善高原干旱气候对应的是高原植被的建群种和优势种也体现出与所属环境相协调的特征，耐干旱及寒冷气候、耐盐碱土质及水质、耐风沙侵害的灌木和半灌木为高原的建群种、优势种，而抗逆性差、对环境适应性较差的多年生草本植物则数量稀少；总体上本区域植物属于荒漠群落；植被覆盖度极低，高原受各种因素影响，仅有不到高原总面积 3/20 的平均植被覆盖度，使得高原属于劣等草地（陈善科等，2000a）。群落主要由荒漠植物和沙生植物组成，随海拔的升高，至一定高度后分布有若干高山植物。

阿拉善高原荒漠化现状不容乐观，近 23 万 km^2 的占全盟面积 3/4 以上的荒漠化面积，且沙化比例占可利用草场的 90%，上述数据更是对高原荒漠环境的真实反映（马春梅和高启晨，2000）。从总体来看，阿拉善高原东南部分布着草原化荒漠植被亚型，其植被状况稍好于位于高原西北部的典型化荒漠植被亚型（李景斌等，2007）。高原植被与土壤呈对应的带状分布状况，植被类型由西向东依次为极旱荒漠植被→典型荒漠植被→草原化荒漠植被→山地荒漠草原植被与草原化荒漠植被；而对应的土壤类型依次为石膏灰棕漠土→灰棕漠土→灰漠土→淡棕钙土；而处于黄河西岸的贺兰山凭借其天然屏障在此也起着将贺兰山以西划分为干旱地区，而贺兰山以东划分为干旱荒漠区的重要作用（刘春莲和刘菊莲，2010），同时起到天然屏障作用的环绕三大沙漠周边近 700km 的梭梭林带、居延海绿洲带与贺兰山林带一并可视为阿拉善高原的植物性生态屏障（潘高娃等，1997）。而恰恰就是承担着如此重要生态保护功能的梭梭林、贺兰山次生林带、胡杨林面积仍然无法遏制地出现了锐减，减少后其面积分别仅有原有面积的约 1/5、1/4 和不到 1/2；草场极速退化，野生动植物资源受到严重破坏（马春梅和高启晨，2000）。

在阿拉善高原如此恶劣的自然环境条件下，拟步甲科昆虫是如何生存、活动和发展的；它们是如何适应这种极端的环境，使得种群稳定、种类繁衍和发展的；它们又是怎样分布的，其区系性质如何等一系列问题都引起了课题组的极大兴趣，要阐释这些疑问，需要认真对高原拟步甲进行分析研究，本研究将对这一系列问题做一初步探讨。

第二章 阿拉善高原拟步甲的种类组成

本研究采用的分类系统为 Bouchard 等(2011)的系统，并同时参考 Löbl 等(2008)主编的 *Catalogue of Palaearctic Coleoptera Vol. 5 Tenebrionoidea* 及其他相关文献，对阿拉善高原拟步甲科种类学名进行了校对，并核对了物种的分布信息。经标本鉴定并结合资料整理，共得到阿拉善高原分布拟步甲 5 亚科 23 族 52 属 206 种(亚种)，现列出其物种及其他相关信息。

拟步甲科 Tenebrionidae Latreille, 1802

Tenebrionites Latreille, 1802: 165. **Type genus:** *Tenebrio* Linnaeus, 1758.

该科昆虫不同的类群及物种间形态变化明显，共同特征是：具 11 节触角，着生位置为头前侧靠下，触角形状多样，背面观触角柄节基部不可见；眼被前颊切入甚至分为两部分，前、中足基节窝关闭或封闭。腹节腹板第 1～3 节紧密愈合，第 4、5 节可活动，跗节形式 5-5-4；幼虫身体通常呈筒状，体壁骨化程度强烈，多具尾突，前足前端退化为犁状，坚硬，上颚坚硬；蛹为裸蛹，体壁柔软，均具背板侧突，背板侧突多数具骨化的锯齿状前后缘，活动能力差。

亚科检索表

1. 各足跗爪呈小栉状 ·· 朽木甲亚科 Alleculinae
   各足跗爪呈非小栉状 ··· 2
2. ♂虫阳茎进出其腹部时发生弯转 ································· 漠甲亚科 Pimeliinae
   ♂虫阳茎进出其腹部时不发生弯转 ··· 3
3. 上唇呈横向扁圆形；鞘翅若具刻点行，则鞘翅中缝左右均为 10 条；前、中足第 4 跗节和后足第 3 跗节叶状 ··· 伪叶甲亚科 Lagriinae
   上唇横宽明显；鞘翅均具刻点行，且均少于 10 条；跗节不具上述特征 ····················· 4
4. 体背面强烈隆起；第 6、7、8 节触角内侧形状呈齿状到扇状；胫节外侧具有含前、后缘结构的脊 ··· 菌甲亚科 Diaperinae
   体背面非强烈隆起；触角、胫节形状均与以上不同 ············· 拟步甲亚科 Tenebrioninae

第一节　朽木甲亚科 Alleculinae Laporte, 1840

Alléculites Laporte, 1840b: 242. **Type genus:** *Allecula* Fabricius, 1801.

体长，多呈纵向卵形，背面光滑无纹。口器为前口式。上唇前突；上颚短钝；下颚须长；下唇须第 3 节扩展显著；复眼凹陷。前胸呈缓坡隆起，背板前角收缩明显；前足基节窝后方关闭；中、后足基节窝均呈分离状态。足的腿节和胫节明显比足的其他部分细，二者均明显长，端距长；前足第 4 跗节及中、后足第 3 跗节呈叶状或其他形状，跗爪梳状。鞘翅具显著刻点行。腹节腹板第 3、4、5 节间膜明显。♂虫阳茎多发育不足。

我国已知该亚科 2 族，阿拉善高原分布有 1 族。

1. 栉甲族 Cteniopodini Solier, 1835

Cteniopodini Solier, 1835: 235. **Type genus:** *Cteniopus* Solier, 1835.

复眼前缘稍向内凹。复眼不接触触角。触角柄节基部近于完全暴露。后足基节比第 1 腹节腹板突出明显，并遮盖后者的基部。跗节稀见叶状节。

我国已知 9 属，阿拉善高原分布 1 属。

（1）栉甲属 *Cteniopinus* Seidlitz，1896

Cteniopinus Seidlitz, 1896: 200. **Type species:** *Cistela altaica* Gebler, 1830.

体长，一般呈近圆筒形；体表密覆短伏毛。口器为前口式；下颚须倒数第 2 节比端节短，端节略似长刀；触角多为线状，偶见锯齿状；复眼直径为眼间距的 1/3。前胸背板宽大于长；基部宽比端部宽大 1 倍；前胸腹突不高于前足基节。鞘翅不向后扩展，通常背面具刻点和刻纹；肩部显著，翅缝角无缘折到达；翅缘具饰边，饰边较简单。腿节刻点细密；胫节呈轻微二弯状，具端距；多数情况下胫节长度等于后足跗节；后足第 2、3 跗节长度之和为第 1 跗节长度。

该属在古北界和东洋界分布较广。我国已记载 40 余种。阿拉善高原分布 6 种。

种检索表

1. 头部颜色较浅 ·· 2
   头部颜色呈暗黑色 ·· 5
2. 前胸背板具凹陷，且凹陷明显 ························· **异角栉甲 C. varicornis**
   前胸背板无凹陷，或凹陷非常不清晰 ··· 3
3. 触角第 3 节黑色 ······································· **窄跗栉甲 C. tenuitarsis**
   触角第 3 节为其他颜色 ·· 4

4. 触角长度达不到体长的一半 ···阿梸甲 *C. altaicus*

　触角长度大于体长的一半 ···异点梸甲 *C. diversipunctatus*

5. 小盾片颜色深，大部分黑色 ··波氏梸甲 *C. potanini*

　小盾片颜色浅··· 小梸甲　*C. parvus*

波氏梸甲 *Cteniopinus potanini* Heyden, 1889（图版 Ⅰ：1）

Cteniopinus potanini Heyden, 1889: 677.

　　分布：甘肃、宁夏(贺兰山)、河北、河南、四川、陕西及东北；朝鲜，俄罗斯。

小梸甲 *Cteniopinus parvus* Yu *et* Ren, 1997（图版 Ⅰ：2）

Cteniopinus parvus Yu *et* Ren, 1997: 8; Wang et Yang, 2010: 132.

　　分布：宁夏贺兰山。

异角梸甲 *Cteniopinus varicornis* Ren *et* Bai, 2005（图版 Ⅰ：3）

Cteniopinus varicornis Ren *et* Bai, 2005: 383; Wang *et* Yang, 2010: 133.

　　分布：宁夏(贺兰山：苏峪口、小口子、大口子、椿树沟、响水沟、独树沟、
拜寺口、马莲口)、甘肃、陕西。

窄跗梸甲 *Cteniopinus tenuitarsis* Borchmann, 1930（图版 Ⅰ：4）

Cteniopinus tenuitarsis Borchmann, 1930: 149; Wang *et* Yang, 2010: 132.

　　检视标本：1♂，宁夏贺兰山小口子，1987. Ⅴ. 27，1500m，任国栋采；3♀♀，
宁夏贺兰山小口子，1987. Ⅴ. 27，1500m，任维采；1♂，内蒙古鄂尔多斯市鄂托
克旗，1994. Ⅶ. 18，任国栋采；1♀，内蒙古鄂尔多斯市鄂托克旗，1994. Ⅵ. 17，
任国栋采。

　　分布：内蒙古(中西部)、甘肃、宁夏(贺兰山：小口子)、河南、陕西；朝鲜。

阿梸甲 *Cteniopinus altaicus* Gebler, 1830（图版 Ⅰ：5）

Cteniopinus altaicus Gebler, 1830: 128.

　　检视标本：1♂，1♀，宁夏贺兰山小口子，1987. Ⅶ. 27，1500m，任国栋采。

　　分布：内蒙古、甘肃、宁夏(贺兰山)、河南、陕西；俄罗斯(西伯利亚)。

异点梸甲 *Cteniopinus diversipunctatus* Yu *et* Ren, 1997

Cteniopinus diversipunctatus Yu *et* Ren, 1997: 8.

　　检视标本：1♂，内蒙古阿拉善左旗贺兰山，1986. Ⅶ. 15，任国栋采。

　　分布：内蒙古(阿拉善盟：贺兰山)。

第二节　漠甲亚科 Pimeliinae Latreille, 1802

Pimeliariae Latreille, 1802: 166. **Type genus:** *Pimelia* Fabricius, 1775.

上唇一般宽；颏较大，遮盖口器的部分或全部。前足基节窝关闭。鞘翅多数无条纹或脊，若有则翅中缝左右各10条、小盾片表面有条纹。后腹片具细长臂，臂长比中足基节长。足的跗节及跗爪简单。腹部节间膜隐蔽。

世界已知39族，分布于除东洋界、澳洲界以外的广大地区。我国已知257种，隶属12族44属。阿拉善高原分布7族。

族检索表

1. 颏明显大，下颚基部的轴、茎节甚至被其盖住；具外露的节间膜，位于第3、4可见腹节腹板间 ·····································2

   颏显著小于上述，下颚基部的轴、茎节未被全部盖住；具或不具外露的节间膜，在第3、4可见腹节腹板间 ·····································4

2. 鞘翅不具缘折，而一般具假缘折；足明显长，后足长通常不小于体长 ···**长足甲族 Adesmiini**

   鞘翅具有明显的缘折，通常不具假缘折；体长大于或等于各足长 ·····································3

3. 不具后翅；中胸长与后胸长近于相等；体背面光秃，或仅有长感觉毛 ·····································

   ·····································**鳖甲族 Tentyriini**

   生有后翅；前、中胸总长度近与后胸长度相等；体背面生有伏毛 ···**背毛甲族 Epitragini**

4. 前足胫节特化，成为开掘足 ·····································**掘甲族 Lachnogyini**

   前足胫节不发展为开掘式 ·····································5

5. 中足的转节明显外突 ·····································6

   中足对应结构不如上述 ·····································**龙甲族 Leptodini**

6. 1亚刺突位于颏外侧；中足基节窝之长与后胸腹板长不相等 ···**砚甲族 Akidini**

   颏双侧不具上述结构；中足基节窝纵径长通常小于后胸腹板长度 ·····**漠甲族 Pimeliini**

1. 背毛甲族 Epitragini Blanchard, 1845

Epitragini Blanchard, 1845: 16. **Type genus:** *Epitragus* Latreille, 1802.

体呈卵形。颏发达并呈横向梯形。体表覆毛或光滑，若覆毛，则毛为针状、膜状，鞘翅具毛带或斑点。前胸腹突尖锐或圆形；前、中胸长之和与后胸长相等。第3和第4腹节腹板之间不具有发亮的节间膜。

本族包括38属约300种，古北界、新北界及非洲北部为背毛甲族的主要分布区。我国已知分布有11种，隶属3属。阿拉善高原分布有3属8种。

属检索表

1. 身体背面通常不具毛；细饰边位于鞘翅基部及前胸背板两侧边 ·········**驼毛甲属 Cyphostethe**

   身体背面具毛，通常针状或膜状 ·····································2

2. 后翅缺失；鞘翅肩瘤突出；体背伏毛膜状 ·····································**楔毛甲属 Trichosphaena**

后翅至少存在；鞘翅肩瘤存在，但不突出；身体背面伏毛为针状，翅面毛聚集成带或点状
…………………………………………………………………………………………………… **背毛甲属 *Epitrichia***

(2) 驼毛甲属 *Cyphostethe* Marseul, 1867

Cyphostethe Marseul, 1867: 39. **Type species:** *Cyphostethe ferruginea* Marseul, 1867.

　　体表光裸。复眼内侧具纹，纹呈脊状且细，位于额部。身体具饰边，且细，分布于鞘翅前缘及前胸背板两侧边。中足基节纵径明显，小于中足与后足基节间的距离。后胸明显长，第 1 腹板基节间突呈角状。前胸背板宽度显著小于鞘翅，鞘翅肩部具明显瘤突。

　　世界已知 30 种，主要分布于非洲界、古北界。我国分布于新疆及其周边地区。阿拉善高原分布 1 种。

格氏驼毛甲 *Cyphostethe grombczewskii*（**Semenov, 1891**）（图版Ⅰ：6）

Himatismus（*Asphenat*）*grombczewskii* Semenov, 1891: 358.

Cyphostethe grombczewskii Semenov, 1891 Reitter, 1916: 142.

　　检视标本：7♂♂，7♀♀，甘肃景泰、烟墩、骆驼圈子，2006. Ⅶ. 12，任国栋、巴义彬采。

　　分布：甘肃、新疆（南疆）。

(3) 楔毛甲属 *Trichosphaena* Reitter, 1916

Trichosphaena Reitter, 1916: 145. **Type species:** *Sphenaria musolgae* Semenov, 1889.

　　体背伏毛呈花纹状。颊与唇基间有显著的凹陷。♂虫前胸背板中部具茧子状突。鞘翅肩瘤显著，翅前缘无饰边。具后翅。

　　世界已知 19 种，主要分布于古北界。我国已知 5 种。阿拉善高原分布 4 种。

种检索表

1. 头部背面具 1 深色区域………………………………………………… 方胸楔毛甲 *T. quadrate*
　头部背面没有上述区域…………………………………………………………………………2
2. 前胸背板后角显著后延，鞘翅中后部最宽，具稠密纤毛………………… 莱氏楔毛甲 *T. reitteri*
　前胸背板向后不延伸………………………………………………………………………………3
3. 头部的颊内侧具槽，且槽明显深凹……………………………… 敦煌楔毛甲 *T. dunhuangensis*
　头部的颊内侧槽不明显…………………………………………… 乌兰楔毛甲 *T. ulanbuhensis*

莱氏楔毛甲 *Trichosphaena reitteri*（**Semenov, 1891**）

Himatismus reitteri Semenov, 1891: 353.

Trichosphaena reitteri Semenov, 1891 Reitter, 1916: 148; Skopin, 1961: 384; Ren *et*

Ba, 2010: 30.

　　分布：包括阿拉善在内的内蒙古西部。

方胸楔毛甲 *Trichosphaena quadrate* Ren *et* Zheng, 1993

Trichosphaena quadrate Ren et Zheng, 1993: 53.

　　检视标本：1♂，1♀，甘肃武威市民勤县周家井村，1988. Ⅶ. 19，任国栋采。

　　分布：甘肃。

敦煌楔毛甲 *Trichosphaena dunhuangensis* Ren *et* Zheng, 1993

Trichosphaena dunhuangensis Ren et Zheng, 1993: 52.

　　检视标本：1♀，甘肃酒泉敦煌市鸣沙山区，1992. Ⅶ. 23，任国栋采。

　　分布：甘肃北部。

乌兰楔毛甲 *Trichosphaena ulanbuhensis* Ren *et* Zheng, 1993

Trichosphaena ulanbuhensis Ren et Zheng, 1993: 55.

　　检视标本：1♂，1♀，内蒙古乌兰布和沙漠，1984. Ⅷ. 1，刘强采。

　　分布：内蒙古。

（4）背毛甲属 *Epitrichia* Gebler, 1859

Epitrichia Gebler, 1859: 475. **Type species:** *Helops tomentosus* Gebler, 1843.

　　身体背面覆毛，毛色淡，呈弯伏状，体毛聚集成点状或纵向的带状。鞘翅肩部不具有肩瘤结构，前胸背板宽度大于鞘翅基部。1 脐状突位于♂虫前胸腹板正中部。

　　世界目前已知 11 种，分布于古北界。我国已知 3 种。阿拉善高原均有分布。

种检索表

1. 鞘翅侧面观，可见自小盾片至翅坡部位至多微隆；背面可见侧缘中部向后直接收窄，并弯向端部；具横压陷 ·· **谢氏背毛甲 *E. semenovi***

　　鞘翅侧面观对应部位不可见 ·· **2**

2. ♂性个体中位于前胸腹板的脐突个体小，突出不显著，横椭圆形，生短毛；前胸背板基部二湾状；鞘翅毛带模糊 ·· **宁夏背毛甲 *E. ningsiana***

　　与上述对应的性其脐突发达，前足基部甚至矮于该结构，并生长长毛束于脐突的顶部正中；鞘翅 5 条毛带，清晰 ·· **棕色背毛甲 *E. fuscus***

谢氏背毛甲 *Epitrichia semenovi* Bogachev, 1949

Epitrichia semenovi Bogachev, 1949: 277; Ren *et* Ba, 2010: 34.

　　分布：内蒙古西部(阿拉善高原)；蒙古国，哈萨克斯坦。

宁夏背毛甲 *Epitrichia ningsiana* **Kaszab, 1956**(图版Ⅰ: 7)

Epitrichia ningsiana Kaszab, 1956: 279; Ren *et* Yu, 1999: 44; Ren *et* Ba, 2010: 35.
　　分布: 宁夏银川。

棕色背毛甲 *Epitrichia fuscus* **Ren *et* Zheng, 1993**

Epitrichia fuscus Ren *et* Zheng, 1993: 51.
　　检视标本: 8♂♂, 6♀♀, 宁夏银南地区中卫市沙坡头区, 1987. Ⅵ. 22, 任国栋采。
　　分布: 宁夏中卫。

2. 龙甲族 Leptodini Lacordaire, 1859

Leptodides Lacordaire, 1859: 108. **Type genus**: *Leptodes* Dejean, 1834.
　　体明显长, 纤细; 体色个体间由浅红色深至深棕色; 前胸与后胸连接部位强烈收缩, 似颈。头形呈菱状, 前伸; 眼形状较长。触角端部不具锤状。下颚基部不能被颏盖住。前胸背板生有 2 条脊, 脊为纵向。无后翅。后足基节圆形, 但不规则, 总体宽阔。
　　世界已知 31 种, 隶属 2 属, 分布于古北界。我国仅知 6 种均为龙甲属 *Leptodes*。阿拉善高原分布 1 属 2 种。

(5) 龙甲属 *Leptodes* Solier, 1838

Leptodes Solier, 1838: 191. **Type species**: *Sepidium boisdvalii* Zoubkoff, 1833.
　　触角明显细, 且显著长, 其长度甚至可以到达前胸背板后部, 接近后缘; 触角最后 1 节纵向延长且中部加粗, 致其接近纺锤状。前胸背板长大于宽或近相等, 前缘和后缘均为直截状, 且具有饰边的。足细, 显著长, 腿节端部膨胀变大; 胫节宽度由基部向端部增大, 具刚毛。
　　世界迄今已知分布 30 种, 隶属 4 个亚属。我国分布 6 种, 隶属 2 个亚属。阿拉善高原分布 2 种。

种检索表

1. 前胸背板有 2 条脊, 脊完整且微向外弯, 脊间间距大, 相比更靠近侧缘 ·············
··· 中华龙甲 *L.*(*L.*) *chinensis*
　除对应部位特征相同外, 还具有 1 条短纵脊位于中脊和侧脊的中间部位, 且靠近前方 ········
··· 谢氏龙甲 *L.*(*L.*) *szekessyi*

中华龙甲 *Leptodes*(*Leptodopsis*)*chinensis* **Kaszab, 1962**

Leptodes(*Leptodopsis*)*chinensis* Kaszab, 1962: 78.

分布：内蒙古、甘肃(中北部)、宁夏、新疆(东北部)。

谢氏龙甲 *Leptodes*(*Leptodopsis*) *szekessyi* Kaszab, 1962

Leptodes(*Leptodopsis*) *szekessyi* Kaszab, 1962: 79.

检视标本：1♀，宁夏银川西夏区贺兰山苏峪口国家森林公园，1987. Ⅵ. 2，任国栋采。

分布：内蒙古(西部、中部)、宁夏(中部、北部)、山西(北部)、陕西(北部)。

3. 砚甲族 Akidini Billberg, 1820

Akidini Billberg, 1820: 32. **Type genus:** *Akis* Herbst, 1799.

体色呈黑色。下颚基部未被遮挡。眼呈椭圆形，横向。触角自基部向端部呈愈粗趋势，而末节较倒数第 2 节略收缩；第 8 节以上直至末节均有感觉区域。前胸背板侧边扁平。鞘翅缘折显著，可延伸至翅端部，鞘翅背面多数具脊。腹节腹板间节间膜不具外露的情形。

世界已知 60 种，隶属 6 属，古北界自亚洲东部至中部直至地中海西部均有分布。我国已知 3 属 8 种。阿拉善高原分布 1 属 2 种。

(6) 砚甲属 *Cyphogenia* Solier, 1837

Cyphogenia Solier, 1836: 677. **Type species:** *Tenebrio aurita* Pallas, 1781.

唇基前缘弧线不完整，前缘弧线呈内凹状。亚颏具齿突。前胸背板边缘呈扁平状扩展，盘隆升明显。足跗节爪较长，爪上生刚毛，毛短，爪端显著加粗，最终分为 2 片。

该属目前已知 12 种，隶属 2 亚属，分布于中亚及其周边。我国已知 3 种隶属 1 亚属。阿拉善高原分布 2 种。

种检索表

1. 鞘翅背面具脊，脊为纵向，2 条 ················· 中华砚甲 *C. chinensis*

　鞘翅背面仅 1 脊，纵向 ··························· 肩脊砚甲 *C. humeralis*

中华砚甲 *Cyphogenia*(*Cyphogenia*) *chinensis*(Faldermann, 1835) (图版Ⅰ：8)

Akis chinensis Faldermann, 1835: 392.

Cyphogenia chinensis Faldermann, 1835 Kraatz, 1865: 33.

Cyphogenia(*Cyphogenia*) *chinensis* Faldermann, 1835 Gebien, 1937: 789.

检视标本：4♂♂，7♀♀，宁夏银南地区中卫市，1987. Ⅴ. 9；1♂，2♀♀，宁夏石嘴山平罗县陶乐，1987. Ⅴ. 20；1♂，3♀♀，宁夏银川灵武县，1987. Ⅴ. 2；2♂♂，4♀♀，宁夏吴忠同心县，1987. Ⅳ. 27；2♂♂，1♀，宁夏银川市，1989. Ⅶ.

10；2♂♂，2♀♀，内蒙古阿拉善右旗，1987. Ⅶ. 27；22♂♂，25♀♀，内蒙古阿拉
善左旗苏海图嘎查，1991. Ⅶ. 26；2♂♂，4♀♀，内蒙古阿拉善左旗图克木苏木，
2006. Ⅶ. 18；1♂，内蒙古阿拉善左旗乌力吉，2006. Ⅶ. 23，任国栋、巴义彬采；
2♂♂，1♀，甘肃武威民勤县，1992. Ⅴ. 5；4♂♂，7♀♀，甘肃白银景泰县，1987.
Ⅳ. 10；1♀，甘肃白银市，1991. Ⅹ. 6；1♀，甘肃张掖市，2006. Ⅷ. 24，任国栋、
巴义彬采；1♂，1♀，甘肃白银景泰白墩子村，2006. Ⅷ. 11，任国栋、巴义彬采；
余均为任国栋、于有志、马峰采。

分布：内蒙古西部、甘肃东北部、宁夏中北部、陕西北部、新疆北部；蒙古国。

肩脊砚甲 *Cyphogenia* (*Cyphogenia*) *humeralis* Bates, 1879

Cyphogenia humeralis Bates, 1879: 471.

Cyphogenia semicarinata Reitter, 1887: 360.

Cyphogenia (*Cyphogenia*) *humeralis* Bates, 1879 Gebien, 1937: 790.

检视标本：1♂，甘肃敦煌，2006. Ⅷ. 8，任国栋、巴义彬采。

分布：甘肃、新疆；哈萨克斯坦，蒙古国，克什米尔地区。

4. 掘甲族 Lachnogyini Seidlitz, 1893

Lachnogyini Seidlitz, 1893: 490. **Type genus:** *Netuschilia* Reitter, 1904.

身体背面被有鳞片或刚毛。头伸向前，复眼表面生有短毛，具有粗糙的表面；
后颏凹陷未被下颚须填充彻底，下颚与颏间有缝隙可活动。前胸腹突显著长，且
尖，长可达中胸腹板。第 3、4 可见腹节腹板具节间膜。前足拓宽为开掘足，胫节
端部剧烈扩展，甚至达到总跗节长，端距长。

世界已知 5 种，隶属 4 属，分布于古北界。我国已知 1 属 1 种。阿拉善高原
西部有分布。

(7) 掘甲属 *Netuschilia* Reitter, 1904

Netuschilia Reitter，1904: 34. **Type species:** *Lachnopus hauseri* Reitter, 1897.

体被有短毛。触角长度至多仅等于头部的长度，近呈锤状的节有 4 个。唇基
端部前缘弧线形不完整，呈弓形向内弯曲。有刚毛生于小眼面。鞘翅宽与前胸背
板后缘宽几乎一致；除后足外的各足跗节长度等于其胫节端距长。

世界迄今已知分布 1 种。我国北方(包括阿拉善高原)及中亚有分布。

郝氏掘甲 *Netuschilia hauseri* (**Reitter, 1897**)

Lachnopus hauseri Reitter, 1897: 217.

Netuschilia hauseri Reitter, 1897 Reitter, 1904: 35; Uyttenboogart, 1929: 342; Zhao,
1963: 15, Abb.I: 1; Ren *et* Yu, 1999: 189.

　　分布：甘肃（酒泉：敦煌）、内蒙古、新疆、河北；中亚。

5. 长足甲族 Adesmiini Lacordaire, 1859

Adesmiini Lacordaire, 1859: 22. **Type genus:** *Adesmia* Fischer von Waldeim, 1822.

　　上唇呈前缘与后缘不等长的梯形；复眼长径横向；触角各节自基部至端部愈增大。鞘翅侧缘生有棱，棱高于鞘翅其他部分，缘折延伸至翅末端。无节间膜存在于腹节腹板板间。足长，尤其后足，其腿节长度甚至接近或长于腹末；位于中足基节的基转片缺失；后足基节钝圆，基节间距大于基节横向直径。

　　世界已知 270 余种，隶属 10 属，分布于亚洲、非洲。我国已知分布 7 种，均隶属长足甲属 *Adesmia*。阿拉善高原分布有 1 种。

（8）长足甲属 *Adesmia* Fischer von Waldheim, 1822

Adesmia Fischer von Waldheim, 1822: 153. **Type species:** *Adesmia longipes* Fischer von Waldheim, 1822.

　　头背面分布刻点而皱纹无分布；唇基前缘直截状；位于触角着生处前部的头侧缘，收缩显著。前胸背板基部两侧末端弱下弯。后足跗节中间 2 节长度之和等于基节长度；后足基跗节长度大于等于其胫节端距长度。

　　本属所含有的种均为在干旱区域典型分布的种类。世界已知约 60 种，隶属 3 亚属，古北界为其广泛分布地。我国 7 种，隶属 2 亚属，分布于西藏及西北。阿拉善高原分布 1 种。

德氏长足甲 *Adesmia*（*Adesmia*）*anomala dejeanii* Gebler, 1841

Adesmia dejeani Gebler, 1841: 589.

Adesmia（*Adesmia*）*anomala dejeanii* Kaszab, 1967: 11; Ren *et* Yu, 1999: 63.

　　分布：内蒙古中西部、新疆北部；蒙古国。

6. 漠甲族 Pimeliini Latreille, 1802

Pimeliariae Latreille, 1802: 166. **Type genus:** *Pimelia* Fabricius, 1775.

Platyopidae Semenov, 1893: 260. **Type genus**: *Platyope* Fischer von Waldheim, 1820.

Leucolaephusini Pierre, 1961: 558. **Type genus**: *Leucolaephus* Lucas, 1859.

Leucolaephini Pierre, 1964: 866. **Type genus**: *Leucolaephus* Lucas, 1859.

　　体型较大。下颚基部未被颏遮盖。复眼卵形，横向分布。触角具有感觉区域，感觉区域位于第 9～11 节。中足基节纵径大于或等于中、后足基节间距。鞘翅缘折延伸至翅末端。节间膜可见，位于腹节腹板第 4、5 节间。中足基节窝最边缘达到中胸后侧片，中足基转片属于大型。

世界已知分布约 500 种，隶属 43 属，北部非洲、南部欧洲、亚洲绝大多数地区均有分布。我国分布 71 种，隶属 12 属。阿拉善高原分布 8 属 24 种。

属检索表

1. 眼不似椭圆形，眼罩着生于复眼后部，眼着生处在头顶，位置靠前；鞘翅背部呈强烈弓形⋯⋯⋯2

   眼椭圆形，不如上述，眼着生处在头两侧；鞘翅扁不呈弓形⋯⋯⋯⋯⋯⋯⋯⋯⋯⋯⋯3

2. 前胸腹板突表面无突起，可延伸至中胸腹板并接触⋯⋯⋯⋯⋯⋯宽漠王属 *Mantichorula*

   前胸腹板突不如上述⋯⋯⋯⋯⋯⋯⋯⋯⋯⋯⋯⋯⋯⋯⋯⋯⋯⋯⋯漠王属 *Platyope*

3. 鞘翅背面有且仅 1 脊⋯⋯⋯⋯⋯⋯⋯⋯⋯⋯⋯⋯⋯⋯⋯⋯⋯卵漠甲属 *Ocnera*

   翅面可见 3 条脊，或由粗粒点构成行，或侧脊明显，易于观察⋯⋯⋯⋯⋯⋯⋯⋯4

4. 触角第 3 节显著长，长度比宽度至少大 2 倍；小盾片后缘隆，但幅度轻微⋯⋯⋯⋯5

   触角第 3 节长度比宽度至少大 1 倍；小盾片不具上述特征⋯⋯⋯⋯脊漠甲属 *Pterocoma*

5. 除前足外，足跗节生密毛，位于外侧，毛长，甚至有些长度各大于或等于自跗节的基节和末节⋯⋯⋯⋯⋯⋯⋯⋯⋯⋯⋯⋯⋯⋯⋯⋯⋯⋯⋯⋯⋯⋯⋯⋯⋯⋯⋯⋯⋯⋯⋯⋯⋯⋯⋯6

   对应跗节生短刺毛，长刚毛在短毛中少量散布⋯⋯⋯⋯⋯⋯⋯角漠甲属 *Trigonocnera*

6. 前足腹部基节间突的端部略微增大，腹基突背面无槽⋯⋯⋯⋯⋯⋯⋯⋯⋯⋯⋯7

   前足腹部基节间的端部增大十分显著，腹基突背面有槽⋯⋯⋯胖漠甲属 *Trigonoscelis*

7. 翅背刻纹显著，且刻纹呈双重，刻纹组成多为小颗粒和大突起，且数量众多⋯⋯⋯⋯⋯⋯⋯⋯⋯⋯⋯⋯⋯⋯⋯⋯⋯⋯⋯⋯⋯⋯⋯⋯⋯⋯⋯⋯⋯⋯宽漠甲属 *Sternoplax*

   翅面刻纹简单，多数组成为小颗粒，稀见大突起，"肋"明显⋯⋯⋯扁漠甲属 *Sternotrigon*

(9) 漠王属 *Platyope* Fischer von Waldheim, 1822

Platyope Fischer von Waldheim, 1822: 153. **Type species:** *Tenebrio leucographa* Pallas, 1773.

前胸背板宽度大于长度；基部直；粗颗粒分布于盘区，盘区两侧凹陷。前胸腹突形态正常，无拱出和后延现象。鞘翅通常生有伏毛，伏毛位于翅背且呈带状。前足生有小型刺及齿，位于胫节外侧。

世界迄今已知分布 15 种，中亚及北亚地区为其分布地。其中我国分布有 13 种，具体位于甘肃、内蒙古、新疆、宁夏等地。阿拉善高原分布 4 种。

种检索表

1. 翅面光滑，且无毛⋯⋯⋯⋯⋯⋯⋯⋯⋯⋯⋯⋯⋯⋯⋯⋯⋯⋯⋯⋯⋯⋯⋯⋯2

   翅面的翅坡或翅面更大范围内生有毛带⋯⋯⋯⋯⋯⋯⋯⋯⋯⋯⋯⋯⋯⋯⋯3

2. 翅外侧不见隆线，而生有皱纹，翅坡不甚光滑⋯⋯⋯⋯⋯⋯⋯鄂漠王 *P. ordossica*

翅外侧分布 3 条隆线，呈纵向，由细小颗粒构成····························**维氏漠王 *P. victori***

3. 前胸背板后缘平直，前角呈弧线状，几乎无角的迹象，后角仅尖端钝圆·················

·······················**条纹漠王 *P. balteiformis***

前胸背板后缘中部向前弱凹，凹双侧各具 1 凹陷，前角顶部尖，后角呈直角形·············

·······························**蒙古漠王 *P. mongolica***

鄂漠王 *Platyope ordossica* Semenov, 1907

Platyope ordossica Semenov, 1907: 183.

检视标本：13♂♂，17♀♀，内蒙古巴彦淖尔市磴口县，1990. V. 3，余晓莉采；21♂♂，22♀♀，内蒙古阿拉善左旗吉兰泰镇，1991. IV. 28，于有志采；25♂♂，34♀♀，宁夏吴忠盐池县，1990. V. 27，任国栋采。

分布：内蒙古(巴彦淖尔市磴口、阿拉善盟阿拉善左旗吉兰泰)、宁夏、甘肃。

维氏漠王 *Platyope victori* Schuster *et* Reymond, 1937

Platyope victori Schuster *et* Reymond, 1937: 235.

检视标本：2♂♂，甘肃武威民勤县黑河流域，2008. IV，刘维亮采。

分布：甘肃肃北。

蒙古漠王 *Platyope mongolica* Faldermann, 1835

Platyope mongolica Faldermann, 1835: 388.

检视标本：23♂♂，29♀♀，宁夏石嘴山市，1987. IV. 16，1140m；4♂♂，4♀♀，宁夏石嘴山市石炭井，1988. V. 5；10♂♂，17♀♀，宁夏吴忠市青铜峡市新树，1980. V. 16，1985. IV. 11，1985. VI. 19，1985. IX. 11；5♂♂，宁夏银南地区中卫市香山乡，1987. V. 18；1♂，宁夏吴忠市盐池县，1986. VIII. 17；1♂，宁夏银川市灵武市马鞍山，2007. VIII. 25，任国栋采；4♀♀，宁夏吴忠红寺堡区，2009. VII. 19，王新谱，杨晓庆采；41♂♂，60♀♀，内蒙古巴彦淖尔市乌拉特前旗，1995. V. 16，蔡家琨采。

分布：内蒙古中部、宁夏中北部；蒙古国，图瓦。

条纹漠王 *Platyope balteiformis* Ren *et* Wang, 1993

Platyope balteiformis Ren *et* Wang, 1993: 44.

检视标本：6♂♂，7♀♀，宁夏吴忠市盐池县，1987. VI. 2，任国栋采；2♂♂，2♀♀，宁夏银川市灵武，1986. V. 6，任国栋采。

分布：宁夏。

(10)宽漠王属 *Mantichorula* Reitter, 1889

Mantichorula Reitter, 1889: 695. **Type species:** *Mantichorula semenowi* Reitter, 1889.

体型大，体宽度显著较大，体背有光泽。有粗大颗粒位于前胸背板盘区侧面而盘区中央无；前胸背板后缘向前弧凹，凹前具 1 深凹刻，凹刻为弧形。前胸腹突后延，中胸腹板接触。翅面无毛光裸。前足胫节向其内侧呈明显弯曲状，外侧缘着生刺状毛。

　　世界迄今已知分布 3 种，蒙古高原中部及周边地区为该属分布区。阿拉善高原均有分布。

种检索表

1. 体型显著小，不大于 13.0mm；翅缝内凹，翅面分布细纹，纹杂乱……………………
…………………………………………………… 内蒙宽漠王 *M. mongolica*
　体型较大，通常大于 13.0mm；翅缝无内凹 ……………………………………2
2. 后足跗节基部 3 节的后缘向基部方向凹入；前胸腹板基节间突发达，显著粗糙，并具中沟；
　鞘翅两侧缘均向后呈近直线状收缩 ………………… 宽漠王 *M. grandis*
　后足跗基部 3 节的后缘斜向平直；前胸腹突不如上述；鞘翅侧缘在近基部 1/3 处扩展 ………
…………………………………………………… 谢氏宽漠王 *M. semenowi*

内蒙宽漠王 *Mantichorula mongolica* Schuster, 1940

Mantichorula mongolica Schuster, 1940: 17; Ren *et* Yu, 1999: 75.

　　分布：内蒙古鄂尔多斯地区北部。

宽漠王 *Mantichorula grandis* Semenov, 1893（图版Ⅰ：9）

Mantichorula grandis Semenov, 1893: 263.

　　检视标本：14 ♂♂，17♀♀，内蒙古阿拉善左旗，1987. Ⅴ.1；73♂♂，70♀♀，宁夏中卫市沙坡头区，1985. Ⅳ.23，任国栋采；2♂♂，宁夏永宁县征沙渠，1997. Ⅴ.15，任国栋采；1♂，甘肃古浪，1984. Ⅶ，王长政采；46♂♂，69♀♀，甘肃古浪八步沙，2011. Ⅴ.27，贾龙、李进采；16♂♂，16♀♀，甘肃民勤县东湖，2011. Ⅴ.10，贾龙、李进采。

　　分布：内蒙古西部、甘肃中北部、宁夏西部。

谢氏宽漠王 *Mantichorula semenowi* Reitter, 1889

Mantichorula semenowi Reitter, 1889: 695.

　　检视标本：23♂♂，21♀♀，内蒙古阿拉善左旗，1987. Ⅴ.12；141♂♂，148♀♀，内蒙古阿拉善左旗吉兰泰，2011. Ⅴ.29，贾龙、李进采；3♂♂，5♀♀，内蒙古阿拉善右旗，1988. Ⅶ.11；9♂♂，14♀♀，内蒙古乌海市，1989. Ⅳ.17；17♂♂，20♀♀，内蒙古巴彦淖尔市磴口，1989. Ⅳ.28；13♂♂，17♀♀，甘肃民勤，1988. Ⅶ.8；5♂♂，7♀♀，甘肃景泰，1986. Ⅴ.2；1♂，1♀，甘肃榆中，1978. Ⅶ.24；41♂♂，42♀♀，宁夏中卫，1986. Ⅳ.23；3♂♂，1♀，宁夏中宁长山头，1988. Ⅵ.2；99♂♂，129♀♀，宁夏中宁宣和镇，2011. Ⅴ.6，贾龙、李进采；7♂♂，10♀♀，宁夏吴忠青铜峡市树新，1987. Ⅵ.7；5♂♂，5♀♀，宁夏吴忠同心县窑山，1990. Ⅵ.12；3♂♂，1♀，宁

夏吴忠，1987. IV. 26；19♂♂，21♀♀，宁夏吴忠盐池，1986. VII. 23；16♂♂，13♀♀，宁夏银川市灵武磁窑堡，1989. V. 13；2♂♂，1♀，宁夏石嘴山平罗县陶乐镇庙庙湖，1987. VII. 31；4♂♂，2♀♀，宁夏银川市永宁县镇沙渠，1989. V. 20；6♂♂，8♀♀，宁夏银川，1990. V. 23；11♂♂，12♀♀，宁夏石嘴山市大武口区，1989. V. 22；19♂♂，10♀♀，甘肃民勤县东湖，2011. V. 27，贾龙、李进采；17♂♂，20♀♀，甘肃古浪八步沙，2011. V. 9，贾龙、李进采；除注明外，余均为任国栋采。

分布：内蒙古中西部、甘肃中北部、宁夏中北部、陕西北部；蒙古国南戈壁省。

（11）卵漠甲属 *Ocnera* Fischer von Waldheim, 1822

Ocnera Fischer von Waldheim, 1822: 169. **Type species:** *Pimelia imbricata* Fischer von Waldheim, 1820.

体长卵形。上唇横宽，基部宽大于端部，前缘中间稍向后凹。前胸背板宽度明显大于长度，侧缘弧形，前后缘近于直。鞘翅长，呈纵向卵形，基部宽度较之较前胸背则大，但不明显；肩突出不显著。足显著长，且细；后足具有横截面为近圆筒形的胫节；细刺着生于跗节内侧；后足各跗节长度末节与基节近相等。

世界已知 8 种，中亚为该属分布地。我国已知分布 3 种，分布于新疆、甘肃两省份。阿拉善高原已知分布 1 种。

光滑卵漠甲 *Ocnera sublaevigata* Bates, 1879

Ocnera sublaevigata Bates, 1879: 477.

Ocnera sublaevigata sublaevigata Bates, 1879: Löbl *et al.*, 2008: 154.

检视标本：1♂，1♀，甘肃敦煌，2006. VIII. 8，任国栋、巴义彬采。

分布：甘肃（北部）、新疆（中南部、西北部）；哈萨克斯坦。

（12）脊漠甲属 *Pterocoma* Dejean, 1834

Pterocoma Dejean, 1834: 178. **Type species:** *Pimelia piligera* Gebler, 1830.

头部复眼隆起幅度小。前胸背板横宽，侧缘近圆形。鞘翅宽度大，侧缘圆弧形，侧脊易于观察。中族和后足胫节具有椭圆形的横截面；前足胫节宽度自基部向端部略增加，其顶端显著向外扩，并呈锯齿状；中足跗节及后足跗节均不生毛刷。

世界已知 31 种，隶属 8 亚属。俄罗斯、蒙古国、土耳其、中国均有分布。我国已知 23 种，隶属 7 亚属。阿拉善高原分布 5 种。

种检索表

1. 鞘翅肩部边缘扩展程度很低；肩部区域与边脊明显连接 ···················2
   鞘翅肩部边缘强烈扩展；上述结构不连接 ···················3
2. 前胸背板后缘中间向前方显著凹入；盘区分布颗粒呈分散状，且颗粒细，无背中线 ···········

·· 莱氏脊漠甲 *P.*(*M.*) *reitteri*

前胸背板后缘中间不向前方凹入；盘区分布颗粒密集，且颗粒粗，通常具有背中线··········

·· 小脊漠甲 *P.*(*M.*) *parvula*

3. 前胸腹板无或具不清晰饰边，位于前缘；前胸腹突发达，甚至凸至中足基节前缘··················

··· **4**

前胸腹板具有饰边，位于前缘，呈衣领状，且清晰；前胸腹突不如上述··

·· 泥脊漠甲 *P.*(*P.*) *vittata*

4. 前胸背板宽至少为长的 3 倍；后缘中间近于直；盘区密布颗粒，颗粒粗；背中线呈褶皱状

·· 埃氏脊漠甲 *P.*(*M.*) *amandana edmundi*

前胸背板宽不到长的 3 倍；后缘中间呈宽弧形；盘区仅分布有小粒；通常无背中线··············

·· 洛氏脊漠甲 *P.*(*M.*) *loczyi*

埃氏脊漠甲 *Pterocoma*(*Mesopterocoma*) *amandana edmundi* Skopin, 1974(图版 I：10)

Pterocoma(*Mesopterocoma*) *amandana edmundi* Skopin, 1974: 148.

　　检视标本：89♂♂，98♀♀，甘肃武威市民勤县，1998. Ⅴ. 8，任国栋采；11♂♂，9♀♀，甘肃武威市红沙岗镇民勤县周家井村，1988. Ⅶ，任国栋采。

　　分布：甘肃(中北部)、新疆(东部：罗布泊)。

莱氏脊漠甲 *Pterocoma*(*Mongolopterocoma*) *reitteri* Frivaldszky, 1889(图版 I：11)

Pterocoma reitteri Frivaldszky, 1889: 208.

Pterocoma obesa Frivaldszky, 1889: 209.

Pterocoma(*Mongolopterocoma*) *reitteri* Frivaldszky, 1889: Skopin, 1974: 146.

　　检视标本：18♂♂，17♀♀，内蒙古乌海海南区拉僧庙镇，1989. Ⅷ. 17；3♂♂，4♀♀，内蒙古乌海市；40♂♂，51♀♀，内蒙古阿拉善右旗，1998. Ⅴ. 7；1♀，内蒙古巴彦淖尔市乌拉特后旗，2004. Ⅶ. 19，杜志刚采；40♂♂，47♀♀，内蒙古阿拉善右旗，1992. Ⅴ. 4；1♀，内蒙古阿拉善左旗阿拉腾敖包，1985. Ⅶ. 19；1♀，内蒙古巴彦淖尔市乌拉特前旗，1989. Ⅵ. 2；60♂♂，100♀♀，内蒙古阿拉善左旗贺兰山，1987. Ⅳ. 14；34♂♂，35♀♀，宁夏银南地区中卫市沙坡头区甘塘镇，1992. Ⅴ. 5，于有志采；17♂♂，18♀♀，宁夏银南地区中卫市沙坡头区甘塘镇，1987. Ⅳ. 9；2♂♂，2♀♀，宁夏银南地区中卫市沙坡头区甘塘镇，1988. Ⅶ；1♂，1♀，宁夏银南地区中卫市沙坡头区甘塘镇，1985. Ⅳ. 21；2♂♂，3♀♀，宁夏银南地区中卫市沙坡头区甘塘镇，1987. Ⅴ. 12；7♂♂，8♀♀，宁夏银南地区中卫市香山乡，1987. Ⅴ. 18；22♂♂，23♀♀，宁夏吴忠市中宁县，1987. Ⅳ. 21；2♂♂，3♀♀，宁夏银南地区中卫市沙坡头区甘塘镇，1987. Ⅴ. 12；10♂♂，11♀♀，宁夏银川市，1987. Ⅴ. 28；1♀，宁夏银川市永宁县，1992. Ⅴ. 29；1♀，宁夏银川市永宁县，

1987. IV. 4；8♂♂，8♀♀，宁夏银川市灵武市马鞍山，1987. V. 2；2♂♂，3♀♀；宁夏银川市永宁县胜利乡征沙渠村，1987. V. 15；35♂♂，38♀♀，宁夏银川市永宁县平吉堡镇，1987. V. 8；1♀，宁夏吴忠青铜峡市，1989. V. 25；1♀，宁夏石嘴山市大武口区石炭井，1988. V. 5；4♂♂，5♀♀，甘肃酒泉玉门市清泉乡(海拔1040m)，1999. VIII. 20；55♂♂，45♀♀，甘肃武威民勤县黑河流域，2008. VI. 2，刘继亮采；85♂♂，100♀♀，甘肃武威民勤县，1998. V. 8；10♂♂，11♀♀，甘肃武威民勤县周家井村，1988. VII. ；1♀，甘肃酒泉金塔县，1991. VII. 21，于有志采；除注明外，余均为任国栋采。

分布：内蒙古(中西部，含阿拉善高原)、甘肃(中北部)、宁夏(中北部)；蒙古国。

小脊漠甲 _Pterocoma_(_Mongolopterocoma_)_parvula_ Frivaldszky, 1889

Pterocoma reitteri var. _parvula_ Frivaldszky, 1889: 208.

Pterocoma(_Mongolopterocoma_)_parvula_ Frivaldszky, 1889: Skopin, 1974: 134.

检视标本：2♀♀，内蒙古阿拉善右旗塔木素，1988. VII. 18；任国栋采；12♀♀，17♂♂，内蒙古阿拉善盟额济纳旗，1998. V. 12，王新谱采；9♂♂，10♀♀，内蒙古阿拉善右旗，1998. V. 12，任国栋采；2♂♂，3♀♀，甘肃酒泉市瓜州县桥湾城，1995. VIII. 10,任国栋采；1♀，甘肃张掖高台县元山子村(海拔990m)，1995. VII. 11，任国栋采。

分布：内蒙古西部、甘肃北部；蒙古国南部地区。

洛氏脊漠甲 _Pterocoma_(_Mesopterocoma_)_loczyi_ Frivaldszky, 1889(图版 I：12)

Pterocoma loczyi Frivaldszky, 1889: 209.

Pterocoma(_Mesopterocoma_)_loczyi_ Frivaldszky 1889: Skopin, 1974: 135.

检视标本：11♂♂，10♀♀，甘肃酒泉瓜州县桥湾城，1995. VII. 10，孙全兴采；3♂♂，4♀♀，甘肃酒泉敦煌市莫高窟地区，1992. VIII. 24，任国栋采；1♂，甘肃酒泉市，1993. VI. 16，李法圣采；1♀，甘肃酒泉市，1985. VII. 25，冯映华采；2♂♂，1♀，内蒙古鄂尔多斯市鄂托克旗，1991. VIII. 25，于有志、马峰采。

分布：内蒙古(中部)、甘肃(中北部)、新疆(东部、北部)；克什米尔地区，哈萨克斯坦。

泥脊漠甲 _Pterocoma_(_Parapterocoma_)_vittata_ Frivaldszky, 1889

Pterocoma vittata Frivaldszky, 1889: 208.

Pterocoma vittata ab. _hedini_ Schuster, 1934: 24.

Pterocoma hedini Schuster, 1936: 2.

Pterocoma vittata ab. _hedini_ Skpoin, 1974: 140.

Pterocoma(_Parapterocoma_)_vittata_ Frivaldszky, 1889 Skopin, 1974: 134.

检视标本：4♂♂，6♀♀，甘肃白银靖远县，1991. X. 5，马峰采；1♂，2♀♀，

甘肃武威凉州区金塔乡(海拔 1580m)，1991. Ⅷ. 17，于有志、马峰采；2♀♀，甘肃白银市，1991. Ⅹ. 6，马峰采；2♂♂，2♀♀，甘肃张掖山丹龙首山(海拔 1050m)，1995. Ⅷ. 12；1♂，甘肃张掖山丹县，1991. Ⅷ. 18，于有志、马峰采；5♂♂，5♀♀，甘肃兰州皋兰县，1998. Ⅴ. 6；3♂♂，2♀♀，甘肃兰州皋兰县，1991.Ⅹ. 6，马峰采；7♂♂，6♀♀，宁夏银南地区中卫市沙坡头区孟家湾村，1985. Ⅳ. 22；6♂♂，7♀♀，宁夏中卫市沙坡头区甘塘镇，1985. Ⅶ. 14；1♀，宁夏银川永宁县，1985. Ⅶ；1♀，宁夏中卫市沙坡头区，1986. Ⅷ；1♂，宁夏中卫市中宁县，2007. Ⅵ. 09；1♂，宁夏银川灵武磁窑堡镇(海拔 1380m)，1987. Ⅴ. 5；1♀，宁夏银川，1986. Ⅷ. 22，刘志斌采；1♀，青海海东民和县下川口村，1982. Ⅵ. 20，采集人不详；除注明外，余均为任国栋采。

分布：内蒙古、甘肃(中北部)、青海(北部)、宁夏(中北部)、陕西。

(13) 角漠甲属 *Trigonocnera* Reitter, 1893

Trigonocnera Reitter, 1893: 202. **Type species:** *Trigonocelis pseudopimelia*, 1889.

复眼平，无显著凸起；♂虫触角第 3～5 节着生长毛，毛黑。前胸背板具有刻纹，且不复杂；后缘中部深凹。鞘翅前缘具 2 个向后方凹入的弯，翅面平，不具突起。前胸腹部基节间突扩展，位置处于足的基节后方。前足胫节端部显著加宽，外缘具有锯齿状结构。

本属目前世界仅知分布 2 种，蒙古国、中国西北为其分布地。阿拉善高原分布 1 种 1 亚种。

种(亚种)检索表

1. 前胸背板宽大于长的 0.6 倍；翅的侧缘呈圆弧形··
·· **突角漠甲指名亚种 *T. pseudopimelia pseudopimelia***
前胸背板宽大于长的 0.3 倍；翅的侧缘相互平行··················**粒角漠甲 *T. granulata***

粒角漠甲 *Trigonocnera granulata* Ba *et* Ren, 2009(图版Ⅱ：1)

Trigonocnera granulata Ba *et* Ren, 2009: 52.

检视标本：7♂♂，10♀♀，宁夏银川灵武市马鞍山，1987. Ⅴ. 2；2♂♂，1♀，宁夏银川灵武市马鞍山，2007. Ⅷ. 25；2♂♂，3♀♀，宁夏银川灵武市白芨滩保护区，1987. Ⅴ. 4；4♂♂，5♀♀，宁夏银川灵武市，1987. Ⅴ. 5；1♂1♀，宁夏银川市，1987. Ⅴ. 28；2♂♂，2♀♀，宁夏吴忠青铜峡市树新，1980. Ⅴ. 18；1♀，宁夏吴忠盐池县麻黄山乡，1988. Ⅶ. 8；15♂♂，22♀♀，2008. Ⅷ. 15，宁夏中卫市中宁县，张承礼采；6♂♂，7♀♀，内蒙古巴彦淖尔市乌拉特前旗，蔡家琨采；1♂，2♀♀，内蒙古阿拉善左旗巴彦浩特，1992. Ⅴ. 1；2♂♂，1♀，内蒙古阿拉善左旗，于有志采；除注明外，余均为任国栋采。

分布：内蒙古（西部、中部）、宁夏（北部）。

突角漠甲指名亚种 *Trigonocnera pseudopimelia pseudopimelia*（Reitter, 1889）（图版Ⅱ：2）

Trigonocelis pseudopimelia Reitter, 1889: 697.

Trigonocnera pseudopimelia Reitter, 1889: Reitter, 1893: 202.

Trigonocelis amitina Kolbe, 1908: 90.

Trigonocnera pseudopimelia pseudopimelia Reitter, 1889: Kaszab, 1964: 18.

检视标本：2♂♂，3♀♀，甘肃张掖山丹县，1986. Ⅷ. 11，马恩波采；11♂♂，25♀♀，甘肃张掖山丹县，1986. Ⅷ. 11，于有志、马峰采；22♂♂，19♀♀，甘肃张掖山丹县龙首山，1995. Ⅷ. 12；2♂♂，1♀，甘肃张掖市高台元山子村，1995. Ⅷ. 11，孙全兴采；3♂♂，3♀♀，甘肃白银景泰县大疙瘩，任国栋采；7♂♂，4♀♀，甘肃白银景泰县白墩子村，2006. Ⅷ. 11，任国栋、巴义彬采；5♂♂，6♀♀，甘肃张掖市，2006. Ⅷ. 10，任国栋、巴义彬采；1♂，甘肃张掖市高台县新坝乡，2006. Ⅷ. 10，任国栋、巴义彬采；3♂♂，4♀♀，内蒙古阿拉善右旗雅布赖镇盐场，1992. Ⅴ. 4；3♂♂，2♀♀，阿拉善右旗额肯呼都格镇，1998. Ⅴ. 9；5♂♂，5♀♀，宁夏银南地区中卫市，1989. Ⅶ. 20；3♂♂，3♀♀，宁夏银南地区中卫市沙坡头区甘塘镇，1985. Ⅴ. 20；1♂，1♀，宁夏银南地区中卫市沙坡头区，1985. Ⅳ. 9；1♂，宁夏海原县黄家庄村，1986. Ⅶ. 22；2♂♂，2♀♀，宁夏海原县水冲寺，1989. Ⅶ. 24，任国栋采；1♀，宁夏海原县蒿川乡，1986. Ⅶ. 22，任国栋采；1♂，宁夏同心县大罗山保护区，1989. Ⅵ. 2，任国栋采；10♂♂，12♀♀，宁夏银南地区中卫市沙坡头区甘塘镇，1992. Ⅴ. 6；除注明外，余均为于有志采。

分布：内蒙古（中西部）、甘肃（中北部）、宁夏。

（14）宽漠甲属 *Sternoplax* Frivaldszky, 1890

Sternoplax Frivaldszky, 1890: 207. **Type species:** *Trigonoscelis szechenyi* Frivaldszky, 1889.

翅面不光滑，生有结、颗粒、小粒等，翅肩凸出。前胸腹板基节间突延伸，可达前足基节后方，其端部呈扩展状，但扩展度小，腹突在其后方急剧地下降，垂直于身体的面着生有刚毛。足（不含前足）跗节生有刚毛，毛长，位置位于其外侧、腹面。

世界已知分布25种，隶属5亚属，分布于亚洲的多数地区。我国已知10种，隶属4亚属。阿拉善高原分布3种。

种检索表

1. 前胸腹板基节间突端部无毛，至多生有稀毛 ···**2**

前胸腹板基节间突端部生密长毛，毛色浅，为绒毛·························**巴氏宽漠甲** *S.*(*P.*)*ballioni*

2. 翅面生有由粗颗粒构成的行，前胸腹板基节间突显著后延；背面光裸···························
···**谢氏宽漠甲** *S.*(*S.*)*szechenyi*

翅面生有粗瘤，但不成行，瘤间夹杂小粒；前胸腹板基节间突的生有密毛，于下弯处；背面
生有毛斑··**大瘤宽漠甲** *S.*(*P.*)*locerta*

大瘤宽漠甲 *Sternoplax*(*Pseudosternoplax*)*lacerta*(**Bates, 1879**)

Trigonoscelis lacerta Bates, 1879: 475.

Sternoplax lacerta Bates, 1879 Reitter, 1907: 88.

Sternoplax(*Pseudosternoplax*)*lacerta* Bates, 1879 Skopin, 1973: 122.

Diesia pustulosa Reitter, 1887: 378.

　　检视标本：1♀，甘肃高台元山子(990m)，1995. Ⅶ. 11，任国栋采。

　　分布：甘肃、新疆；吉尔吉斯斯坦。

巴氏宽漠甲 *Sternoplax*(*Parasternoplax*)*ballioni* Skopin, 1973(图版Ⅱ：3)

Sternoplax(*Parasternoplax*)*ballioni* Skopin, 1973: 152; Ren *et* Yu, 1999: 99.

　　未见标本。

　　分布：甘肃(西北部)、新疆(库尔勒、奇台、木垒)。

谢氏宽漠甲 *Sternoplax*(*Sternoplax*)*szechenyi*(**Frivaldszky, 1889**)

Trigonoscelis szechenyi Frivaldszky, 1889: 207.

Sternoplax szechenyi Frivaldszky, 1889 Reitter, 1900b: 162.

Sternoplax(*Sternoplax*)*szechenyi* Frivaldszky, 1889: Skopin, 1973: 140.

　　检视标本：1♀，甘肃酒泉，1993. Ⅵ. 16，李法圣采。

　　分布：甘肃(中部、北部)、新疆。

(15)扁漠甲属 *Sternotrigon* Skopin, 1973

Sternotrigon Skopin, 1973: 109. **Type species:** *Trigonoscelis setosa* Bates, 1879.

　　前足胫节生有龙骨突，为肋状。翅背面生有刻纹，刻纹简单，其组成为相近
大小的小粒；稀见大型突，若有则极不明显；前胸腹板基节间突向后突；足(不含
前足)跗节内侧多数生有鬃毛，毛长等于外侧且稀。

　　世界已知分布9种，分布于蒙古国、中亚各国、中国等地。我国已知8种(亚
种)。阿拉善高原分布5种。

种(亚种)检索表

1. 中胸腹板呈明显的驼峰状高拱，甚至普遍呈圆锥形伸出··
···**多毛扁漠甲指名亚种** *S. setosa setosa*

中胸腹板拱起状态均匀, 不如上述 ··**2**

2. 翅肩由背面观全长可见; 肩的组成颗粒清晰, 颗粒大于周围 ····················**3**

　翅肩以上述方法观察, 不如上述; 肩的组成颗粒与周围不易区分 ········ **紫奇扁漠甲 S. zichyi**

3. 翅面基底无皱无点; 具颗粒, 且粒小而近等大; 生有背毛, 且清晰; 前、中、后足腿节均具

　细粒, 粒直径明显小于其间距 ···**4**

　翅面基底生有皱纹; 具不均匀粗粒; 翅面无毛; 各足腿节下侧面生有密的粗突 ··················

　··· **拱背扁漠甲 S. grandis**

4. 前胸背板平坦, 具颗粒, 粒密且大而均匀·································· **克氏扁漠甲 S. kraatzi**

　前胸背板隆起显著, 具颗粒, 粒不均匀且中间小·························· **暗色扁漠甲 S. opaea**

拱背扁漠甲 *Sternotrigon grandis*(**Faldermann, 1835**)(图版Ⅱ: 4)

Platyope grandis Faldermann, 1835: 387.

Sternotrigon grandis Faldermann, 1835 Skopin, 1973: 114.

Trigonoscelis mongolica Reitter, 1889: 696.

　　检视标本: 7♂♂, 7♀♀, 内蒙古巴彦淖尔市乌拉特后旗, 2006. Ⅶ. 20, 任国栋、巴义彬采。

　　分布: 内蒙古、甘肃; 蒙古国。

克氏扁漠甲 *Sternotrigon kraatzi*(**Frivaldszky, 1889**)(图版Ⅱ: 5)

Trigonoselis kraatzi Frivaldszky, 1889: 206.

Sternoplax kraatzi Frivaldszky, 1889: Reitter, 1907: 91.

Sternotrigon kraatzi Frivaldszky, 1889: Skopin, 1973: 125.

　　检视标本: 3♂♂, 4♀♀, 甘肃酒泉金塔县大庄子乡, 2006. Ⅶ. 22; 2♂♂, 3♀♀, 甘肃酒泉瓜州县南岔乡, 2006. Ⅷ. 09; 1♂, 甘肃酒泉敦煌市, 2006. Ⅷ. 09; 1♀, 甘肃酒泉敦煌市鸣沙山区, 1998. Ⅴ. 15, 任国栋采; 1♀, 甘肃酒泉市瓜州县桥湾城, 1995. Ⅷ. 10, 任国栋采; 1♂, 2♀♀, 甘肃张掖市, 2006. Ⅷ. 10; 1♂, 2♀♀, 内蒙古阿拉善盟额济纳旗, 2006. Ⅶ. 21; 1♂, 4♀♀, 内蒙古阿拉善盟额济纳旗, 1998. Ⅴ. 12, 王新谱采; 除注明外, 余均为任国栋、巴义彬采。

　　分布: 内蒙古(西部)、甘肃(中北部)、宁夏; 蒙古国。

暗色扁漠甲 *Sternotrigon opaea*(**Reitter, 1907**)

Sternoplax opaea Reitter, 1907: 91.

Sternotrigon opaea Reitter, 1907 Skopin, 1973: 132.

　　分布: 内蒙古阿拉善西部戈壁。

多毛扁漠甲指名亚种 *Sternotrigon setosa setosa*(**Bates, 1879**)(图版Ⅱ: 6)

Trigonoselis setosa Bates, 1879: 475.

Trigonoselis impressieolis Reitter, 1893: 242.

Diesia niana Reitter, 1887: 377.

Sternoplax niana Reitter, 1887 Reitter, 1907: 90.

Sternotrigon setosa setosa Bates, 1879 Skopin, 1973: 122.

　　检视标本：12♂♂，14♀♀，内蒙古阿拉善左旗，1988．Ⅶ．5；5♂♂，5♀♀，甘肃民勤县，1988．Ⅶ．11；16♂♂，22♀♀，宁夏银南地区中卫市沙坡头区甘塘镇，1984．Ⅳ．28；10♂♂，11♀♀，宁夏银川市灵武县马鞍山生态园，1987．Ⅴ．4；6♂♂，9♀♀，宁夏吴忠盐池县城南，1986．Ⅵ．2；均为任国栋采。

　　分布：内蒙古(阿拉善盟阿左旗)、甘肃(武威民勤)、宁夏(北部)、新疆；塔吉克斯坦，乌兹别克斯坦，哈萨克斯坦。

紫奇扁漠甲 *Sternotrigon zichyi*(Csiki, 1901)(图版Ⅱ：7)

Trigonoscelis zichyi Csiki, 1901: 110.

Sternoplax zichyi Csiki, 1901 Reitter, 1907: 307.

Sternotrigon zichyi Csiki, 1901 Skopin, 1973: 130.

　　检视标本：11♂♂，11♀♀，内蒙古巴彦淖尔市乌拉特后旗，2006．Ⅶ．20；13♂♂，21♀♀，内蒙古阿拉善左旗图克木苏木，2006．Ⅶ．18；5♂♂，2♀♀，内蒙古阿拉善左旗乌利吉苏木，2006．Ⅶ．18；4♂♂，7♀♀，内蒙古阿拉善盟额济纳旗，2006．Ⅶ．26；4♂♂，5♀♀，内蒙古阿拉善盟额济纳旗，1998．Ⅴ．12，王新谱采；24♂♂，26♀♀，内蒙古乌海市，2008．Ⅶ．23，张承礼采；1♀，内蒙古阿拉善右旗孟根布拉格苏木，1992．Ⅴ．03，于有志采；1♀，宁夏银南地区中卫市干塘镇，1992．Ⅴ．6，于有志采；1♀，甘肃酒泉金塔县，1991．Ⅷ．21，于有志采；除注明外，余均为任国栋、巴义彬采。

　　分布：内蒙古中西部、甘肃中北部、宁夏中北部；蒙古国。

(16)胖漠甲属 *Trigonoscelis* Solier, 1836

Trigonoscelis Solier, 1836: 6; Skopin, 1973: 154. **Type species:** *Pimelia nodosa* Fischer von Waldheim, 1821.

　　前胸腹板基节间突显著扩展，位置在前足基节间，腹突中间生有凹槽；且其低于或等于基节后缘的高度。中胸腹板拱起不强烈。脊状突分布于前足腿节的内侧，有硬刺着生于胫节外缘；较长的刚毛分布于足(不含前足)的跗节；呈金黄色的毛刷分布于跗节的腹面。

　　世界迄今已知分布有 15 种，我国西北部，蒙古国南部和中亚等为该属分布区。我国分布 2 种。阿拉善高原已知分布 1 种。

光滑胖漠甲 *Trigonoscelis*（*Chinotrigon*）*sublaevigata sublaevigata* **Reitter, 1887**（图版 II：8）

Trigonoscelis sublaevigata Reitter, 1887: 519.

Trigonoscelis（*Chinotrigon*）*sublaevigata sublaevigata* Reitter, 1887: Skopin, 1973: 24.

　　检视标本：23♂♂，26♀♀，甘肃酒泉市敦煌，1992. VII. 23，任国栋采；29♂♂，24♀♀，甘肃酒泉市敦煌市鸣沙山区，1998. V. 15，王新谱采。

　　分布：甘肃（中北部）、新疆。

7. 鳖甲族 Tentyriini Eschscholtz, 1831

Tentyriini Eschscholtz, 1831: 4. **Type geneus:** *Tentyria* Latreille, 1802.

　　头部多数向后缩，部分被前胸遮挡；上唇基部不具有节间膜；颏凹被颏填满。鞘翅前缘宽度明显增大。中胸腹板呈 2 种状态：近长方形或近圆形。后胸长度明显较短，甚至与前胸长度近相等。第 3 和第 4 腹节腹板节间不存在节间膜。基转节在中足不存在，胫节端距短。

　　世界已知 1000 种以上，隶属 75 属，分布于欧洲、亚洲、非洲、北美洲；且全北界、非洲界种类和数量均具优势。我国已知 139 种，隶属 14 属，青藏、蒙新、华北区分布。阿拉善高原分布 6 属 54 种。

属检索表

1. 唇基前缘弧形前突，略微角形 ··2
   唇基前缘在中间直或近于直，但不角状前突 ··································3
2. 体较小，背扁；前足胫节端部略向外侧三角形延伸 ········塔鳖甲属 *Tamena*
   体型范围为小型至大型兼有，背隆；前足胫节端部外侧不呈三角形 ······小鳖甲属 *Microdera*
3. 唇基与颊间直或呈弧形，于上颚基部上方不呈深缺刻状 ················4
   唇基与颊间在上颚基部上方多少呈缺刻状 ··································5
4. 鞘翅前缘呈 W 形双弯状，肩角齿状前伸 ············圆鳖甲属 *Scytosoma*
   鞘翅前缘直线状或弧形，肩角不呈齿状前伸 ············杯鳖甲属 *Scythis*
5. 唇基与颊间生有浅缺刻；由背面观上颚基部部分可见；若可见全部，则其复眼后缘不圆滑，呈显著角状 ····························东鳖甲属 *Anatolica*
   唇基与颊间生有深缺刻；由背面观上颚基部全部可见，且其复眼后缘明显呈圆弧形 ··胸鳖甲属 *Colposcelis*

（17）塔鳖甲属 *Tamena* Reitter, 1900

Tamena Reitter, 1900a: 90, 143. **Type species:** *Tamena rugiceps* Reitter, 1900.

头部前缘不呈三叶状；唇基中间三角形前伸，无小齿；眼斜直，不外突，大部被眼内侧的叶状脊覆盖。触角第 2 节长大于第 3 节的 1/2；第 3 节最长。前胸背板横宽，与翅基部等宽，侧缘自最宽处向前收缩较向后收缩强烈，后角尖；盘区具长线状刻点。鞘翅基部具完整的饰边；翅背具明显的刻点行，行间具稠密的粗刻点。前足胫节端部略向外侧三角形延伸，跗节短。

世界仅知 1 种，分布于我国喀喇昆仑山至阿拉善高原地区。

皱额塔鳖甲 *Tamena rugiceps* Reitter, 1900

Tamena rugiceps Reitter, 1900a: 144.

检视标本：2♂♂，1♀，甘肃兰州崔家堡，1992. VI. 26，任国栋采；16♂♂，14♀♀，甘肃敦煌，2006. VIII. 8，任国栋、巴义彬采。

分布：内蒙古、甘肃、新疆。

(18) 小鳖甲属 *Microdera* Eschscholtz, 1831

Microdera Eschscholtz, 1831: 6. **Type species:** *Tentyria deserta* Tauscher, 1812.

头部唇基端部三角形前伸，与颊间弧形或直线连接，在上颚基部上方不具有缺刻。前胸背板圆盘状或球形，自最宽处向基部非常显著地变窄，前角圆弧形，后角宽三角形或圆弧形。鞘翅长卵形，与前胸背板连接处强烈缢缩，呈细颈状，基部具或无饰边。

世界迄今 80 余种，隶属 6 亚属，分布于古北界。我国已知 33 种，隶属 3 亚属。阿拉善高原分布 16 种。

种检索表

1. 鞘翅基部具或无饰边，若具，则不与侧缘连接 ··· **2**
   鞘翅基部具短脊或具饰边，它们均与侧缘连接 ··· **11**
2. 前胸背板盘区平坦圆盘状，不向两侧陡降 ·· **3**
   前胸背板近于球形，至少侧区向下陡降 ·· **7**
3. 复眼内侧具眼睑，复眼被内侧的眼褶遮盖部分；前胸背板较不隆起，侧缘自基 1/3 处向基部
   直形收缩 ··· 姬小鳖甲 *M.* (*D.*) *elegans*
   复眼内侧不具眼睑，且复眼不被内侧的眼褶遮盖；前胸背板盘区略隆起，侧缘下折明显 ······ **4**
4. 前胸背板基部稍圆弧形，具粗厚的饰边 ·· **5**
   前胸背板基部较直状，具狭长的细饰边 ·· **6**
5. 前胸背板粗刻点稠密，前缘饰边中断或完整，侧区较陡地落下；鞘翅具有稠密的粗刻点 ······
   ··· 克小鳖甲 *M.* (*D.*) *kraatzi kraatzi*
   前胸背板刻点细，前缘饰边中断，侧区不陡降；鞘翅刻点与前胸背板近似 ························
   ··· 阿小鳖甲 *M.* (*D.*) *kraatzi alashanica*

6. 前胸背板最宽处位于中部之后 ·· 罗山小鳖甲 *M.(D.)luoshanica*

   前胸背板最宽处位于中部或其稍前部位 ······························ 球胸小鳖甲 *M.(D.)globata*

7. 身体背面具粗大刻点；鞘翅具强烈光泽，具可辨认的刻点行，在基部呈双行，在中后部呈单

   行排列·· **8**

   鞘翅光泽不强烈，刻点不为上述排列方式 ··· **9**

8. 前胸背板最宽处位于中部；鞘翅翅背平，刻点行在基半部双行排列，在端半部单行排列······

   ·· 光亮小鳖甲 *M.(D.)lampabilis*

   前胸背板最宽处位于端 1/3 处；鞘翅翅背圆隆，粗圆形的大刻点略呈纵行状 ···············

   ·· 显刻小鳖甲 *M.(D.)promptipuncta*

9. 头、前胸背板具不同形状和大小的刻点 ············· 重点小鳖甲 *M.(D.)duplicatipunctatus*

   头、前胸背板的粗刻点形状和大小单一 ··· **10**

10. 前胸背板侧区具卵形刻点连接成的皱纹；鞘翅宽卵形，最宽处位于中部之后 ···················

    ·· 甘肃小鳖甲 *M.(D.)kanssuana*

    前胸背板侧区具不相连接的卵形刻点；鞘翅尖卵形，最宽处位于中部 ·······················

    ·· 圆胸小鳖甲 *M.(D.)rotundithorax*

11. 前胸背板圆盘状，盘区不强拱 ··· **12**

    前胸背板稍球形，盘区强烈拱起，至少侧缘陡降 ·· **15**

12. 眼褶强烈隆起并向外扩，呈耳状 ··························· 耳褶小鳖甲 *M.(M.)aurita*

    眼褶较规则，非耳状 ·· **13**

13. 体较宽短；前胸背板最宽处位于基部 1/3 处，由此向后强烈收窄；后角不明显 ···············

    ·· 山丹小鳖甲 *M.(M.)shandanana*

    体较细长；前胸背板最宽处位于中部或其之前；后角钝角形下折 ··························· **14**

14. 前颊较眼略窄，于眼前平行；触角较长，可达到前胸背板基部；前胸背板最宽处位于中部

    之前，具较间距大的长圆形刻点 ···················· 蒙古小鳖甲 *M.(M.)mongolica mongolica*

    前颊较眼不窄，于眼前稍外扩；触角较短，长仅达到前胸背板基部 1/3；前胸背板最宽处位

    于中部，具与间距近等宽的稠密粗卵形刻点 ·········· 克蒙小鳖甲 *M.(M.)mongolica kozlovi*

15. 前胸背板圆球状，中部较前后缘强烈隆起············· 条纹小鳖甲 *M.(M.)strigiventris*

    前胸背板中部较前后缘不强烈隆起 ·················· 宽颈小鳖甲 *M.(M.)laticollis laticollis*

姬小鳖甲 *Microdera(Dordanea)elegans*(Reitter, 1887)(图版Ⅱ：9)

Dordanea elegans Reitter, 1887: 358.

Microdera(Dordanea)elegans Reitter, 1897: 229.

Microdera elegans Reitter, 1887 Schuster, 1936: 2.

　　检视标本：7♂♂，6♀♀，甘肃酒泉玉门市清泉乡，1995. Ⅷ. 10；1♂，1♀，甘肃张掖市山丹县龙首山，1995. Ⅷ. 12；1♂，甘肃酒泉玉门市老君庙周边，1992. Ⅶ. 22；1♂，甘肃张掖市高台县元山子村，1995. Ⅷ. 11；35♂♂，54♀♀，甘肃酒

泉阿克塞自治县，1993．Ⅶ.1；3♂♂，甘肃酒泉市肃州区西洞镇，1998．Ⅴ.11；2♂♂，甘肃酒泉瓜州县，1998．Ⅴ.15；除注明外，余均为任国栋采。

分布：甘肃、青海、新疆。

克小鳖甲 *Microdera* (*Dordanea*) *kraatzi kraatzi* (**Reitter, 1889**) (图版Ⅱ： 10)

Dordanea kraatzi Reitter, 1889: 684.

Microdera (*Dordanea*) *kraatzi* Reitter, 1889: Reitter, 1897: 229.

Microdera (*Dordanea*) *kraatzi kraatzi* Reitter, 1889: Kaszab, 1964: 10.

Microdera kraatzi var. *elegantoides* Kaszab, 1964: 380.

检视标本：6♂♂，8♀♀，宁夏吴忠市中宁县石空镇，1987．Ⅵ.21；1♂，1♀，甘肃白银景泰县，1991．Ⅹ.8；均为任国栋采。

分布：内蒙古(中西部)、甘肃(中北部)、宁夏(中部、北部)；蒙古国南戈壁省。

阿小鳖甲 *Microdera* (*Dordanea*) *kraatzi alashanica* **Skopin, 1964**(图版Ⅱ： 11)

Microdera (*Dordanea*) *kraatzi alashanica* Skopin, 1964: 384.

检视标本：3♂♂，3♀♀，宁夏吴忠市中宁县石空镇，1987．Ⅵ.21；23♂♂，37♀♀，宁夏银川灵武市马鞍山生态园，1987．Ⅴ.2；42♂♂，47♀♀，宁夏银南地区中卫市沙坡头区甘塘镇，1987．Ⅳ.9，杨顺、唐兴武采；7♂♂，12♀♀，宁夏银南地区中卫市香山乡，1987．Ⅷ.1；7♂♂，13♀♀，宁夏银南地区中卫市沙坡头区照壁山区，1987．Ⅷ.19，张学文采；21♂♂，30♀♀，宁夏银南地区中卫市沙坡头区，1984．Ⅳ.8，姜昌采；18♂♂，19♀♀，宁夏吴忠青铜峡市树新，1987．Ⅷ.20；7♂♂，9♀♀，宁夏石嘴山平罗县陶乐镇庙庙湖，1987．Ⅷ.24；6♂♂，5♀♀，内蒙古阿拉善左旗巴彦浩特，1988．Ⅶ.17；65♂♂，65♀♀，内蒙古阿拉善左旗图克木苏木，2006．Ⅶ.18，任国栋、巴义彬采；1♂，1♀，内蒙古阿拉善右旗，1988．Ⅶ.21；43♂♂，42♀♀，内蒙古阿拉善左旗乌利吉苏木，2006．Ⅶ.23，任国栋、巴义彬采；3♂♂，5♀♀，甘肃武威民勤县周家井村，1988．Ⅶ.19；4♂♂，5♀♀，甘肃张掖高台县新坝乡，2006．Ⅷ.10，任国栋、巴义彬采；除注明外，余均为任国栋采。

分布：内蒙古(西部：阿拉善高原)、甘肃(中北部)、宁夏(中部、北部)。

光亮小鳖甲 *Microdera* (*Dordanea*) *lampabilis* **Ren, 1999**(图版Ⅱ： 12)

Microdera (*Dordanea*) *lampabilis* Ren, 1999: Ren *et* Yu, 1999: 113.

检视标本：1♂，2♀♀，宁夏固原地区海原县兴仁镇，1987．Ⅸ.8；1♂，2♀♀，宁夏海原县兴仁镇，1985．Ⅷ.22；1♂，1♀，宁夏银南地区中卫市，1987．Ⅳ.9；1♀，宁夏固原地区海原县牌路山森林公园，1987．Ⅶ.24；均为任国栋采。

分布：宁夏中部。

罗山小鳖甲 *Microdera*（*Dordanea*）*luoshanica* **Ren, 1999**（图版Ⅲ：1）

Microdera（*Dordanea*）*luoshanica* Ren, 1999: 109.

检视标本：5♂♂，11♀♀，宁夏吴忠同心县大罗山保护区，1984. Ⅳ. 2，仟国栋采。

分布：宁夏吴忠同心。

球胸小鳖甲 *Microdera*（*Dordanea*）*globata*（**Faldermann, 1835**）（图版Ⅲ：2）

Tentyria globata Faldermann, 1835: 402.

Dordanea globata Faldermann, 1835: Reitter, 1889: 685.

Microdera（*Microdera*）*globata* Faldermann, 1835: Reitter, 1897: 230.

Microdera（*Dordanea*）*kraatzi* Reitter, 1889: Csiki, 1901: 91.（nec Reitter, 1889）

Microdera（*Dordanea*）*globata* Faldermann, 1835: Kaszab, 1964: 381.

检视标本：50♂♂，44♀♀，宁夏吴忠盐池县，1987. Ⅵ；2♂♂，6♀♀，宁夏吴忠盐池县，1987. Ⅷ. 24；3♀♀，宁夏吴忠盐池县，1990. Ⅵ. 4；1♂，宁夏吴忠盐池县，1986. Ⅷ. 17；2♀♀，宁夏银川市灵武，1987. Ⅴ. 2；3♂♂，7♀♀，宁夏吴忠同心县大罗山保护区，1986. Ⅵ. 2；1♂，4♀♀，宁夏石嘴山平罗县崇岗山，1990. Ⅴ. 20；3♂♂，4♀♀，宁夏银川贺兰山小口子，1990. Ⅴ. 5；1♀，宁夏银南地区中卫市甘塘镇，1991. Ⅷ. 26；　7♂♂，13♀♀，内蒙古巴彦淖尔市乌拉特中旗海流图镇，1991. Ⅷ. 4；　27♂♂，34♀♀，内蒙古鄂尔多斯市鄂托克旗，1991. Ⅳ. 16；4♂♂，7♀♀，内蒙古乌海市海南区拉僧庙镇，1987. Ⅷ. 17；1♂，1♀，内蒙古巴彦淖尔市磴口县，1990. Ⅳ. 24，陈晓霞采；2♀♀，内蒙古乌海市海南区乌素图镇，2002. Ⅳ. 30，采集人不详；1♀，内蒙古阿拉善左旗贺兰山哈拉乌沟，1994. Ⅵ. 24，李纪元采；6♂♂，4♀♀，内蒙古巴彦淖尔市乌拉特前旗，1995. Ⅴ. 16，蔡家琨采；30♂♂，30♀♀，内蒙古巴彦淖尔市乌拉特后旗，2006. Ⅶ. 20，任国栋、巴义彬采；21♂♂，21♀♀，甘肃白银景泰县白墩子村，2006. Ⅷ. 11，任国栋、巴义彬采；除注明外，余均为任国栋采。

分布：内蒙古（中部、西部）、甘肃、青海、宁夏（中北部）、山西；蒙古国。

显刻小鳖甲 *Microdera*（*Dordanea*）*promptipuncta* **Ren et Ba, 2010**（图版Ⅲ：3）

Microdera（*Dordanea*）*promptipuncta* Ren et Ba, 2010: 72.

检视标本：1♂，甘肃兰州永登县秦川镇，1998. Ⅴ. 7；4♂♂，甘肃兰州永登县秦川镇，1998. Ⅴ. 7；1♂，甘肃兰州皋兰县，1998. Ⅴ. 6，任国栋采。

分布：甘肃中南部。

重点小鳖甲 *Microdera*（*Dordanea*）*duplicatipunctatus* **Ren, 1999**（图版Ⅲ：4）

Microdera（*Dordanea*）*duplicatipunctatus* Ren, 1999: 116.

检视标本：1♂，甘肃白银景泰县，1991. Ⅹ. 8，马峰采。

分布：甘肃白银景泰。

甘肃小鳖甲 *Microdera*（*Dordanea*）*kanssuana* Kaszab, 1957（图版Ⅲ：5）

Microdera（*Dordanea*）*kanssuana* Kaszab, 1957: 292-293; Ren *et* Yu, 1999: 117-118.

　　检视标本：10♂♂，甘肃武威，1991.Ⅷ.17，任国栋采。

　　分布：甘肃中部。

圆胸小鳖甲 *Microdera*（*Dordanea*）*rotundithorax* Ren, 1999（图版Ⅲ：6）

Microdera（*Dordanea*）*rotundithorax* Ren, 1999: 118.

　　检视标本：4♂♂，4♀♀，宁夏同心河西，1990.Ⅳ.27，白继章采。

　　分布：宁夏中部。

耳褶小鳖甲 *Microdera*（*Microdera*）*aurita*（Reitter, 1889）（图版Ⅲ：7）

Dordanea aurita Reitter, 1889: 686.

Microdera（*Microdera*）*aurita* Reitter, 1889: Reitter, 1897: 230.

　　检视标本：6♂♂，5♀♀，内蒙古阿拉善盟额济纳旗，2006.Ⅶ.21；5♂♂，7♀♀，甘肃酒泉瓜州县，1998.Ⅴ.15，任国栋采；12♂♂，16♀♀，甘肃酒泉敦煌市鸣沙山，1998.Ⅴ.15，任国栋采；7♂♂，7♀♀，甘肃酒泉肃北马鬃山镇，1995.Ⅶ.9，任国栋采；6♂♂，10♀♀，甘肃玉门清泉，1995.Ⅷ.10，任国栋采；1♂，1♀，甘肃张掖市高台县新坝乡，2006.Ⅷ.10；3♂♂，4♀♀，甘肃酒泉市瓜州县南岔乡，2006.Ⅷ.9；1♀，甘肃酒泉敦煌市 2006.Ⅷ.8；1♀，甘肃酒泉金塔县大庄子乡，2006.Ⅷ.22；除注明外，余均为任国栋、巴义彬采。

　　分布：内蒙古（西部）、甘肃（北部）、新疆；蒙古国。

山丹小鳖甲 *Microdera*（*Microdera*）*shandanana* Ba *et* Ren, 2009（图版Ⅲ：8）

Microdera（*Microdera*）*shandanana* Ren et Ba, 2010: 79.

　　检视标本：2♂♂，甘肃张掖市山丹县，1991.Ⅷ.18，于有志、马峰采。

　　分布：甘肃张掖山丹。

蒙古小鳖甲 *Microdera*（*Microdera*）*mongolica mongolica*（Reitter, 1889）（图版Ⅲ：9）

Dordanea mongolica Reitter, 1889: 686.

Microdera（*Microdera*）*mongolica mongolica* Reitter, 1889: Reitter, 1897: 231.

　　检视标本：15♂♂，15♀♀，甘肃武威民勤县，1998.Ⅴ.8，任国栋采；2♂♂，4♀♀，甘肃酒泉敦煌市，1998.Ⅶ.25，王新谱采；5♂♂，6♀♀，甘肃酒泉地区，1998.Ⅴ.11，任国栋采；6♂♂，5♀♀，甘肃武威市，1991.Ⅷ.27，于有志、马峰采。

　　分布：内蒙古（中西部）、甘肃（中北部）、青海、新疆。

克蒙小鳖甲 *Microdera*（*Microdera*）*mongolica kozlovi* Kaszab, 1966（图版Ⅲ：10）

Microdera（*Microdera*）*laticollis kozlovi* Kaszab, 1966: 295.

Microdera（*Microdera*）*mongolica kozlovi* Kaszab, 1966: Medvedev, 1990: 111.

　　检视标本：11♂♂，10♀♀，内蒙古阿拉善盟额济纳旗达来呼布镇，1998．Ⅴ．13；1♀，内蒙古阿拉善左旗苏海图嘎扎，1991．Ⅶ．26；1♀，甘肃武威民勤县，1998．Ⅴ．8；均为任国栋采。

　　分布：内蒙古中西部、甘肃中北部；蒙古国。

宽颈小鳖甲 *Microdera*（*Microdera*）*laticollis laticollis* Bates, 1879（图版Ⅲ：11）

Microdera laticollis Bates, 1879: 470.

Tentyria przewalszky Reitter, 1887: 359.

Microdera przewaskyi Reitter, 1900a: 157.

Microdera（*Microdera*）*laticollis laticollis* Bates, 1879: Kaszab, 1966: 284.

　　检视标本：1♀，内蒙古阿拉善盟额济纳旗，1998．Ⅴ．12，任国栋采；1♀，内蒙古阿拉善左旗巴彦浩特，1991．Ⅷ．26，任国栋采；2♂♂，3♀♀，甘肃兰州市崔家堡镇，1992．Ⅵ．26，于有志采；1♂，甘肃酒泉肃州区西洞镇，1998．Ⅴ．11，任国栋采；22♂♂，23♀♀，甘肃酒泉敦煌市，2006．Ⅷ．8；2♂♂，2♀♀，甘肃酒泉瓜州县南岔乡，2006．Ⅷ．9；除注明外，余均为任国栋、巴义彬采。

　　分布：内蒙古（西部）、甘肃（中北部）、新疆；哈萨克斯坦。

条纹小鳖甲 *Micodera*（*Microdera*）*strigiventris* Reitter, 1900（图版Ⅲ：12）

Micodera（*Microdera*）*strigiventris* Reitter, 1900a: 157.

　　观察标本：2♂♂，3♀♀，甘肃山丹，1991．Ⅷ．18，于有志采。

　　分布：内蒙古（西部）、甘肃（山丹）、新疆（阿勒泰、富蕴、罗布泊）；蒙古国（科布多省、戈壁阿戈泰省）。

（19）圆鳖甲属 *Scytosoma* Reitter, 1895

Scytosoma Reitter, 1895: 281. **Type species:** *Tentyria pygmeaea*（Gebler, 1832）.

Scytodonta Reitter, 1896: 300. **Type species:** *Scytodonta humeridens* Reitter, 1896.

　　唇基前缘几乎不弯曲，头部侧缘不具缺刻。前胸背板前、后角圆钝角形；鞘翅基部饰边双弯状，且完整；肩角前伸。眼褶稍明显。

　　世界已知 11 种。我国有 10 种。阿拉善高原分布 7 种。

种检索表

1. 体型较大，鞘翅肩角驼背状 ················ **狭胸圆鳖甲 *S. humeridens***
   体型较小，鞘翅肩角齿状 ··2
2. 身体背面暗淡 ···3
   身体背面至少略光亮 ···5

3. 鞘翅具由毛或颗粒构成的纵带 ··· **4**

　　鞘翅无毛或颗粒带 ······································· 梯胸圆鳖甲 *S. scalaris*

4. 每鞘翅各具 4 条黄白色长毛构成的纵带 ···················· 显带圆鳖甲 *S. fascia*

　　每鞘翅各具 2 条颗粒构成的纵带，带上具黑色短伏毛 ······ 卵翅圆鳖甲 *S. ovadis*

5. 鞘翅基部弯曲不强烈，较直 ··· **6**

　　鞘翅基部弯曲强烈，明显双弯状 ······················ 小圆鳖甲 *S. pygmaeum*

6. 唇基两侧较直；前胸背板后角圆形 ···················· 裂缘圆鳖甲 *S. dissilimarginis*

　　唇基两侧弧形弯曲；前胸背板后角呈明显角状 ··········· 棕腹圆鳖甲 *S. rufiabdomina*

梯胸圆鳖甲 *Scytosoma scalaris* **Ren *et* Zheng, 1993**（图版Ⅳ：1）

Scytosoma scalaris Ren *et* Zheng, 1993: 35.

　　检视标本：2♂♂，1♀，宁夏海原黄家庄，1997. Ⅶ. 29，任国栋采；2♂♂，1♀，甘肃天祝，1981. Ⅶ. 30，郑哲民采。

　　分布：内蒙古、甘肃、宁夏、陕西。

小圆鳖甲 *Scytosoma pygmaeum*（**Gebler, 1832**）（图版Ⅳ：2）

Tentyria pygmaeum Gebler, 1832: 54.

Anatolica bella Faldermann, 1835: 393.

Anatolica pygmaeum Solsky, 1870: 373.

Anatolica arcibasis Reitter, 1895: 281.

Scytosoma pygmaeum Reitter, 1900a: 162.

　　检视标本：5♂♂，5♀♀，宁夏银川贺兰山东滚钟口，1990. Ⅷ. 6；2♂♂，宁夏吴忠盐池县，1987. Ⅷ. 22，于有志采；1♂，1♀，宁夏吴忠同心县大罗山保护区，1984. Ⅷ. 2，马峰采；除注明外，余均为任国栋采。

　　分布：内蒙古中部、宁夏中北部；蒙古国，俄罗斯(远东地区)。

裂缘圆鳖甲 *Scytosoma dissilimarginis* **Ren *et* Ba, 2010**（图版Ⅳ：3）

Scytosoma dissilimarginis Ren *et* Ba, 2010: 110.

　　检视标本：2♂♂，1♀，宁夏海原县北寺，1990. Ⅶ. 24，任国栋采；2♂♂，2♀♀，内蒙古阿拉善左旗哈拉乌，1990. Ⅷ. 21，杨勇奇采。

　　分布：内蒙古(阿拉善高原)、宁夏。

狭胸圆鳖甲 *Scytosoma humeridens*（**Reitter, 1896**）（图版Ⅳ：4）

Scytodonta humeridens Reitter, 1896: 300.

Scytosoma humeridens Reitter, 1896: Skopin, 1979: 169.

Scytosoma constricta Ren *et* Zheng, 1993: 40.

　　检视标本：20♂♂，23♀♀，甘肃张掖肃南县，2004. Ⅶ. 27～28，杜志刚、刘浩宇采；2♂♂，2♀♀，青海海北祁连县，1978. Ⅶ. 9，林泽滨采。

分布：甘肃中北部、青海北部。

卵翅圆鳖甲 *Scytosoma ovadis* Ren *et* Zheng, 1993（图版Ⅳ：5）

Scytosoma ovadis Ren *et* Zheng, 1993: 38.

检视标本：2♂♂，1♀，甘肃兰州市五泉山，1992. Ⅶ. 20，任国栋采。

分布：甘肃。

显带圆鳖甲 *Scytosoma fascia* Ren *et* Zheng, 1993（图版Ⅳ：6）

Scytosoma fascia Ren *et* Zheng, 1993: 38.

检视标本：22♂♂，35♀♀，宁夏固原地区海原县，1987. Ⅶ. 24；1♂，宁夏吴忠同心县大罗山保护区，1987. Ⅴ. 14；均为任国栋采。

分布：宁夏中南部。

棕腹圆鳖甲 *Scytosoma rufiabdomina* Ren *et* Zheng, 1993（图版Ⅳ：7）

Scytosoma rufiabdomina Ren *et* Zheng, 1993: 39.

检视标本：3♂♂，4♀♀，内蒙古阿拉善左旗巴音，1991. Ⅷ. 27，于有志、马峰采；5♂♂，4♀♀，内蒙古阿拉善左旗贺兰山，1986. Ⅶ；2♂♂，2♀♀，内蒙古阿拉善盟贺兰山西坡，1984. Ⅶ. 17，夏君兰采；20♂♂，23♀♀，宁夏贺兰山，1987. Ⅷ. 6；4♂♂，6♀♀，宁夏银川永宁县征沙渠村，1997. Ⅴ. 15，王新谱采；2♂♂，2♀♀，宁夏石嘴山平罗县崇岗山，1990. Ⅴ. 22；3♂♂，3♀♀，宁夏盐池县，1987. Ⅷ；除注明外，余均为任国栋采。

分布：内蒙古、宁夏（北部）。

（20）杯鳖甲属 *Scythis* Schaum, 1865

Scythis Schaum, 1865: 102. **Type species:** *Tentyria macrocephala* Tauscher, 1812.

Semenovonymus Bogachev, 1946: 391. **Type species:** *Semenovonymus tenuis* Bogachev, 1946.

Megascythis Kelejnikova, 1963: 622. **Type species:** *Megascythis panfilovi* Kelejnikova, 1963.

头部唇基前缘平直，与颊间无明显的缺刻缺口或稍凹陷。前胸背板后角明显的角状，从宽钝至尖角形。鞘翅肩角不前或外伸。

世界迄今已知 47 种，分布于古北界。我国已知 14 种。阿拉善高原分布 2 种。

种检索表

1. 鞘翅基部具宽饰边，饰边弯向并达到向小盾片基部；前胸腹突不角状或圆锥形后突···········
··南疆杯鳖甲 *S. intermedia scythiformis*

鞘翅基部的宽饰边弯向并达到小盾片端部或不与小盾片接触；前胸腹突常角状后突 ··············
·· 邻杯鳖甲 *S. affinis*

邻杯鳖甲 *Scythis affinis* **Ballion, 1878**（图版Ⅳ：8）

Scythis affinis Ballion, 1878: 299.

　　　　检视标本：1♂，2♀♀，甘肃敦煌，1996. Ⅶ. 25，王新谱采。

　　　　分布：甘肃、新疆；塔吉克斯坦。

南疆杯鳖甲 *Scythis intermedia scythiformis*（**Reitter, 1915**）（图版Ⅳ：9）

Microdera scythiformis Reitter, 1915: 66.

Scythis intermedia scythiformis Reitter, 1915: Skopin, 1979: 177.

　　　　检视标本：3♂♂，2♀♀，甘肃兰州，1993. Ⅵ. 26，任国栋采。

　　　　分布：甘肃、新疆（南部）。

(21) 东鳖甲属 *Anatolica* Eschscholtz, 1831

Anatolica Eschscholtz, 1831: 7. **Type species:** *Tentyria subquadrata* Tauscher, 1812.

　　　　头部唇基前缘平直，侧缘具明显缺刻；但上颚基部不完全外露，如果上颚基部完全外露，则前颊片状外展，复眼后缘呈明显角状。眼后缘弧形。鞘翅明显具翅肩。前足胫节直或内侧稍弧凹。

　　　　世界迄今已知 83 种，分布于古北界北部。我国已知 35 种，主要分布在我国北部。阿拉善高原分布 22 种。

种检索表

1. 鞘翅基部饰边与小盾片相连接 ··· 2
   鞘翅基部饰边不达到小盾片或完全缺失 ·· 8
2. 眼褶呈三角形，强烈向外扩展，并遮盖复眼大部 ·························· **突颊东鳖甲 *A. tsendsureni***
   眼褶无论高低，决不遮盖复眼大部 ··· 3
3. 前胸侧板中部和外侧具达到后端的平滑纵槽 ·· 4
   前胸侧板中部和外侧具分裂的皱纹、颗粒或简单刻点，无平滑的纵槽 ··························
   ·· **无边东鳖甲 *A. immarginata***
4. 前胸背板具简单的细小刻点；前胸侧板具粗刻点；♂虫后足胫节直，不弯曲 ··············· 5
   前胸背板具稠密的略长刻点；♂虫后足胫节稍弧形弯曲 ··· 6
5. 触角较长，达到前胸背板后缘；前胸背板近方形，光滑或具细小刻点，强烈反光 ·········
   ·· **磨光东鳖甲 *A. polita polita***
   触角较短，仅达到前胸背板基部 1/3 处；前胸背板略桃形，具稠密的浅圆刻点，反光不强烈
   ··· **谢氏东鳖甲 *A. semenowi***

6. 鞘翅翅背具 3 条扁平的纵脊；头部和前胸背板具稠密的长卵形粗刻点，眼褶内侧与头顶具沟状分界；前足胫节向内弧形弯曲 ·················· **弯胫东鳖甲 *A. pandaroides***
   鞘翅翅背不具扁平的纵脊 ··· **7**

7. 头部具稀刻点，刻点直径为其间距的 1/3～1/2；前胸背板具直径与其间距相等的长椭圆形粗刻点 ··· **平坦东鳖甲 *A. planata***
   头部密布刻点，刻点为近合并的长椭圆形；前胸背板密布长椭圆形刻点，近呈纵向合并 ··· **瘦东鳖甲 *A. strigosa***

8. 鞘翅在肩角内侧具明显的向端部延伸的压痕；♂虫前足腿节内侧呈明显的弧形弯曲，表面具胼胝状感觉点 ··································· **奇异东鳖甲 *A. paradoxa***
   鞘翅在肩角内侧不具压痕，如具明显压痕，则♂虫前足腿节内侧直，或表面具胼胝状感觉点 ·· **9**

9. 头部和前胸背板稠密的粗刻点部分汇集；腹部第 1～4 节具部分汇合的近坑状粗大刻点 ········
   ··· **塞东鳖甲 *A. cechiniae***
   头部和前胸背板具或大或小的刻点；腹部第 1～4 节具细小刻点 ················· **10**

10. 鞘翅纵向沿翅缝稍凹陷，翅背具稀疏小颗粒或磨损的小刻点；后足胫节具柳叶状端距，大端距明显长于第 1 跗节 ································· **波氏东鳖甲 *A. potanini***
    鞘翅翅缝与翅背在同一水平，如果扁凹，则翅背具刻点或翅基部不具饰边；后足胫节大端距不长于第 1 跗节 ··· **11**

11. 腹部末腹节两侧在中部具缺刻；鞘翅翅尾稍开裂，末端向下具齿状突；前胸腹突平直后伸 ·····
    ··· **尖尾东鳖甲 *A. mucronata***
    腹部末腹节两侧在中部不具缺刻；鞘翅翅尾末端向下无齿状突；前胸腹突端部下弯，或明显低于基节间平面 ··· **12**

12. 鞘翅基部具中断的饰边 ··· **13**
    鞘翅基部不具饰边 ··· **19**

13. 前胸侧板具皱纹 ··· **14**
    前胸侧板无皱纹，仅有刻点或颗粒 ··· **18**

14. 前颊向前弧形收窄；后颊向前收窄或近于平行 ································· **15**
    前颊向前外扩；后颊前宽后窄 ··· **16**

15. 体较宽；唇基两侧稍弧形；前胸背板盘区稍隆起，后角钝角形；鞘翅具稠密的卵形刻点；前胸侧板具稠密皱纹，外侧具楔形小刻点；♂虫腿节下侧在基部具淡色感觉点 ···············
    ··· **宽突东鳖甲 *A. sternalis***
    体较长；唇基两侧直形；前胸背板盘区较平，后角圆直角形；鞘翅较光滑，小刻点稀疏；前胸侧板具颗粒状短皱纹；♂虫腿节下侧无感觉点 ············ **纳氏东鳖甲 *A. nureti***

16. 鞘翅两侧具长的纵压痕；前胸侧板只具乱皱纹 ················ **宽腹东鳖甲 *A. gravidula***
    鞘翅两侧不具纵压痕；前胸侧板具皱纹和刻点 ································· **17**

17. 前胸背板方形，基部中间具 1 横凹痕；♂虫腿节下侧在中间具 1 列淡色感觉点 ················
　　··· **小东鳖甲 *A. minima***

　　前胸背板弱桃形；♂虫腿节下侧在中间不具淡色感觉点 ··································
　　·· **平颊东鳖甲 *A. dashidorzsi temporalis***

18. 头、前胸背板具稠密小刻点；前胸侧板无粗刻点，近光滑 ········· **凹缝东鳖甲 *A. suturalis***
　　头、前胸背板具稀疏小刻点；前胸侧板具粗刻点 ················ **库氏东鳖甲 *A. kulzeri***

19. 前胸背板和侧板具稀疏的小刻点 ··· **20**
　　前胸背板具稠密的粗大刻点；前胸侧板具皱纹 ·· **21**

20. 前颊两侧于眼前平行；胫节直形、不弯曲 ····················· **小丽东鳖甲 *A. amoenula***
　　前颊两侧于眼前向外扩展；前足胫节中间内侧稍弧形内凹 ········· **平原东鳖甲 *A. ebenina***

21. 头顶长卵形刻点纵向汇合为条纹状；前颊两侧稍向外扩展；触角较短，仅达到前胸背板基
　　部 1/3 处；鞘翅翅缝及其两侧稍凹陷；前胸侧板外侧不光滑 ············· **皱纹东鳖甲 *A. rugata***
　　头部具稠密粗圆刻点；前颊两侧于眼前平行；触角较长，达到前胸背板基部；鞘翅翅缝不
　　凹陷；前胸侧板外侧光滑 ································· **宁夏东鳖甲 *A. ningxiana***

突颊东鳖甲 *Anatolica tsendsureni* Skopin, 1964（图版Ⅳ：10）

Anatolica tsendsureni Skopin, 1964: 372.

Anatolica colposcina Skopin, 1964: 374.

　　检视标本：1♂，1♀，甘肃敦煌鸣沙山，1998. Ⅴ. 5，任国栋、于有志采。

　　分布：内蒙古、甘肃（北部）、新疆（北部）；蒙古国。

磨光东鳖甲 *Anatolica polita polita* Frivaldszky, 1889（图版Ⅳ：11）

Anatolica polita Frivaldszky, 1889: 204.

Anatolica polita polita Frivaldszky, 1889: Kaszab, 1964: 3.

　　检视标本：1♀，内蒙古鄂尔多斯市鄂托克旗，1991. Ⅷ. 23；2♂♂，2♀♀，内
蒙古阿拉善盟额济纳旗，1991. Ⅷ. 25；1♂，2♀♀，内蒙古阿拉善左旗乌苏，1992.
Ⅷ. 26；1♂，内蒙古阿拉善盟贺兰山哈拉乌南，1990. Ⅶ. 21，杨明奇采；　12♂♂，
15♀♀，甘肃酒泉市瓜州县桥湾城，1995. Ⅷ. 10，任国栋采；20♂♂，20♀♀，甘
肃酒泉肃北马鬃山镇，1995. Ⅷ. 29，孙全兴采；1♂，甘肃酒泉市，1988. Ⅶ. 29，
罗进仑采；除注明外，余均为于有志、马峰采。

　　分布：内蒙古中西部、甘肃北部。

弯胫东鳖甲 *Anatolica pandaroides* Reitter, 1889（图版Ⅳ：12）

Anatolica pandaroides Reitter, 1889: 680.

　　检视标本：1♀，宁夏贺兰山，1987. Ⅶ. 27，任国栋采；1♂，1♀，宁夏吴忠
同心县，1987. Ⅷ. 12，任国栋采；1♂，宁夏吴忠同心县，1990. Ⅳ. 27，任国栋
采；6♂♂，7♀♀，甘肃兰州皋兰县，1991. Ⅹ. 6，马峰采。

　　分布：内蒙古、甘肃(中部)、宁夏(中北部)。

平坦东鳖甲 *Anatolica planata* **Frivaldszky, 1889**(图版Ⅴ：1)

Anatolica planata Frivaldszky, 1889: 203.

　　检视标本：1♀，甘肃酒泉肃州区西洞镇，1998. Ⅴ. 11，任国栋采；1♀，甘肃武威天祝自治县，1981. Ⅶ. 30，郑哲民采。

　　分布：甘肃中北部。

瘦东鳖甲 *Anatolica strigosa*(**Germar, 1824**)(图版Ⅴ：2)

Tentyria strigosa Germar, 1824: 138.

Anatolica strigosa Germar, 1824: Reitter, 1900a: 114; Wang *et* Yang, 2010: 124.

　　分布：青海、宁夏(贺兰山)。

无边东鳖甲 *Anatolica immarginata* **Reitter, 1889**(图版Ⅴ：3)

Anatolica immarginata Reitter, 1889: 681.

Aantolica immarginata var. *hummelis* Schuster, 1936: 4.

　　检视标本：7♂♂，6♀♀，内蒙古阿拉善左旗吉兰泰镇东南，1992. Ⅴ. 2，于有志采；3♂♂，3♀♀，内蒙古阿拉善右旗，1988. Ⅶ. 7，任国栋采；5♂♂，11♀♀，宁夏银南地区中卫市，1987. Ⅴ. 18，任国栋采；1♂，宁夏石嘴山平罗县陶乐镇，1989. Ⅶ. 3，任国栋采。

　　分布：内蒙古(西部)、甘肃、宁夏(中北部)；蒙古国。

奇异东鳖甲 *Anatolica paradoxa* **Reitter, 1900**(图版Ⅴ：4)

Anatolica paradoxa Reitter, 1900a: 120.

　　检视标本：7♂♂，7♀♀，甘肃酒泉敦煌市，1996. Ⅶ. 25，王新谱采。

　　分布：内蒙古、甘肃(北部)、青海(北部)、新疆；蒙古国。

塞东鳖甲 *Anatolica cechiniae* **Bogdnov-Katjkev, 1915**(图版Ⅴ：5)

Anatolica cechiniae Bogdnov-Katjkev, 1915: 4.

　　检视标本：8♂♂，7♀♀，内蒙古阿拉善左旗，2004. Ⅶ. 23～24；20♂♂，15♀♀，内蒙古阿拉善左旗巴彦浩特，2004. Ⅶ. 23，杜志刚、刘浩宇采。

　　分布：内蒙古、新疆；蒙古国。

波氏东鳖甲 *Anatolica potanini* **Reitter, 1889**(图版Ⅴ：6)

Anatolica potanini Reitter, 1889: 683.

Anatolica potanini var. *basalis* Kaszab, 1964: 378.

　　检视标本：4♂♂，5♀♀，内蒙古鄂尔多斯市鄂托克旗，1989. Ⅳ. 16；36♂♂，44♀♀，内蒙古鄂尔多斯市鄂托克旗，1991. Ⅶ. 29；3♂♂，3♀♀，内蒙古鄂尔多斯市鄂托克旗，1991. Ⅷ. 23，于有志、马峰采；12♂♂，11♀♀，内蒙古鄂尔多斯市鄂托克旗，1994．Ⅵ．19；1♂，内蒙古巴彦淖尔市乌拉特前旗，1995．Ⅴ．16，蔡家琨采；5♂♂，6♀♀，内蒙古巴彦淖尔市乌拉特后旗，2006．Ⅶ．20，任国栋、巴义彬采；3♂♂，3♀♀，内蒙古阿拉善左旗孟根塔拉，1992．Ⅴ．3，于有志采；1♂，内蒙古阿拉善右旗孟根布拉格苏木，1992．Ⅴ．3，于有志采；6♂♂，6♀♀，内蒙古阿拉善左旗，1988．Ⅶ．19；52♂♂，52♀♀，内蒙古阿拉善左旗苏海图嘎扎，1991．Ⅷ．26，于有志、马峰采；1♂，内蒙古阿拉善右旗，1988．Ⅶ．13；21♂♂，21♀♀，内蒙古阿拉善右旗，1992．Ⅴ．4，于有志采；3♂♂，内蒙古阿拉善右旗，1998．Ⅴ．9；1♂，2♀♀，内蒙古阿拉善盟额济纳旗，1986．Ⅴ．12；7♂♂，8♀♀，内蒙古阿拉善盟额济纳旗，1998．Ⅴ．12；4♂♂，5♀♀，内蒙古阿拉善盟额济纳旗，2006．Ⅶ．21，任国栋、巴义彬采；6♂♂，6♀♀，内蒙古阿拉善盟额济纳旗达来呼布镇，1998．Ⅴ．13；2♂♂，内蒙古阿拉善左旗阿拉腾敖包，1988．Ⅶ．28；1♀，内蒙古巴彦淖尔市磴口县，1990．Ⅳ．27，余晓莉采；12♂♂，10♀♀，内蒙古阿拉善右旗雅布赖农场，1992．Ⅴ．4，于有志采；8♂♂，9♀♀，内蒙古阿拉善右旗雅布赖农场，2003．Ⅷ．2，王文强、李新江采；3♀♀，内蒙古乌海海南区拉僧庙镇，1988．Ⅷ．17；1♂，1♀，内蒙古阿拉善盟贺兰山哈拉乌南，1990．Ⅴ．29，杨明奇采；32♂♂，42♀♀，内蒙古阿拉善左旗吉兰泰镇东南，1992．Ⅴ．2，于有志采；1♂，内蒙古阿拉善左旗巴音毛道，1992．Ⅳ．9，白利采；1♂，2♀♀，宁夏银南地区中卫市甘塘镇，1988．Ⅶ．1；22♂♂，36♀♀，宁夏银南地区中卫市甘塘镇，1992．Ⅴ．6，于有志采；30♂♂，32♀♀，宁夏银南地区中卫市甘塘镇，1991．Ⅷ．26，于有志、马峰采；18♂♂，12♀♀，宁夏银南地区中卫市，1985．Ⅴ．13；5♂♂，5♀♀，宁夏银南地区中卫市，1987．Ⅴ．4；9♂♂，12♀♀，宁夏银南地区中卫市，1989．Ⅶ．4；2♂♂，2♀♀，宁夏银南地区中卫市，1993．Ⅷ．13；3♂♂，3♀♀，宁夏吴忠市中卫市，2003．Ⅶ．27，王文强、李新江采；1♂，宁夏银南地区中卫市沙坡头区，1987．Ⅴ．18；5♂♂，5♀♀，宁夏盐池县，1986．Ⅷ．17；1♀，宁夏盐池县，1989．Ⅶ．21；6♂♂，9♀♀，宁夏盐池县，1990．Ⅵ．11；8♂♂，8♀♀，宁夏银川灵武，1987．Ⅴ．5；6♂♂，8♀♀，宁夏银川灵武，1992．Ⅴ．19，于有志、任国栋采；1♂，宁夏镇原北寺，1990．Ⅴ．29，杨明奇采；1♂，宁夏石嘴山平罗县崇岗山，1990．Ⅴ．22；5♂♂，5♀♀，宁夏石嘴山平罗县陶乐镇，1987．Ⅷ．24；1♂，宁夏吴忠青铜峡市，1987．Ⅷ．21；1♀，宁夏银川永宁县，1991．Ⅴ．29；22♂♂，34♀♀，宁夏银川永宁县征沙渠村，1998．Ⅴ．15；3♂♂，3♀♀，甘肃白银景泰县白墩子村，1987．Ⅳ．10；2♂♂，2♀♀，甘肃张掖民乐县，1965．Ⅶ．23，印象初采；78♂♂，89♀♀，甘肃武威民勤县，1998．Ⅴ．8；1♂，1♀，甘肃武威古浪县，1986．Ⅴ．7，王瑞生采；5♂♂，6♀♀，甘肃武威古浪县，2003．Ⅶ．31，王文强、李新江采；6♂♂，7♀♀，甘肃武威民勤县周家井村，1988．Ⅶ．22；6♂♂，6♀♀，甘肃武威民勤县红崖山，1986．Ⅸ．13，刘志斌采；2♂♂，2♀♀，甘肃兰州榆中县兴隆山，1957．Ⅶ．采集人不详；2♂♂，2♀♀，甘肃张掖市，1981. Ⅷ. 4，郑哲民采；1♂，1♀，甘肃酒泉金塔县大庄子乡，2006. Ⅶ. 22，任国栋、巴义彬采。

分布：内蒙古中西部、甘肃东北部、宁夏中北部、陕西北部、四川北部、新疆东南部；蒙古国。

尖尾东鳖甲 *Anatolica mucronata* Reitter, 1889（图版Ⅴ：7）

Anatolica mucronata Reitter, 1889: 682.

检视标本：40♂♂，45♀♀，内蒙古吉兰泰，1992. Ⅴ. 2，于有志采；1♀，内蒙古阿拉善右旗，1988. Ⅶ. 13；3♂♂，3♀♀，内蒙古阿拉善右旗，1998. Ⅴ. 9；20♂♂，20♀♀，内蒙古阿拉善左旗孟根塔拉，1992. Ⅴ. 3，于有志采；1♂，1♀，内蒙古阿拉善左旗，1988. Ⅶ. 20；1♂，内蒙古阿拉善左旗苏海图，1991. Ⅷ. 26，于有志、马峰采；8♂♂，9♀♀，内蒙古阿拉善左旗贺兰山，1987. Ⅶ. 4；12♂♂，16♀♀，内蒙古乌海，2002. Ⅳ. 29，蒙西采；17♂♂，18♀♀，内蒙古乌海拉僧庙，1988. Ⅷ. 17；22♂♂，23♀♀，内蒙古鄂托克，1989. Ⅳ. 16；35♂♂，43♀♀，内蒙古巴彦淖尔市乌拉特前旗，1995. Ⅴ. 16，蔡家琨采；4♂♂，5♀♀，内蒙古巴彦淖尔市磴口县，1990. Ⅳ. 28，余晓莉、陈晓霞采；1♂，1♀，内蒙古雅布赖盐场，1992. Ⅴ. 4，于有志采；7♂♂，7♀♀，宁夏永宁征沙渠，1997. Ⅴ. 15，王新谱采；7♂♂，7♀♀，宁夏中卫，1986. Ⅷ. 2；6♂♂，5♀♀，宁夏中卫，1987. Ⅴ. 18；1♂，2♀♀，宁夏中卫，1993. Ⅶ. 24；2♂♂，3♀♀，宁夏中卫甘塘，1985. Ⅳ. 2；31♂♂，34♀♀，宁夏中卫市沙坡头区，1985. Ⅲ. 28；10♂♂，14♀♀，宁夏中卫市沙坡头区，1990. Ⅹ. 6；1♂，1♀，宁夏中卫香山，1987. Ⅴ. 17；1♀，宁夏盐池，1984. Ⅸ. 11；1♂，宁夏盐池，1988. Ⅷ. 11；2♂♂，3♀♀，宁夏盐池，1990. Ⅵ. 4；1♀，宁夏石嘴山，1988. Ⅶ. 4；6♂♂，6♀♀，宁夏石嘴山，1989. Ⅶ. 4；1♂1♀，宁夏陶乐，1987. Ⅷ. 24；1♂，1♀，宁夏陶乐，1989. Ⅶ. 3；4♂♂，5♀♀，宁夏陶乐，1991. Ⅴ. 18；12♂♂，14♀♀，宁夏平罗，1987. Ⅳ. 1；5♂♂，6♀♀，宁夏平罗沙湖，1991. Ⅳ. 20；1♂，1♀，宁夏平罗下庙，1989. Ⅶ. 16；10♂♂，12♀♀，宁夏青铜峡树新，1985. Ⅳ. 11；1♂，2♀♀，宁夏青铜峡树新，1985. Ⅷ. 26；9♂♂，9♀♀，宁夏灵武磁窑堡，1987. Ⅴ. 5；5♂♂，7♀♀，宁夏灵武磁窑堡，1992. Ⅴ. 19，马峰采；2♂♂，3♀♀，宁夏灵武马鞍山，1991. Ⅸ. 28，于有志采；10♂♂，12♀♀，宁夏灵武马鞍山，1992. Ⅴ. 19，任国栋、于有志采；1♂，宁夏灵武，1981. Ⅹ. 1；1♂，宁夏灵武，1987. Ⅴ. 2；1♀，宁夏海原，1989. Ⅷ. 3；1♀，甘肃张掖，1981. Ⅷ. 4，郑哲民采；23♂♂，21♀♀，甘肃武威民勤县城，1998. Ⅴ. 8；除注明外，余均为任国栋采。

分布：内蒙古中西部、甘肃中北部、宁夏中北部、陕西北部；蒙古国。

宽突东鳖甲 *Anatolica sternalis* Reitter, 1889（图版Ⅴ：8）

Anatolica sternalis Reitter, 1889: 681.

Anatolica loczyi Frivaldszky, 1889: 205.

　　检视标本：1♀，内蒙古阿拉善右旗青苔沟，1998. V. 12，王新谱采；1♂，1♀，内蒙古阿腾敖包，1980. VII. 29，任国栋采；2♂♂，2♀♀，内蒙古巴彦淖尔市乌拉特后旗，2006. VII. 20；1♀，宁夏区贺兰山东，1990. V. 22，任国栋采；1♂，宁夏银南地区中卫市沙坡头区，1987. VI. 15，任国栋采；1♂，甘肃酒泉玉门市清泉乡，1995. VIII. 10，任国栋、于有志采；1♂，1♀，甘肃酒泉市肃州区西洞镇，1998. V. 11，任国栋采；1♂，甘肃酒泉金塔县，1991. VIII. 21，于有志、马峰采；2♂♂，2♀♀，甘肃嘉峪关市，2006. VII. 22；除注明外，余均为任国栋、巴义彬采。

　　分布：内蒙古(中部、西部)、甘肃(中部、西部)、宁夏、新疆。

纳氏东鳖甲 *Anatolica nureti* Schuster *et* Reymond, 1937(图版V：9)

Anatolica nureti Schuster *et* Reymond, 1937: 237; Wang *et* Yang, 2010: 123.

Anatolica chauveti Schuster *et* Reymond, 1937: 236.

　　分布：内蒙古、甘肃、宁夏(贺兰山：柳条沟)；蒙古国。

宽腹东鳖甲 *Anatolica gravidula* Frivaldszky, 1889(图版V：10)

Anatolica gravidula Frivaldszky, 1889: 204.

　　检视标本：12♂♂，13♀♀，内蒙古阿拉善右旗，1992. V. 4，于有志采；1♀，1988. VII. 13；40♂♂，40♀♀，1998. V. 9；1♂，内蒙古阿拉善左旗贺兰山西坡，1987. VII. 4；2♂♂，3♀♀，内蒙古乌海市海南区乌素图镇，2002. IV. 30，采集人不详；1♂，内蒙古巴彦淖尔市乌拉特中旗海流图镇，1991. VIII. 4；5♂♂，4♀♀，内蒙古巴彦淖尔市乌拉特后旗，2004. VII. 19～20，杜志刚、刘浩宇采；1♂，甘肃武威民勤县城，1998. V. 8；5♂♂，10♀♀，甘肃酒泉玉门市清泉乡，1995. VII. 10，任国栋、于有志采；除注明外，余均为任国栋采。

　　分布：内蒙古(中部、西部)、甘肃(中部、西部)、新疆。

小东鳖甲 *Anatolica minima* Bogdnov-Katjkov, 1915(图版V：11)

Anatolica minima Bogdnov-Katjkov, 1915: 2.

　　检视标本：1♂，内蒙古阿拉善右旗，1998. V. 9；1♀，内蒙古阿拉善盟贺兰山，1987. VII. 4；1♀，内蒙古阿拉善左旗，1987. IV. 14；1♀，宁夏区贺兰山东，1987. VI. 3；1♂，宁夏银南地区中卫市甘塘镇，1985. V. 20；10♂♂，8♀♀，甘肃酒泉肃州区西洞镇，1998. V. 11；以上均为任国栋采。

　　分布：内蒙古(中部、西部)、甘肃、宁夏(中北部)。

平颊东鳖甲 *Anatolica dashidorzsi temporalis* Kaszab, 1965(图版V：12)

Anatolica dashidorzsi temporalis Kaszab, 1965: 308.

　　检视标本：1♂，内蒙古巴彦淖尔市乌拉特中旗，2006. VII. 19，任国栋、巴义彬采；12♂♂，12♀♀，内蒙古巴彦淖尔市乌拉特后旗，1987．Ⅶ.19～20，杜志刚、刘浩宇采。

　　分布：内蒙古中东部；蒙古国。

凹缝东鳖甲 *Anatolica suturalis* Reitter, 1889（图版Ⅵ：1）

Anatolica suturalis Reitter, 1889: 682.

　　检视标本：56♂♂，70♀♀，宁夏中卫市沙坡头区，2009．Ⅴ.27～28，唐婷、安文婷采。

　　分布：内蒙古、宁夏。

库氏东鳖甲 *Anatolica kulzeri* Kaszab, 1965（图版Ⅵ：2）

Anatolica kulzeri Kaszab, 1965: 280.

　　检视标本：12♂♂，14♀♀，内蒙古阿拉善盟额济纳旗，1998．Ⅴ.12；6♂♂，7♀♀，内蒙古阿拉善盟额济纳旗达来呼布镇，1998．Ⅴ.13；3♂♂，6♀♀，内蒙古鄂尔多斯市鄂托克旗，1991．Ⅷ.23，于有志、马峰采；3♂♂，3♀♀，甘肃酒泉金塔县，1991．Ⅷ.27，于有志、马峰采；1♂，1♀，甘肃酒泉瓜州县，1998．Ⅴ.15；8♂♂，7♀♀，甘肃酒泉金塔县大庄子乡，2006．Ⅶ.22，任国栋、巴义彬采；除注明外，余均为任国栋采。

　　分布：内蒙古（中部、西部）、甘肃（中部、西部）、新疆。

小丽东鳖甲 *Anatolica amoenula* Reitter, 1889（图版Ⅵ：3）

Anatolica amoenula Reitter, 1889: 683.

Anatolica typonota Allard, 1883: 22.

Anatolica suavis Frivaldszky, 1889: 205.

Anatolica dschungarica Kaszab, 1967: 21.

　　检视标本：1♂，1♀，内蒙古巴彦淖尔市乌拉特前旗，1995．Ⅴ.16，蔡家琨采；1♂，内蒙古巴彦淖尔市乌拉特中旗，2006．Ⅶ.19，任国栋、巴义彬采；2♂♂，内蒙古巴彦淖尔市乌拉特后旗，2006．Ⅶ.19，任国栋、巴义彬采；6♂♂，6♀♀，内蒙古阿拉善左旗贺兰山，1987．Ⅶ.4；1♂，1♀，内蒙古阿拉善右旗，1988．Ⅶ.13；1♂，内蒙古阿拉善左旗吉兰泰镇东南，1992．Ⅴ.2，于有志采；2♂♂，2♀♀，内蒙古阿拉善右旗塔枝，1985．Ⅶ.28；7♂♂，6♀♀，内蒙古鄂托克旗，1989．Ⅳ.16；1♂，宁夏中卫甘塘，1985．Ⅵ.12；1♂，宁夏中卫，1987．Ⅷ.19；1♀，宁夏中卫，1989．Ⅶ.26；1♂，宁夏中卫香山，1987．Ⅷ.18；1♂1♀，宁夏贺兰山小口子，1987．Ⅴ.27；2♀♀，宁夏盐池，1984．Ⅸ.21；5♂♂，5♀♀，宁夏盐池，1986．Ⅷ.17；1♂，3♀♀，宁夏盐池，1987．Ⅷ.4；1♂，2♀♀，宁夏盐池，1989．Ⅵ.21；1♂，1♀，宁夏盐池，1989．Ⅸ.30；9♂♂，9♀♀，宁夏盐池，1990．Ⅵ.4；3♂，♂3♀♀，宁夏大武口，1987．Ⅳ.16；3♂♂，3♀♀，宁夏石嘴山大武口区石炭井，1988．Ⅴ.

5；1♂，2♀♀，宁夏吴忠青铜峡市，1987. Ⅷ. 21；24♂♂，30♀♀，宁夏银川市，1987. Ⅴ. 20；6♂♂，9♀♀，宁夏银川灵武，1987. Ⅴ. 2；2♂♂，2♀♀，宁夏银川灵武县磁窑堡镇，1987. Ⅴ. 5；3♂♂，3♀♀，宁夏石嘴山平罗县，1987. Ⅳ. 1；5♂♂，7♀♀，宁夏石嘴山平罗县，1989. Ⅶ. 13；3♂♂，7♀♀，宁夏平罗县下庙，1989. Ⅵ. 30；1♀，宁夏平罗县沙湖，1991. Ⅳ. 20；1♂，甘肃白银景泰县白墩子村，1987. Ⅳ. 10；1♀，甘肃武威民勤县周家井村，1988. Ⅶ. 22；除注明外，余均为任国栋采。

分布：内蒙古(中部、东部、西部)、甘肃、宁夏(中北部)；蒙古国。

平原东鳖甲 *Anatolica ebenina* Fairmaire, 1886(图版Ⅵ：4)

Anatolica ebenina Fairmaire, 1886: 323.

检视标本：1♂，宁夏石嘴山市，1987. Ⅵ. 4；1♀，宁夏银南地区中卫市沙坡头区甘塘镇，1991. Ⅷ. 26，于有志、马峰采；1♂，宁夏银南地区中卫市，1987. Ⅶ. 18；13♂♂，13♀♀，宁夏吴忠盐池县大水坑镇，1988. Ⅴ. 22，张学文采；5♂♂，5♀♀，宁夏银川灵武县，1987. Ⅴ. 13；除注明外，余均为任国栋采。

分布：宁夏(中北部)、北京。

皱纹东鳖甲 *Anatolica rugata* Ren *et* Ba, 2010(图版Ⅵ：5)

Anatolica rugata Ren *et* Ba, 2010: 172.

检视标本：1♂，甘肃民勤红崖山，1986. Ⅸ. 13，刘志斌采。

分布：甘肃中部。

谢氏东鳖甲 *Anatolica semenowi* Reitter, 1889(图版Ⅵ：6)

Anatolica semenowi Reitter, 1889: 680.

检视标本：2♂♂，2♀♀，甘肃酒泉瓜州县东部，1998. Ⅴ. 25，任国栋采。

分布：甘肃西北部。

宁夏东鳖甲 *Anatolica ningxiana* Ren *et* Ba, 2010(图版Ⅵ：7)

Anatolica ningxiana Ren *et* Ba, 2010: 173.

检视标本：5♂♂，6♀♀，宁夏银南地区中卫市，1995. Ⅳ. 21；1♂，宁夏银南地区中卫市甘塘镇，1991. Ⅷ. 26；2♂♂，3♀♀，宁夏银南地区中卫市甘塘镇，1995. Ⅳ. 21；1♂，1♀，宁夏吴忠同心县大罗山保护区，1987. Ⅷ. 14；2♀♀，宁夏银川灵武县，1987. Ⅴ. 2；均为任国栋采。

分布：宁夏中北部。

(22) 胸鳖甲属 *Colposcelis* Dejean, 1834

Colposcelis Dejean, 1834: 185. **Type species:** *Tentyria longicollis* Zoubkoff, 1833.

唇基显著向前伸出，端部直形，与颊间深缺刻状连接，上颚基部背观完全可见。前颊侧缘具前伸的角突；眼后缘直，若弧形，则宽度不大于眼纵径的1/2。

世界已知 4 亚属 24 种。我国已知 2 亚属 11 种。阿拉善高原分布 6 种。

种检索表

1. 右上颚端部无小齿 ··**2**
   右上颚端部具小齿 ···**李氏胸鳖甲 C.(C.) licenti**
2. 鞘翅基部具完整的饰边 ···**3**
   鞘翅基部饰边与小盾片接触 ···**4**
3. 前胸侧板具稀疏的锉状刻点；触角较短，仅达到前胸背板基部 1/3 处；鞘翅侧缘具长纵沟···
   ···**三沟胸鳖甲 C.(S.) trisulcata**
   前胸侧板多少具稀疏的小刻点；触角较长，达到前胸背板后缘；鞘翅侧缘不具纵沟···········
   ···**隆胸鳖甲 C.(S.) montivaga**
4. 前胸侧板光滑 ···**福氏胸鳖甲 C.(S.) forsteri**
   前胸侧板具明显的刻点和皱纹 ···**5**
5. 触角较长，达到前胸背板后缘或超过；前胸背板具稠密的刻点 ··························
   ·······································**狭胸鳖甲 C.(S.) microderoides microderoides**
   触角较短，仅达前胸背板基部 1/3 处；前胸背板具稀疏的细刻点····························
   ···**达蒙胸鳖甲 C.(S.) damone**

达蒙胸鳖甲 *Colposcelis*（*Scelocolpis*）*damone* **Reitter, 1900**（图版Ⅵ：8）

Colposcelis（*Scelocolpis*）*damone* Reitter, 1900a: 103.

检视标本：2♂♂，2♀♀，甘肃酒泉肃州区西洞镇，1998. Ⅴ.11；1♂，甘肃张掖肃南县，1995. Ⅶ.15；1♂，甘肃酒泉玉门市老君庙周边，1992. Ⅶ.22；均为任国栋采；1♂，2♀♀，甘肃酒泉肃北县鱼儿红乡，1991. Ⅷ.9，杜晓红采；7♂♂，7♀♀，甘肃酒泉阿克塞县当金山垭口，2006. Ⅷ.8，任国栋、巴义彬采。

分布：甘肃（中西部）、新疆；蒙古国西南部。

福氏胸鳖甲 *Colposcelis*（*Scelocolpis*）*forsteri* **Reitter, 1900**（图版Ⅵ：9）

Colposcelis（*Scelocolpis*）*forsteri* Reitter, 1900a: 107.

检视标本：4♂♂，5♀♀，甘肃酒泉瓜州县，2006. Ⅷ.9，任国栋、巴义彬采。

分布：甘肃（中部、西部）、新疆；蒙古国西南部。

隆胸鳖甲 *Colposcelis*（*Scelocolpis*）*montivaga*（**Bates, 1879**）（图版Ⅵ：10）

Anatolica montivaga Bates, 1879: 470.

Colposcelis（*Scelocolpis*）*montivaga* Bates, 1879: Reitter, 1900a: 106.

检视标本：3♂♂，3♀♀，甘肃酒泉瓜州县南岔乡，2006. Ⅷ.9。

分布：甘肃、新疆；蒙古国。

狭胸鳖甲 *Colposcelis*（*Scelocolpis*）*microderoides microderoides* Reitter, 1900（图版 VI：11）

Colposcelis（*Scelocolpis*）*microderoides microderoides* Reitter, 1900a: 106.

　　检视标本：1♂，1♀，宁夏银南地区中卫市沙坡头区，1985. III. 28，任国栋采；2♂♂，宁夏银南地区中卫市，1987. VI. 15，任国栋采；8♂♂，9♀♀，甘肃白银景泰县，1991. X. 8，马峰采；3♂♂，4♀♀，甘肃张掖肃南县，2004. VII. 27～28，杜志刚、刘浩宇采。

　　分布：甘肃、宁夏（中北部）、陕西（北部）、新疆；蒙古国。

李氏胸鳖甲 *Colposcelis*（*Colposcelis*）*licenti* Schuster, 1940

Colposcelis（*Colposcelis*）*licenti* Schuster, 1940: 20; Ren *et* Yu, 1999: 172.

　　分布：内蒙古阴山地区。

三沟胸鳖甲 *Colposcelis*（*Scelocolpis*）*trisulcata* Reitter, 1900（图版VI：12）

Colposcelis（*Scelocolpis*）*trisulcata* Reitter, 1900a: 106.

　　检视标本：8♂♂，9♀♀，甘肃烟墩骆驼圈子，2006. VII. 24，任国栋、巴义彬采。

　　分布：甘肃、新疆（中北部）；哈萨克斯坦。

第三节　伪叶甲亚科 Lagriinae Latreille, 1825

Lagriinae Latreille, 1825: 378; Doyen, 1972: 357; Watt, 1974: 419; Bouchard *et al.*, 2005: 501. **Type genus:** *Lagria* Fabricius, 1775.

　　身体多数较柔软，体型小到大型；触角共有 11 节，第 11 节长大于第 9、第 10 节长度之和；前胸呈明显圆筒状；鞘翅缘折由鞘翅基部向端部渐窄或达不到端部；前足基节呈现显著的隆起，各足胫节端距强烈退化；倒数第 2 跗节双叶状膨大，下侧具密毛刷。阿拉善高原分布 3 族 3 属 9 种。

族检索表

1. 体扁平并伸长，前胸非圆筒状，所有腿节急剧变粗 ················· **刺足甲族 Belopini**
　 体隆起，前胸圆筒状，腿节未急剧变粗 ···································· 2
2. 触角较长，端节强烈延长 ·· **莱甲族 Laenini**
　 触角较短，端节不强烈延长 ··· **伪叶甲族 Lagriini**

1. 伪叶甲族 Lagriini Latreille, 1825

Lagriini Latreille, 1825: 381. **Type genus:** *Lagria* Fabricius, 1775.

　　身体呈明显圆筒状。♂虫触角末节延长显著。上唇端部前缘呈弧形向后凹；

下颚须端部最后一节延长；复眼位置处于头两侧，前缘通常后方凹入；具有呈圆筒状的前胸背板，基部宽度小于鞘翅基部宽度，由背面观其侧缘无饰边。鞘翅表面生有刻点、被绒毛，鞘翅缘折比较宽；一般均有后翅。前足基节间距离短，腹节腹板基节间突模糊甚至消失。阳茎侧突多数近三角形。

我国已知 8 属。阿拉善高原分布 2 属 5 种。

（23）伪叶甲属 *Lagria* Fabricius, 1775

Lagria Fabricius, 1775: 124. **Type species:** *Chrysomela hirta* Linnaeus, 1758.

Lachna Billberg, 1820: 35. **Type species:** *Chrysomela hirta* Linnaeus, 1758.

唇基前缘多数后凹明显；触角丝状，总长度显著超出前胸背板的后缘。前胸背板近似呈圆筒状，最宽处一般位于其两侧中部；由背面观，无法见其侧缘；盘区被附物明显可见。鞘翅形状在两性间差异明显，刻点呈不规则皱纹状；绝大多数具后翅。

该属广泛分布于亚洲、欧洲、非洲和大洋洲。我国已知 23 种。阿拉善高原分布 4 种。

种检索表

1. 头和前胸背板黑色，占身体比例很小；鞘翅黄或褐色；下颚须端节锥状；♂虫体细长， ……**2**

   体色非上述；下颚须端节宽三角或短刀状；♂虫体常形 ……………………**黑头伪叶甲 L. atriceps**

2. ♂虫触角末节与其前的 3 或 4 节长之和相等；♂虫足简单，胫节端部无齿 …………………………

   ………………………………………………………………………………………**林氏伪叶甲 L. hirta**

   ♂虫触角末节至少与其前的 6 节长之和相等；♂虫中、后足胫节端部具齿 ………………………**3**

3. 鞘翅褐色，体背面均被黄色茸毛；♂虫眼横径不大于眼间距的 1.5 倍以上；♂虫触角末节与

   其前的 6 节长之和相等 ………………………………………………………**红翅伪叶甲 L. rufipennis**

   鞘翅黄色，头和前胸背板茸毛深色，鞘翅茸毛黄色；♂虫眼横径为眼间距的 2.0 倍以上；♂

   虫触角末节与其前的 7 节长之和相等 ………………………………………**眼伪叶甲 L. ophthalmica**

林氏伪叶甲 *Lagria hirta*（Linnaeus, 1758）

Chrysomela hirta Linnaeus, 1758: 377.

Cantharis spadicea Scopoli, 1763: 43.

Chrysomela pubescens Linnaeus, 1767: 603.

Lagria glabrata Fabricius, 1775: 125.

Lagria hirta, Fabricius, 1775: 125.

Tenebrio villosus DeGeer, 1775: 44.

Cantharis flava Geoffroy, 1785: 155.

Lagria lurida Krynicki, 1832: 137.

Lagria nudipennis Mulsant, 1856: 20.

Lagria depilis Mulsant, 1856: Paris: 21.

Lagria caucasica Motschulsky, 1860: 144.

Lagria fuscata Motschulsky, 1860: 144.

Lagria pontica Motschulsky, 1860: 144.

Lagria hirta var. limbata Desbrochers des Loges, 1881: 142.

Lagria seminuda Reitter, 1889: 259.

　　　检视标本：1♂，宁夏海原县，1989. VI. 23，任国栋采；1♂，宁夏海原黄家庄，任国栋采。

　　　分布：甘肃、宁夏(中南部)、天津、河北(张家口、承德)、黑龙江(伊春)、河南(三门峡、嵩县)、四川、陕西；亚洲：地中海东南沿岸，中亚；欧洲：芬诺斯堪底亚，俄罗斯(东、西西伯利亚地区)；北非：摩洛哥，阿尔及利亚。

眼伪叶甲 *Lagria ophthalmica* **Fairmaire, 1891**

Lagria ophthalmica Fairmaire, 1891: 216.

　　　检视标本：1♂，宁夏中卫市干塘，1992. V. 6，于有志采。

　　　分布：甘肃(陇南)、宁夏(中部、南部)、河北(保定、张家口、唐山)、黑龙江(伊春)、河南(三门峡、安阳、新乡)、湖北、湖南(湘西)、四川(雅安、乐山)、贵州(遵义)、云南(昭通)、陕西(咸阳、汉中、宝鸡及太白山)。

红翅伪叶甲 *Lagria rufipennis* **Marseul, 1876**(图版Ⅶ：1)

Lagria rufipennis Marseul, 1876: 337; Wang *et* Yang, 2010: 133.

Lagria vervex Marseul, 1876: 338.

　　　分布：宁夏(贺兰山、彭阳)、北京、河北(张家口)、重庆、四川、云南(曲靖)、陕西；日本，俄罗斯。

黑头伪叶甲 *Lagria atriceps* **Borchmann, 1941**

Lagria atriceps Borchmann, 1941: 4.

　　　检视标本：1♂，宁夏海原县，1989. VI. 23，任国栋采；1♂，宁夏中卫市干塘，1992. V. 6，于有志采。

　　　分布：宁夏(中南部)、北京、河北、云南、陕西(汉中、咸阳)、河南、新疆(伊犁、昌吉)、四川、湖南；缅甸，印度，土库曼斯坦，土耳其。

2. 莱甲族 Laenini Seidlitz, 1896

Laenini Seidlitz, 1896: 669; Bouchard *et al.*, 2005: 501. **Type genus:** *Laena* Dejean, 1821.

体型为中小型。唇基前缘中间向后方凹入；触角多数念珠状，长达前胸背板后缘；眼横型。前胸背板前缘至少稍前伸，侧缘弧形；小盾片不发达。鞘翅具刻点行。各足胫节细，自基部向端部发展渐粗。

我国已知分布 2 属。阿拉善高原已知分布 1 属 1 种。

（24）莱甲属 *Laena* Dejean, 1821

Laena Dejean, 1821: 39. **Type species:** *Scaurus viennensis* J. Sturm, 1807.

Catolaena Reitter, 1900c: 282. **Type species:** *Laena turkestanica* Reitter, 1897.

Ebertius Jedlička, 1965: 98. **Type species:** *Ebertius nepalensis* Jedlička, 1965.

Laena Latreille, 1829: 39. **Type species:** *Scaurus viennensis* J. Sturm, 1807.

Psilolaena Heller, 1923: 70. **Type species:** *Psilolaena schusteri* Heller, 1923.

体黑或棕色，背面高拱，具刻点和毛。唇基前缘稍后凹或两侧平直，无可见的基间膜；眼圆至椭圆形；触角念珠状，末节膨大，倒卵形。鞘翅具明显的刻点行，行间具小刻点；缘折长达翅端部；后翅退化。腹部第 3、4、5 节间具节间膜。各足腿节粗壮，棍棒状；跗节的爪镰刀形。

该属广布于古北界、东洋界、非洲界。我国已知 120 种。阿拉善高原分布 1 种。

二点莱甲 *Laena bifoveolata* Reitter, 1889

Laena bifoveolata Reitter, 1889: 709.

Laena imurai Masumoto, 1996: 179.

Laena shaanxiica Masumoto, 1996: 178.

检视标本：1ex，甘肃兰州兴隆山，1994. Ⅷ. 7, 2225～2380m，A. Smetana 采；1ex，甘肃榆中兴隆山松林，1995. Ⅶ. 6，M. Janata 采。

分布：甘肃、陕西、四川、湖北。

3. 刺足甲族 Belopini Reitter, 1917

Calcariens Mulsant, 1854: 268. **Type genus:** *Calcar* Dejean, 1821.

Belopini Reitter, 1917: 59. **Type genus:** *Belopus* Gebien, 1911.

身体扁长，不被毛。唇基前缘平直；眼前缘弧形；触角短；颏仅能挡住下颚基部的一部分。前胸背板后缘的宽度显著小于鞘翅基部宽度。小盾片布有由刻点形成的线。鞘翅缘折可伸达翅端部，每翅具 5 条清晰的刻点行。具退化的后翅。前足基节纵径远小于其间距，基节窝球形；中足基节窝与中胸后侧片连接；后足基节突宽，端部平截；所有腿节棍棒状膨大。第 3、4、5 节腹节板间无发光节间膜。阳茎不弯转。

世界迄今已知 1 属 4 亚属 44 种。阿拉善高原分布 1 属 4 种。

(25) 刺足甲属 *Centorus* Mulsant, 1854

Centorus Mulsant, 1854: 272. **Type species:** *Calcar procerus* Mulsant, 1854.

头部中间两侧无横沟；眼宽卵形，长为宽不足 2.0 倍；触角第 2 节长宽相等。前胸背板具饰边。鞘翅端部的刻点行均匀，鞘翅缘折仅达第 2 腹板。♂虫腿节内侧具细棒状齿，后足胫节内侧具小齿或无。

世界迄今已知 44 种。我国已知 7 种，分布于新疆至阿拉善地区。阿拉善高原分布 4 种。

种检索表

1. 肛节后缘中央前凹；前足胫节内侧中间宽隆；唇基前缘直；鞘翅中部以前最宽 ·····················
·· 贺兰刺足甲 *C. helanensis*
  肛节后缘中央直或弧形··· 2
2. 体 8.5～9.0mm；阳茎基侧突端部呈宽三角形；前胸背板具稠密的粗刻点，后角后伸 ·········
·· 亮黑刺足甲 *C. luculentus*
  体长不超过 6.0mm ··· 3
3. 肛节后缘中间后突；前足胫节内侧基部隆起，中间内凹，端部外弯 ····························
·· 阿拉善刺足甲 *C. alanshanicus*
  肛节后缘圆弧状 ·· 梅氏刺足甲 *C. medvedevi*

贺兰刺足甲 *Centorus* (*Centorus*) *helanensis* **Ren et Wu，1994**

Centorus (*Centorus*) *helanensis* Ren et Wu, 1994: 351.

检视标本：1♀，宁夏平罗崇岗（贺兰山中段），海拔 1200m，1987. Ⅷ. 27，任国栋采；1♂，宁夏贺兰潘昶，1990. Ⅴ. 1，王国义采。

分布：宁夏北部。

亮黑刺足甲 *Centorus luculentus* (**Ren, 1999**)

Belopus (*Centorus*) *luculentus* Ren, 1999: 177.

Centorus (*Centorus*) *luculentus* (Ren, 1999): Löbl et al., 2008: 105.

检视标本：1♂，甘肃肃北马鬃山，1995. Ⅶ. 31；任国栋采。

分布：甘肃。

梅氏刺足甲 *Centorus medvedevi* **Ren et Zhang, 2010**

Centorus medvedevi Ren et Zhang, 2010: 21.

检视标本：11♂♂，26♀♀，宁夏石嘴山市平罗县，2009. Ⅶ. 8，张承礼、潘昭采。

分布：宁夏石嘴山。

阿拉善刺足甲 *Centorus* (*Centorus*) *alanshanicus* Skopin，1974

Centorus (*Centorus*) *alanshanicus* Skopin, 1974: 90.

检视标本：1♂，1♀，内蒙古阿拉善右旗城北 10km，1988. Ⅶ. 18，任国栋采。

分布：内蒙古西部。

第四节　拟步甲亚科 Tenebrioninae Latreille, 1802

Tenebrionites Latreille, 1802: 165; Bouchard *et al.*, 2011: 413. **Type genus:** *Tenebrio* Linnaeus, 1758.

身体小到大型。上唇宽大于长；触角 11 节，丝状或抱茎状，向端部渐变粗，少数种类明显棒状。鞘翅如具条纹，则不超过 9 条；如具后翅，则后翅无亚肘脉斑。腹部第 3～5 腹节间具光亮的节间膜。前足基节窝外侧关闭，内侧常关闭；中足基节窝外侧被中胸后侧片关闭；转节附于腿节上；跗节常简单，偶有叶状，但倒数第 2 节非叶状，爪简单。交配时阳茎不弯转。

阿拉善高原分布 10 族 25 属 96 种。

族检索表

1. 唇基前缘中间向后方深凹入，若该凹入浅，则前足全部跗节长度之和与其胫节端部的宽度相等 ···2

　 唇基前缘不向后方凹入 ···4

2. 鞘翅缘折不达翅端 ···3

　 鞘翅缘折长达翅端；前足胫节自基部开始向外侧扩展，外缘具 1～2 齿，中、后胫节外缘齿顶端裂开或无齿，如无齿，则胫节端部略扩展 ················**小黑甲族 Melanimini**

3. ♂虫前、中足跗节正常，腹面具海绵状毛 ·································**扁足甲族 Pedinini**

　 两性各跗节细瘦，腹面不具海绵状毛 ···**土甲族 Opatrini**

4. 触角第 8、9、10 节近似呈球形；中胸前侧片和鞘翅缘折内侧连接，鞘翅端部延长，形成尾突 ··**琵甲族 Blaptini**

　 触角对应节不呈球形，向端部三角形膨大或横宽；中胸前侧片与鞘翅缘折分离；鞘翅端部不形成尾突 ···5

5. 上唇与唇基间的膜片背观可见；♂虫前足跗节向端部变宽 ···························6

　 上唇与唇基间的膜片背观不可见；♂虫前足跗节不向端部变宽 ·····················7

6. 触角第 8、9、10 节或 9、10 节球形；后胸短，其长度显著小于中足基节；一般鞘翅布有混乱点刻，少数种可形成刻点行；♂虫前、中足第 1～3 跗节膨大 ·········**刺甲族 Platyscelidini**

　 触角后面几节非球形；后胸长近与中足基节等长；鞘翅具刻点行；♂虫前、中足各跗节强烈向端部扩展，腹面具垫状毛刷 ···**褐甲族 Helopini**

7. 前足胫节向端部急剧扩展，其长为宽的 2.0 倍以上，外缘不具齿，端外角圆；触角短，向端
　　部渐变粗，各节宽等或大于长；前胸背板具基线或沿基部长坑状横凹 ⋯ 扁胫甲族 Phaleriini
　　前足胫节细，如明显扩展，则长为宽的 3.0 倍以上；前胸背板无基线 ⋯⋯⋯⋯⋯⋯⋯⋯**8**
8. 体长于 10.0mm；鞘翅仅基半部具缘折；中足基节外基片大；第 1 腹节的腹板突宽阔，端部
　　常弧形⋯⋯⋯⋯⋯⋯⋯⋯⋯⋯⋯⋯⋯⋯⋯⋯⋯⋯⋯⋯⋯⋯**拟步甲族 Tenebrionini**
　　体长 7mm 左右；鞘翅缘折完整；中足基节外基片不明显 ⋯⋯⋯⋯⋯⋯⋯⋯⋯⋯⋯⋯**9**
9. 前胸背板基部直或中间弧形后伸，绝不双湾状⋯⋯⋯⋯⋯⋯⋯⋯⋯**拟粉甲族 Triboliini**
　　前胸背板基部双湾状，后角后伸⋯⋯⋯⋯⋯⋯⋯⋯⋯⋯⋯⋯⋯⋯**粉甲族 Alphtobiini**

1. 小黑甲族 Melanimini Seidlitz, 1894（1854）

Microzoumates Mulsant, 1854: 176. **Type genus:** *Microzoum* Dejean, 1834.
Melanimonina Seidlitz, 1894: 449. **Type genus:** *Melanimon* Steven, 1829.

　　唇基前缘中央具弧形缺刻。下颚基部不被颏遮盖住；下颚须端节长梭形。眼肾形，完全或不完全被颊分割。触角短，10～11 节，向端部渐变粗或第 3、4、5节棍棒状。前、中足基节横宽，棒槌状。后胸长于中足基节。腹部端部几节腹板间具明显外露的节间膜，第 1 腹节的腹板突窄角状。鞘翅缘折完整，翅背具杂乱刻点。前足胫节向端部强烈扩展，外缘具 1～2 枚齿。具后翅；交配时阳茎不弯转。

　　我国已知 1 属 2 种，分布于西北部。阿拉善高原分布 1 属 2 种。

（26）齿足甲属 *Cheirodes* Gené, 1839

Anemia Laporte de Castelnau, 1840: 218. **Type species:** *Anemia granulata* Laporte, 1840.
Cheirodes Gene, 1839: 73. **Type species:** *Cheirodes sardous* Gene, 1839.

　　唇基前缘缺刻深，眼被颊分割为上、下两部分；触角 10 或 11 节。前胸背板两侧饰边细。鞘翅无刻点行；缘折完整，基半部分界不明显。前胸背板和鞘翅侧缘具长纤毛。各足胫节外缘具端齿和中齿，中、后足胫节端齿顶端裂开。

　　世界迄今已知 3 亚属约 50 种。阿拉善高原分布 2 种。

种检索表

1. 前胸背板近梯形，侧缘非锯齿状，盘区密布粗刻点；前胸背板端部和鞘翅基部侧缘具长纤毛；
　　中、后足胫节中齿小，不明显 ⋯⋯⋯⋯⋯⋯⋯⋯⋯⋯⋯**梯胸齿足甲 *C. scalarithoracus***
　　前胸背板近方形，侧缘锯齿状，盘区具稀疏刻点；几乎全部前胸背板和鞘翅侧缘具长纤毛；
　　中、后足胫节中齿大，明显 ⋯⋯⋯⋯⋯⋯⋯⋯⋯⋯⋯⋯⋯**郑氏齿足甲 *C. zhengi***

郑氏齿足甲 *Cheirodes*（*Pseudanemia*）*zhengi* Ren *et* Yu, 1994

Anemia（*Ammididanemia*）*zhengi* Ren *et* Yu, 1994: 88.

　　检视标本：宁夏：1♂，永宁王太堡，1989. Ⅶ. 3，任国栋采。

分布：宁夏北部。

梯胸齿足甲 *Cheirodes*（*Pseudanemia*）*scalarithoracus* Ren, Ning *et* Jia, 2011（图版Ⅶ：2）

Cheirodes（*Pseudanemia*）*scalarithoracus* Ren, Ning *et* Jia, 2011: 564.

检视标本：10♂♂，8♀♀，内蒙古阿拉善左旗巴音诺日公，2010. Ⅷ. 05，任国栋采；1♂，5♀♀，内蒙古阿拉善左旗乌力吉，2010. Ⅷ. 04，任国栋、于有志、贾龙采。

分布：内蒙古阿拉善。

2. 土甲族 Opatrini Brullé, 1832

Opatrini Brullé, 1832: 213; Reitter, 1904: 106; Reichardt, 1936: 1; Bouchard *et al.*, 2011: 419. **Type genus:** *Opatrum* Fabricius, 1775.

唇基前缘深弧凹或中间具三角形缺刻；颊不完全遮盖下颚基部；下颚须端节长形或斧状。眼中部被颊完全或不完全分开。触角向端部渐变粗。中足基节具基转片，基节窝对中胸后侧片开放，中足基节有基转片。腹部端2腹节间具明显外露的节间膜。鞘翅缘折大多数不完整；后翅有或无。前足跗节仅在少数种的♂虫略扩展。交配时阳茎不弯转。

世界已知约80属900余种。我国已知20属。阿拉善高原已知10属。

属检索表

1. 前足胫节向端部显变宽，远较其余胫节为宽·················**漠土甲属 *Melanesthes***

　前足胫节向端部逐渐变宽，具端齿···**2**

2. 前胸背板盘有颗粒或皱纹状颗粒···**3**

　前胸背板盘只有刻点，无颗粒···**6**

3. 鞘翅有规则的小瘤状突起行，形成锐脊，并列于每一行间，或仅分布于奇数行间········**4**

　鞘翅具脊，脊完整或由不同长度的断片组成（脊呈不规则的撕裂状），通常行间仅有小的颗粒行···**5**

4. 触角第3节长于第2节2.5～4倍；鞘翅有刻点行，行间有相同高度的瘤状颗粒形成的脊，第9脊形成鞘翅侧缘并由背面可见，第10行在鞘翅背部下弯，形成假缘折的边缘；后翅缺···
···**伪坚土甲属 *Scleropatrum***

　触角第3节长度小于第2节的2倍；鞘翅刻点行细，有10条单列小颗粒组成的脊，每个颗粒具1弯毛；背观鞘翅第10行的脊，即鞘翅的侧缘可见（也是假缘折的边缘），只是假缘折部分下弯···**近坚土甲属 *Scleropatroides***

5. 中、后足基节间的后胸明显长于中足基节纵径（1.2倍）；鞘翅行间无瘤；后翅发达·············

·· 土甲属 *Gonocephalum*

　　中、后足基节间的后胸短于中足基节纵径；鞘翅大部分具有较凸的行间或行间具有平滑的瘤；

　　大多数缺后翅；体较粗短 ·· 沙土甲属 *Opatrum*

6. 鞘翅行间隆起；第 7 行间前面形成脊并过渡到肩瘤 ·· 7

　　鞘翅行间平坦，不隆起或弱的隆起；第 7 行间无脊 ··· 8

7. 前胸背板有非常粗糙的刻点；鞘翅行间隆起，无颗粒形成的脊 ············· 阿土甲属 *Anatrum*

　　前胸背板有浅圆刻点，刻点由盘中间稀疏向两侧变密，每刻点内有 1 短毛；鞘翅脊 9 条，各

　　脊由具毛粒点构成；各脊间有 1 行具毛粒点 ······························· 景土甲属 *Jintaium*

8. 爪十分发达；负爪节有成束的与爪等长的长纤毛 ························· 方土甲属 *Myladina*

　　爪正常大小，爪节无成束的长纤毛 ·· 9

9. 鞘翅基部在翅缝附近有显凹；第 5 行间有 1 隆起并插入前胸背板基部的凹坑内；前足胫节在

　　基部附近扩展并由此平行至端部 ·· 真土甲属 *Eumylada*

　　鞘翅基部无凹；前足胫节由基部向端部逐渐扩展 ························· 笨土甲属 *Penthicus*

(27) 漠土甲属 *Melanesthes* Lacordaires, 1859

Melanesthes Lacordaire, 1859: 191. **Type species:** *Melanesthes sibiricum* (Faldermann, 1833).

　　体粗短，少数较长，背面隆起。第 1 腹板突端部直截。前足胫节外侧具中齿和端齿，或具不规则的波状齿。

　　世界迄今已知 45 种。我国已知 5 亚属 29 种。阿拉善高原分布 19 种。

种检索表

1. 触角短，第 3 节不长于第 2 节，第 7～10 节横宽；前胸背板侧缘锯齿状；体侧缘具长纤毛；

·· 2

　　触角长，第 3 节明显较第 2 节长；前胸背板侧缘完整，非锯齿状 ······························· 3

2. 前颊稍弧形，颊角前缘具细齿 ·· 希氏漠土甲 *M.* (*M.*) *csikii*

　　前颊急剧向外弯曲扩展，颊角前缘无细齿 ················· 何氏漠土甲 *M.* (*M.*) *heydeni heydeni*

3. 头和前胸背板刻点汇合为皱纹状；前胸背板基部无饰边；鞘翅侧缘无纤毛，肩角直角形 ··· 4

　　头和前胸背板具简单的刻点或颗粒，不汇合为皱纹状 ··· 9

4. 鞘翅刻点行间的刻点浅且简单，无颗粒；基底鲨皮状，无光泽 ································· 5

　　鞘翅刻点行间具颗粒 ··· 6

5. 前胸背板刻点纵、横向均汇合 ·································· 多刻漠土甲 *M.* (*O.*) *punctipennis*

　　前胸背板稀疏的椭圆形刻点向两侧渐变长 ······················· 粗壮漠土甲 *M.* (*O.*) *gigas*

6. 鞘翅刻点行间略呈木锉状的细颗粒在前部较大 ················· 多皱漠土甲 *M.* (*O.*) *rugipennis*

　　鞘翅刻点行间后部的粗颗粒着生向后倒伏的短黄毛 ·· 7

7. 前胸背板扁平，具几乎不汇合的粗和纵皱纹状刻点，中部细刻点浅，内具脐状小颗粒 ········
   ····················· 粒刻漠土甲 *M.(O.) granulates*
   前胸背板仅具刻点，无小颗粒 ························· **8**

8. 前胸背板具稠密的纵向粗刻纹密，中线细但隆起；鞘翅内侧刻点行间具 2～3 列不规则直立
   颗粒列，外侧行间距 1～2 列较粗的颗粒列，余行间颗粒单行；前足胫节端齿向顶端突然收
   窄，宽三角形，钝角形中齿靠近基部，二者间明显内凹 ·········· 多瘤漠土甲 *M.(O.) tuberculosa*
   前胸背板中部具圆或长卵形刻点，侧区长棱形刻点交错为网状；鞘翅粗皱纹稠密，其间的圆
   颗粒具毛；前足胫节端齿向顶端均匀收窄，与端、中齿间的胫节外缘弱呈波状弯 ··············
   ····················· 宁夏漠土甲 *M.(O.) ningxiaensis*

9. 前胸背板基沟中间宽断，偶为线状或光滑压迹 ····················· **10**
   前胸背板基沟深，两侧具深坑，坑后细沟达到后角顶端，后角具隆起的脊 ··············· **13**

10. 前足胫节宽，外缘锯齿状 ····················· 景泰漠土甲 *M.(M.) jintaiensis*
    前足胫节外缘非锯齿状，端齿较宽，中齿尖 ························· **11**

11. 鞘翅基底粗鲨皮状，暗淡，具皱纹和稍木锉状颗粒和不明显刻点；前胸背板较拱，侧缘近
    于不扁，盘区刻点密，近侧缘旁具稠密皱纹 ··············· 达氏漠土甲 *M.(M.) davadshamsi*
    鞘翅基底光亮，无皱纹，具粗糙刻点和稠密的尖颗粒及短毛；前胸背板光亮 ··············· **12**

12. 前胸背板盘区平坦，侧区十分宽扁；中部刻点小而稀疏，间距较其自身大；盘区明显 ······
    ····················· 纤毛漠土甲 *M.(M.) ciliata*
    前胸背板盘区较拱，侧区下沉部较窄；中部粗刻点间距多数较其自身窄 ···············
    ····················· 沙地漠土甲 *M.(M.) psammophila*

13. 前足胫节外缘端齿和中齿明显 ····················· **14**
    前足胫节外缘锯齿状，端齿和中齿不明显 ························· **16**

14. 前足胫节外缘端齿和中齿间稀疏或稠密的锯齿状 ··············· 大漠土甲 *M.(M.) maxima maxima*
    前足胫节外缘端齿和中齿间非锯齿状，偶在一个胫节上具齿 ··············· **15**

15. 前胸背板基沟两侧的坑浅，不到基沟深的 1/2 ··············· 蒙古漠土甲 *M.(M.) mongolica*
    前胸背板基沟两侧的坑陡且深，前胸背板后缘明显隆起，凹凸不平 ···············
    ····················· 梅氏漠土甲 *M.(M.) medvedevi*

16. 前胸背板侧缘宽饰边粗圆弯曲；后角宽钝角形 ······ 蒙南漠土甲 *M.(M.) jenseni meridionalis*
    前胸背板后角锐或直角形 ························· **17**

17. 前足胫节外缘锯齿状 ····················· 暗漠土甲 *M.(M.) opaca*
    前足胫节外缘常仅有 3～4 齿 ························· **18**

18. 前颊斜直前伸 ····················· 短齿漠土甲 *M.(M.) exilidentata*
    前颊半圆形 ····················· 荒漠土甲 *M.(M.) desertora*

希氏漠土甲 *Melanesthes*(*Mongolesthes*) *csikii* **Kaszab, 1965**（图版Ⅶ：3）

Melanesthes(*Mongolesthes*) *csikii* Kaszab, 1965: 343.

检视标本：1♂，1♀，内蒙古阿拉善左旗阿拉腾敖包，1988. Ⅶ. 28；任国栋采；10♂♂，9♀♀，甘肃武威民勤县周家井村，1988. Ⅶ. 18。

分布：内蒙古西部、甘肃中北部、宁夏西北部；蒙古国南部。

何氏漠土甲 *Melanesthes*（*Mongolesthes*）*heydeni heydeni* Csiki, 1901（图版Ⅶ：4）

Melanesthes heydeni Csiki, 1901: 112.

Melanesthes（*Mongolesthes*）*heydeni heydeni* Csiki, 1901 Medvedev, 1989: 383.

检视标本：16♂♂，17♀♀，内蒙古阿拉善右旗，1998. Ⅳ. 26，任国栋、于有志、马峰采。

分布：内蒙古中部；蒙古国（中戈壁，巴彦洪戈尔）。

多刻漠土甲 *Melanesthes*（*Opatronesthes*）*punctipennis* Reitter, 1889（图版Ⅶ：5）

Melanesthes punctipennis Reitter, 1889: 704.

Melanesthes（*Opatrenesthes*）*punctipennis* Reitter, 1904: 174.

检视标本：2♂♂，2♀♀，甘肃山丹，1991. Ⅶ. 18；2♂♂，2♀♀，甘肃武威市金塔，1991. Ⅷ. 17；于有志、马峰采；14♂♂，14♀♀，甘肃白银靖远县，1991. Ⅹ. 5，马峰采；1♂，2♀♀，甘肃兰州七里河区崔家崖乡，1993. Ⅵ. 26；1♂，1♀，宁夏固原市海原县树台乡，2002. Ⅴ. 1；1♀，宁夏吴忠盐池县佟记山，2003. Ⅷ. 28；张峰举采。

分布：甘肃（中部、北部）、青海（北部）、宁夏（中北部）。

粗壮漠土甲 *Melanesthes*（*Opatronesthes*）*gigas* Ren *et* Yang, 2006（图版Ⅶ：6）

Melanesthes（*Opatronesthes*）*gigas* Ren *et* Yang, 2006: 60.

检视标本：2♂，3♀♀，宁夏银南地区中卫市干塘镇，1985. Ⅳ. 21，任国栋采；1♀，宁夏中卫市干塘镇，2002. Ⅸ. 11，张峰举采。

分布：宁夏中北部。

多皱漠土甲 *Melanesthes*（*Opatronesthes*）*rugipennis* Reitter, 1889（图版Ⅶ：7）

Melanesthes rugipennis Reitter, 1889: 704.

Melanesthes（*Opatronesthes*）*rugipennis* Reitter, 1889 Reitter, 1904: 174.

检视标本：1♂，2♀♀，内蒙古阿拉善左旗巴彦浩特（海拔 1420m），1991. Ⅷ. 27，于有志、马峰采；12♂♂，11♀♀，内蒙古阿拉善左旗巴彦浩特，1992. Ⅳ. 30，于有志采；1♂，内蒙古阿拉善左旗查哈尔，2010. Ⅶ. 22，任国栋、侯文君、于有志、贾龙采；2♂♂，2♀♀，宁夏银川贺兰山东苏峪口，1988. Ⅴ. 10；任国栋采；1♀，宁夏银川灵武县马鞍山，1987. Ⅴ. 1，叶建华采。

分布：内蒙古（中西部）、甘肃、宁夏。

粒刻漠土甲 *Melanesthes*(*Opatronesthes*)*granulates* Ren *et* Yang, 2006

Melanesthes(*Opatronesthes*)*granulates* Ren *et* Yang, 2006: 60.

　　检视标本：1♀，青海西宁市北山(海拔 2040m)，1995. Ⅷ. 11，任国栋采。

　　分布：青海西宁。

多瘤漠土甲 *Melanesthes*(*Opatronesthes*)*tuberculosa* Reitter, 1889(图版Ⅶ：8)

Melanesthes rugipennis var. *tuberculosa* Reitter, 1889: 704.

　　检视标本：12♂♂，10♀♀，青海海东民和县城西南，1993. Ⅵ. 27，任国栋、于有志采。

　　分布：甘肃、青海(海东区)。

宁夏漠土甲 *Melanesthes*(*Opatronesthes*)*ningxiaensis* Ren, 1993(图版Ⅶ：9)

Melanesthes(*Opatronesthes*)*ningxiaensis* Ren, 1993: 31.

　　检视标本：9♂♂，19♀♀，宁夏海原盐池，1987. Ⅷ. 9；13♂♂，9♀♀，宁夏吴忠同心县大罗山保护区，1987. Ⅷ. 12；任国栋采。

　　分布：宁夏中部。

景泰漠土甲 *Melanesthes*(*Melanesthes*)*jintaiensis* Ren, 1992(图版Ⅶ：10)

Melanesthes(*Melanesthes*)*jintaiensis* Ren, 1992: 330.

　　检视标本：1♂，3♀♀，甘肃白银景泰县白墩子村，1987. Ⅳ. 10；1♀，甘肃武威民勤县周家井村，1988. Ⅶ；任国栋采；1♀，宁夏银川永宁县金沙渠村，2002. Ⅴ. 1；1♂，宁夏银川灵武白土岗乡，2003. Ⅴ. 15；张峰举采。

　　分布：甘肃中西部、宁夏北部。

达氏漠土甲 *Melanesthes*(*Melanesthes*)*davadshamsi* Kaszab, 1964(图版Ⅶ：11)

Melanesthes(*Melanesthes*)*davadshamsi* Kaszab, 1964: 394.

Melanesthes(*Melanesthes*)*davadshamsi* var. *basimarginata* Kaszab, 1964: 396.

　　检视标本：1♂，1♀，宁夏银南地区中卫市沙坡头区小红山，1989. Ⅶ. 25，任国栋采；1♀，宁夏吴忠青铜峡市甘城乡南，2003. Ⅴ. 17，张峰举采。

　　分布：内蒙古(中部)、宁夏(中部、北部)；蒙古国。

纤毛漠土甲 *Melanesthes*(*Melanesthes*)*ciliata* Reitter, 1889(图版Ⅶ：12)

Melanesthes ciliata Reitter, 1889: 703.

Melanesthes(*Melanesthes*)*ciliata* Reitter, 1889 Reitter, 1904: 173.

Melanesthes(*Melanesthes*)*ciliata* var. *basalis* Kaszab, 1964: 397.

Melanesthes(*Melanesthes*)*psannophila* Kaszab, 1964: 397.

Melanesthes(*Melanesthes*)*ciliata* var. *marginalis* Kaszab, 1964: 398.

Melanesthes(*Melanesthes*)*ciliata ciliata* Kaszab, 1965: 428.

　　检视标本：3♀♀，内蒙古阿拉善左旗乌力吉，1991. Ⅵ. 28；4♂♂，7♀♀，内蒙古阿拉善左旗苏海图（1180m），1991. Ⅷ. 26；1♂，1♀，内蒙古阿拉善左旗北部，2010. Ⅶ. 27，任国栋、侯文君、于有志、贾龙采；2♂♂，1♀，内蒙古巴彦淖尔市乌拉特中旗海流图镇；任国栋采；2♂♂，3♀♀，宁夏石嘴山市大武口区，1987. Ⅳ. 16；任国栋采。

　　分布：内蒙古（中西部）、宁夏（北部）、新疆；蒙古国。

沙地漠土甲 *Melanesthes*（*Melanesthes*）*psammophila* Kaszab, 1964

Melanesthes（*Melanesthes*）*ciliata psammophila* Kaszab, 1964: 397.

　　检视标本：3♂♂，宁夏石嘴山大武口，1987. Ⅳ. 16；2♂♂，宁夏中卫市干塘镇，1989. Ⅶ. 25；任国栋采。

　　分布：内蒙古中东部、宁夏中北部；蒙古国东南戈壁省。

大漠土甲 *Melanesthes*（*Melanesthes*）*maxima maxima* Ménétriès, 1854

Melanesthes maxima Ménétriès, 1854: 33.

Melanesthes（*Melanesthes*）*maxima* Ménétriès, 1854 Reitter, 1904: 172.

Melanesthes bielawskii Kaszab, 1964: 391.

Melanesthes（*Melanesthes*）*maxima maxima* Ménétriès, 1854 Medvedev, 1990: 198.

　　检视标本：9♂♂，16♀♀，内蒙古乌海拉僧庙（海拔 1210m），1988. Ⅷ. 17，任国栋采。

　　分布：内蒙古中西部、宁夏中北部；蒙古国南戈壁和东戈壁。

蒙古漠土甲 *Melanesthes*（*Melanesthes*）*mongolica* Csiki, 1901（图版Ⅷ：1）

Melanesthes mongolica Csiki, 1901: 112.

Melanesthes（*Melanesthes*）*mongolica* Csiki,1901 Reitter, 1904: 173.

　　检视标本：1♂，2♀♀，内蒙古鄂尔多斯市鄂托克旗（海拔 1460m），1991. Ⅳ. 16，任国栋采；3♂♂，3♀♀，内蒙古鄂尔多斯市鄂托克旗，1991. Ⅶ. 28，于有志、任国栋采；1♂，内蒙古阿拉善左旗扎哈乌苏，2010. Ⅶ. 24，任国栋等采。

　　分布：内蒙古中西部、宁夏北部；蒙古国。

梅氏漠土甲 *Melanesthes*（*Melanesthes*）*medvedevi* Kaszab, 1973（图版Ⅷ：2）

Melanesthes（*Melanesthes*）*medvedevi* Kaszab, 1973: 103.

　　检视标本：6♂♂，5♀♀，内蒙古巴彦淖尔市乌拉特中旗海流图镇，1991. Ⅷ. 4，任国栋采。

　　分布：内蒙古中西部。

蒙南漠土甲 *Melanesthes*（*Melanesthes*）*jenseni meridionalis* Kaszab, 1968（图版Ⅷ：3）

Melanesthes furvus Kontkanen, 1956: 58.

Melanesthes(*Melanesthes*)*jenseni meridionalis* Kaszab, 1968: 390.

检视标本：13♂♂，12♀♀，内蒙古乌海拉僧庙，1988．Ⅴ.17，任国栋采。

分布：内蒙古；蒙古国。

暗漠土甲 *Melanesthes*(*Melanesthes*)*opaca* Reitter, 1889（图版Ⅷ：4）

Melanesthes(*Melanesthes*)*opaca* Reitter, 1889: 703.

检视标本：2♂♂，4♀♀，内蒙古鄂尔多斯市，2001．Ⅶ，刘强采。

分布：内蒙古中西部、陕西北部；蒙古国。

短齿漠土甲 *Melanesthes*(*Melanesthes*)*exilidentata* Ren, 1993（图版Ⅷ：5）

Melanesthes(*Melanesthes*)*exilidentata* Ren, 1993: 30.

检视标本：1♀，内蒙古阿拉善左旗腰坝，2001．Ⅳ.22；1♀，内蒙古鄂托克前旗，2002．Ⅴ.11；张峰举采；1♂，1♀，宁夏吴忠盐池县，1986．Ⅷ.17，任国栋采；1♂，宁夏银川灵武古路横山村，2003．Ⅵ.14；1♂，宁夏银川灵武马家滩镇炼油厂，2003．Ⅵ.15；1♀，宁夏吴忠盐池县明长城，2003．Ⅷ.14，张峰举采。

分布：内蒙古中西部、宁夏北部。

荒漠土甲 *Melanesthes*(*Melanesthes*)*desertora* Ren, 1993（图版Ⅷ：6）

Melanesthes(*Melanesthes*)*desertora* Ren, 1993: 486.

Melanesthes(*Melanesthes*)*lingwuensis* Ren, 1993: 487.

Melanesthes(*Melanesthes*)*unddentata* Ren, 1993: 488.

检视标本：2♂♂，3♀♀，宁夏灵武白芨芨滩，1985．Ⅴ.13，任国栋采；7♂♂，8♀♀，宁夏银川灵武县马鞍山生态园，1991．Ⅸ.28，于有志、马峰采。

分布：宁夏北部。

(28)伪坚土甲属 *Scleropatrum* Reitter, 1887

Scleropatrum Reitter, 1887: 388. **Type species:** *Scleropatrum tuberculatum* Reitter, 1887.

Monatrum Reichardt, 1936: 81. **Type species:** *Opatrum carinatum* Gebler, 1830.

身体呈纵向椭圆形。头部稠密的颗粒皱纹状，眼不完全被颊分割。前胸背板具颗粒。鞘翅颗粒行同形且规则，每颗粒顶端着生1后倾的短毛，行间颗粒具毛。中胸腹板长小于或等于中足基节长。前足胫节越向端部越窄。后翅退化仅有痕迹。

世界分布11种(亚种)。我国已知7种(亚种)。阿拉善高原分布4种。

种检索表

1. 前胸背板后角锐或短锐角形，尖锐 ···**2**

前胸背板后角宽钝角形························**粗背伪坚土甲 *S. horridum horridum***

2. 前胸背板中间不规则的颗粒以断沟相连，两侧的圆颗粒不连接；鞘翅具9条锥形颗粒构成的脊··瘤翅伪坚土甲 *S. tuberculatum*

　　前胸背板颗粒皱纹状··**3**

3. 唇基与颊间深凹，前颊两侧平行；前胸背板前角尖锐，后角锐尖角形外突；后足末跗节明显

　　较第 1 跗节长··**条脊伪坚土甲 *S. tuberculiferum***

　　唇基与颊间不凹，前颊两侧强烈外扩；前胸背板前角钝三角形，后角短锐角形、略直角形；

　　后足末跗节较第 1 跗节不长··**希氏伪坚土甲 *S. csikii***

瘤翅伪坚土甲 *Scleropatrum tuberculatum* Reitter, 1887（图版Ⅷ：7）

Scleropatrum tuberculatum Reitter, 1887: 388.

Monatrum tuberculatum（Reitter, 1887）Reichardt, 1936: 82.

　　检视标本：50♂♂，32♀♀，甘肃白银景泰县大格达（海拔 1610m），1987. Ⅳ. 10；
31♂♂，22♀♀，甘肃酒泉阿克塞县，1998. Ⅴ. 16；任国栋采。

　　分布：甘肃、青海（西北部）、宁夏、西藏（北部）、陕西、新疆（东南部）。

条脊伪坚土甲 *Scleropatrum tuberculiferum* Reitter, 1890（图版Ⅷ：8）

Scleropatrum tuberculiferum Reitter, 1890: 148.

Scleropatrum tuberculiferum var. *striatogranulatum* Reitter, 1890: 149.

Monatrum tuberculiferum（Reitter, 1890）Reichardt, 1936: 82.

　　检视标本：18♂♂，16♀♀，甘肃白银靖远县，1991. Ⅹ. 5；1♂，1♀，甘肃白
银市，1991. Ⅹ. 6；4♂♂，3♀♀，甘肃兰州皋兰县，1991. Ⅹ. 6；11♂♂，8♀♀，
甘肃兰州永登县，1991. Ⅹ. 7；13♂♂，16♀♀，甘肃白银景泰县，1991. Ⅹ. 8；马
峰采；1♂，3♀♀，青海西宁市城西区北山（海拔 2040m），1995. Ⅷ. 11，任国栋采；
1♂，宁夏吴忠市中卫市沙坡头区香山乡，2002. Ⅵ. 15，张峰举采。

　　分布：内蒙古（阿拉善地区）、甘肃（中南部）、宁夏（中北部）、青海。

希氏伪坚土甲 *Scleropatrum csikii*（**Kaszab, 1967**）（图版Ⅷ：9）

Monatrum csikii Kaszab, 1967: 331.

Scleropatrum csikii（Kaszab, 1967）Löbl *et* Merkl, 2003: 249.

　　检视标本：1♀，甘肃酒泉市文殊山，1992. Ⅶ. 18，任国栋采；1♂，1♀，宁
夏银川永宁县，1984. Ⅴ，任国栋采。

　　分布：甘肃（张掖、靖安、酒泉）、宁夏（北部）、新疆（东北部）。

粗背伪坚土甲 *Scleropatrum horridum horridum* Reitter, 1898（图版Ⅷ：10）

Scleropatrum horridum Reitter, 1898: 37.

Monatrum horridum（Reitter, 1898）Reichardt, 1936: 82.

Monatrum horridum horridum（Reitter, 1898）Kaszab, 1964: 390.

Scleropatrum horridum horridum Reitter, 1898 Löbl *et* Merkl, 2003: 249.

检视标本：89♂♂，95♀♀，内蒙古阿拉善左旗边关口，2010. Ⅶ. 23；1♂，1♀，内蒙古贺兰山哈拉乌，2010. Ⅶ. 25～26；83♂♂，38♀♀，内蒙古阿拉善左旗查哈尔，2010. Ⅶ. 22，任国栋、侯文君、于有志、贾龙采；61♂♂，59♀♀，内蒙古阿拉善左旗古拉本，2010. Ⅶ. 23，任国栋、侯文君、于有志、贾龙采；3♂♂，2♀♀，宁夏银南地区中卫市干塘镇，1985. Ⅳ. 15；24♂♂，15♀♀，宁夏银南地区中卫市，1985. Ⅳ. 21；4♂♂，6♀♀，宁夏银川灵武县马鞍山生态园，1987. Ⅴ. 1；5♂♂，5♀♀，宁夏灵武白芨滩，1987. Ⅴ. 2；23♂♂，20♀♀，宁夏贺兰山，1987. Ⅴ. 4；4♂♂，3♀♀，宁夏中宁石空，1987. Ⅵ. 21；14♂♂，12♀♀，宁夏银南地区中卫市沙坡头区小红山，1987. Ⅵ. 25；11♂♂，10♀♀，宁夏银川贺兰山哈拉乌沟，1988. Ⅶ. 6；5♂♂，3♀♀，宁夏银川贺兰山东滚钟口，1989. Ⅴ. 18；3♂♂，1♀，宁夏贺兰山哈拉乌北，1990. Ⅶ. 22；3♂♂，3♀♀，宁夏北寺，1990. Ⅶ. 21；3♂♂，3♀♀，宁夏贺兰山，1990. Ⅷ. 6；3♂♂，4♀♀，宁夏贺兰山金山，1990. Ⅷ. 7；1♂，2♀♀，宁夏贺兰山哈拉乌，1994. Ⅵ. 24；任国栋采；1♂，2♀♀，宁夏银南地区中卫市干塘镇，1991. Ⅷ. 26，于有志、马峰采；1♂，宁夏固原市海原县树台乡，2003. Ⅵ. 18，张峰举采。

分布：内蒙古(中西部)、甘肃(北部)、宁夏(中北部)、山西。

(29) 近坚土甲属 *Scleropatroides* Löbl *et* Merkl, 2003

Scleropatrum Reitter, 1890: 149. **Type species:** *Scleropatrum hirtulum* Baudi di Selve, 1876.

Scleropatroides Löbl *et* Merkl, 2003: 249.

触角第 3 节长不大于第 2 节的 2.0 倍。前胸背板具稀疏颗粒，基底光亮。鞘翅具细刻点行和脊，脊的构成为小粒，共 10 条，小粒呈单列排列；小粒均生有 1 弯毛；由背面观，鞘翅背面第 10 脊行和假缘折部分下弯。

世界分布 13 种，古北界、东洋界均有分布。我国仅知 1 种，阿拉善高原有分布。

塞近坚土甲 *Scleropatroides seidlitzi*(**Reitter, 1898**)(图版Ⅷ：11)

Scleropatrum seidlitzi Reitter, 1898: 39.

Scleropatroides seidlitzi(Reitter, 1898) Löbl *et* Merkl, 2003: 249.

检视标本：1♂，内蒙古阿拉善盟额济纳旗，1991. Ⅶ. 28，杨勇奇采；1♂，甘肃武威民勤县城(海拔 1200m)，1998. Ⅴ. 8，任国栋、王新谱采。

分布：内蒙古西部、甘肃中北部；土耳其。

(30) 土甲属 *Gonocephalum* Solier, 1834

Gonocephalum Solier, 1834: 498. **Type species:** *Gonocephalum pygmaeum*(Steven, 1829).

Megadasus Reitter, 1904: 146.

Hopatrum Blackburn, 1907: 286.

眼不完全被颊分割。前胸背板基部具 2 缺刻，盘区颗粒细。鞘翅翅背面至少具不清晰的沟，有细颗粒位于刻点行间。中足基节纵向径显著小于中、后足基节之间的距离。

世界已知分布 430 种。我国分布 47 种。阿拉善高原分布 2 种。

种检索表

1. 跗节末节较其余节之和略长；触角第 3 节长不超过第 2 节的 3.0 倍 ··················
·· 网目土甲 *G. reticulatum*
  跗节末节较其余节之和短；触角第 3 节长是第 2 节的 3.0 倍以上 ·················
··· 亚皱土甲 *G. subrugulosum*

网目土甲 *Gonocephalum reticulatum* Motschulsky, 1854（图版Ⅷ：12）

Gonocephalum reticulatum Motschulsky, 1854: 47.

Gonocephalum mongolicum Reitter, 1889: 706.

检视标本：2♂♂，1♀，内蒙古鄂尔多斯市鄂托克前旗，1987. Ⅵ. 3，任国栋采；5♂♂，4♀♀，甘肃白银景泰县，1985. Ⅴ. 2；3♂♂，甘肃白银景泰县，1987. Ⅳ. 23；4♂♂，4♀♀，宁夏银川市，1987. Ⅴ. 1；3♂♂，4♀♀，宁夏吴忠青铜峡市树新，1987. Ⅴ. 23；13♂♂，18♀♀，宁夏吴忠同心县，1987. Ⅶ. 22；1♂，1♀，宁夏石嘴山平罗县下庙乡，1989. Ⅶ. 16；1♂，2♀♀，宁夏石嘴山平罗县崇岗镇，1990. Ⅴ. 20；9♂♂，12♀♀，宁夏银川永宁县王太镇，1991. Ⅵ；任国栋采。

分布：内蒙古、甘肃（文县）、青海、宁夏、北京、天津、河北、山西、吉林、黑龙江、江苏、山东、河南、陕西；朝鲜，蒙古国，俄罗斯。

亚皱土甲 *Gonocephalum subrugulosum* Reitter, 1887（图版Ⅸ：1）

Gonocephalum subrugulosum Reitter, 1887: 388.

检视标本：1♀，内蒙古阿拉善盟额济纳旗，1990. Ⅸ. 7，杨明奇采；1♂，1♀，内蒙古阿拉善盟额济纳旗达来呼布镇，1998. Ⅴ. 13，任国栋采；8♂♂，8♀♀，甘肃武威民勤县城，1998. Ⅴ. 8，任国栋、王新谱采。

分布：内蒙古（西部）、甘肃（中北部）、新疆；蒙古国西南部。

（31）沙土甲属 *Opatrum* Fabricius, 1775

Opatrum Fabricius, 1775: *Syst. Ent.*, P.76. **Type species:** *Opatrum sabulose*（Linnaeus, 1761）.

眼不完全被颊分割。前胸背板沿侧缘常扁平，侧缘常无饰边，偶具细边；基部常具 2 缺刻；盘区具颗粒。后胸腹板的长度小于或等于中足基节的纵向径长。

鞘翅分布有模糊的刻点行，在行间密布颗粒，在鞘翅行间两侧接近行的位置分布表面光滑且反光的突起，偶数行间高度明显矮于奇数行。前足胫节端部外侧仅具1齿。

　　世界迄今已知3亚属65种（亚种）以上。我国已知2亚属3种（亚种）。阿拉善高原分布3种。

种检索表

1. 鞘翅纵沟内无扁瘤；鞘翅侧缘基半部由第9行间的脊构成；前足胫节外端角略弯曲··········
　···**粗翅沙土甲 O. (C.) asperipenne**
　鞘翅纵沟内具扁瘤；鞘翅侧缘由缘折外缘形成 ·································· **2**
2. 前足胫节端外角宽齿状；前胸背板基部弧形，自两侧到中央有饰边，侧缘圆形 ·················
　··· 沙土甲 **O. (O.) sabulosum sabulosum**
　前足胫节端外角窄且尖；前胸背板基部自两侧到中央无饰边痕迹，侧缘略圆··········
　··· 类沙土甲 **O. (O.) subaratum**

粗翅沙土甲 *Opatrum* (*Colpopatrum*) *asperipenne* Reitter, 1897

Opatrum asperipenne Reitter, 1897: 219.

Gonocephalum asperipatrum (Reitter, 1897) Csiki, 1901: 92.

Opatrum (*Coloaptrum*) *asperipenne* Reitter, 1904: 170.

Opatrum (*Coloaptrum*) *asperipenne var. vercundun* Reichardt, 1936: 115.

　　检视标本：3♂♂，2♀♀，甘肃山丹，1991. Ⅷ. 18。

　　分布：内蒙古（西部）、甘肃（中部、北部）；蒙古国。

沙土甲 *Opatrum* (*Opatrum*) *sabulosum sabulosum* (**Linnaeus, 1760**)（图版Ⅸ：2）

Silpha sabulosum Linnaeus, 1760: 150; Wang *et* Yang, 2010: 130.

Opatrum (*Opatrum*) *sabulosum* (Linnaeus): Reitter, 1904: 157.

Opatrum (*Opatrum*) *sabulosum sabulosum* (Linnaeus): Löbl *et al.*, 2008: 270.

Opatrum distinctum A. Villa *et* J. B. Villa, 1835: 49.

Opatrum intermedium Fischer von Waldheim, 1844: 127.

Tenebrio rugosum Degeer, 1775: 43

Opatrum tricarinatum Motschulsky, 1859: 307.

　　分布：内蒙古、甘肃（酒泉）、新疆（北疆）；蒙古国，俄罗斯。

类沙土甲 *Opatrum* (*Opatrum*) *subaratum* Faldermann, 1835（图版Ⅸ：3）

Opatrum subaratum Faldermann, 1835: 413.

Opatrum (*Opatrum*) *subaratum* Faldermann, 1835 Reitter, 1904: 157.

　　检视标本：1♀，内蒙古阿拉善左旗古拉本，2010. Ⅶ. 23，任国栋采；11♂♂，

13♀♀，宁夏贺兰山，1987. Ⅵ. 2～3，任国栋采；8♂♂，7♀♀，宁夏同心大罗山，1984. Ⅵ. 2；11♂♂，13♀♀，宁夏贺兰山，1987. Ⅵ. 2～3；4♂♂，3♀♀，宁夏平罗，1989. Ⅶ. 21；2♂♂，3♀♀，宁夏永宁，1992. Ⅵ. 17；23♂♂，33♀♀，宁夏海原五桥沟，1987. Ⅸ. 25，任国栋采；3♂♂，7♀♀，宁夏平罗下庙，1989. Ⅷ. 1，任国栋采。

分布：内蒙古、甘肃(文县)、宁夏、北京、河北、山西、辽宁、吉林、安徽、江西、山东、河南、湖北、湖南、广西、四川、贵州、陕西、青海(同仁)、台湾；蒙古国，俄罗斯，朝鲜。

(32) 阿土甲属 *Anatrum* Reichardt, 1936

Anatrum Reichardt, 1936: 78. **Type species:** *Anatrum songoricum* Reichardt, 1936.

身体不被毛；眼被颊深切，但不完全分割。前胸背板盘区具粗刻点。鞘翅刻点沟间隆起，第 7 行间呈脊状。

世界已知 2 种，分布于我国西北部及蒙古国西北部。阿拉善高原分布 2 种。

种检索表

1. 头部粗颗粒皱纹状；前胸背板最宽处位于中部之后，后角近直角形，侧缘具宽饰边；鞘翅刻点行间具明显细颗粒 ………………………………………………… **松阿土甲 *A. songoricum***
   头部刻点分散，仅局部具小皱纹，无颗粒；前胸背板中部最宽，后角明显尖锐角形，侧缘具窄饰边；鞘翅刻点行间仅具稀疏浅刻点 ………………………… **山丹阿土甲 *A. shandanicum***

松阿土甲 *Anatrum songoricum* Reichardt, 1936

Anatrum songoricum Reichardt, 1936: 85.

检视标本：1♀，宁夏银南地区中卫市干塘镇(海拔 1800m)，1991. Ⅷ. 26，任国栋采。

分布：宁夏中北部；蒙古国西部。

山丹阿土甲 *Anatrum shandanicum* Ren, 1999 (图版Ⅸ：4)

Anatrum shandanicum Ren *et* Yu, 1999: 226.

检视标本：20♂♂，10♀♀，宁夏中卫市干塘镇(海拔 1800m)，1991. Ⅷ. 26，于有志、马峰采；3♂♂，1♀，甘肃酒泉肃州区西洞镇，1998. Ⅴ. 11，任国栋采；3♂♂，4♀♀，甘肃张掖山丹县，1991. Ⅷ. 18，于有志、马峰采。

分布：甘肃中北部、宁夏北部。

(33) 景土甲属 *Jintaium* Ren, 1999

Jintaium Ren, 1999: 228. **Type species:** *Jintaium sulcatum* Ren, 1999.

身体呈纵向椭圆形，背面不具光泽。头部小刻点呈蜂窝状，后方分布短皱纹；颊切入复眼，但不将复眼分为两部分。前胸背板布圆形浅刻点，刻点自两侧至中间渐稀疏，每刻点凹内生有1短毛；侧缘具上翘的窄饰边；后角呈锐角形。鞘翅有由具毛粒点构成的9条脊，奇数脊较粗且达到基部，偶数脊不达到基部；各脊间具1列由具毛粒点构成的行，第1脊在翅端前消失或变窄，第9脊不达翅端，第7脊向前达到肩部。中胸腹板不长于中足基节。前足胫节向端部渐变宽。无后翅。

我国特有属，仅1种分布于宁夏西部与甘肃毗邻地区，属于阿拉善高原范围。

条脊景土甲 *Jintaium sulcatum* **Ren, 1999**（图版Ⅸ：5）

Jintaium sulcatum Ren, 1999: 228.

检视标本：1♂，甘肃白银景泰县，1991.Ⅹ.8，马峰采；6♂♂，4♀♀，宁夏银南地区中卫市干塘镇，1985.Ⅳ.29；1♀，宁夏银南地区中卫市沙坡头区，1987.Ⅵ.15；任国栋采；1♂，宁夏吴忠市中卫市干塘镇，2002.Ⅸ.11，张峰举采。

分布：甘肃、宁夏。

（34）方土甲属 *Myladina* Reitter, 1889

Myladina Reitter, 1889: 706. **Type species:** *Myladina unguiculina* Reitter, 1889.

体背面光裸。触角第3节长于第2节2.0倍。前胸背板近方形，较鞘翅窄，前、后角明显伸出。鞘翅粗壮的肩齿锄头状，侧缘饰边背观不可见；缘折较窄，于肩缝上急剧上弯与肩齿汇合；鞘翅基部具接纳前胸背板后角的凹陷。前胸腹突瘤疱状向后延伸。前足胫节不扩展，端部略齿状外扩，外缘具细毛或细齿。末跗节顶端具长毛。

我国特有属，已知2种，分布于宁夏、陕西（北部）和内蒙古（鄂尔多斯）。

种检索表

1. 体较大，有强光泽；前胸背板前角尖角形，后角钝锐角形后突；后足跗节端部无长毛…………………………………………………………………………… 光背方土甲 *M. lissonota*

体较小，略有光泽；前胸背板前后角尖角形突出；后足跗节有成束的与爪等长的长毛…………………………………………………………………………… 长爪方土甲 *M. unguicuilina*

长爪方土甲 *Myladina unguiculina* **Reitter, 1889**（图版Ⅸ：6）

Myladina unguiculina Reitter, 1889: 707.

Myladina（*Myladina*）*unguiculina* Reitter, 1889 Schuster, 1933: 97.

检视标本：44♂♂，48♀♀，内蒙古鄂托克旗，1991.Ⅶ.29；2♂♂，1♀，内蒙古阿拉善右旗乌巴音（1180m），1991.Ⅷ.26；45♂♂，38♀♀，内蒙古鄂托克旗，1994.Ⅳ.16；1♂，1♀，内蒙古鄂托克旗，1994.Ⅵ.19；1♂，3♀♀，宁夏平罗崇

岗山，1990．V．22；1♂，9♀♀，宁夏盐池，1990．Ⅵ．4；2♀♀，宁夏贺兰山哈拉乌南，1990．Ⅶ．22；77♂♂，84♀♀，宁夏中卫市干塘镇，1991．Ⅷ．26；5♂♂，18♀♀，1987．V．4，宁夏中卫市；任国栋采。

　　　　分布：内蒙古(中西部)、宁夏(中北部)、陕西。

光背方土甲 *Myladina lissonota* **Ren** *et* **Yang, 2006**（图版Ⅸ：7）

Myladina lissonota Ren *et* Yang, 2006: 167.

　　　　检视标本：1♂，1♀，宁夏银川灵武市白芨滩保护区，2003．V．15，张峰举采。

　　　　分布：宁夏中北部。

(35) 真土甲属 *Eumylada* Reitter, 1889

Myladina（*Eumylada*）Reitter, 1904: 170. **Type species:** *Myladina punctifera* Reitter, 1889.

Eumylada Reitter, 1889 Reichardt, 1936: 171.

　　　　前足胫节近基部两侧平行至端部；鞘翅基部于第 2～4 行间凹陷，于第 5 行间隆起并伸入前胸背板基部缺刻。中、后足胫节外表面具明显 2 列短毛，分别位于上、下缘。

　　　　世界已知 5 种，分布于蒙古国及我国北部地区。阿拉善高原分布 4 种。

种检索表

1. 鞘翅行间仅具刻点，无颗粒 ···2
　 鞘翅侧区和端部的行间具细颗粒 ···3
2. 鞘翅较前胸背板稍宽，肩角钝齿状，后方不突起；前胸背板具稠密圆刻点，侧缘端 3/4 处圆弧形，后角之前收窄，盘区光亮；鞘翅明显向后变宽·····················**同点真土甲 *E. punctifera***
　 鞘翅基部与前胸背板最宽处等宽，肩角尖小，后方具钝突；前胸背板盘区拱起，粗刻点稀疏
　 ···**粗壮真土甲 *E. glandulosa***
3. 鞘翅肩角尖且外伸，后方的侧缘具明显突起；翅背暗淡且被稠密短毛·······················
　 ···**波氏真土甲 *E. potanini***
　 鞘翅肩角虚弱外伸；翅背光亮且无短毛································**奥氏真土甲 *E. oberbergeri***

同点真土甲 *Eumylada punctifera*（**Reitter, 1889**）（图版Ⅸ：8）

Myladina punctifera Reitter, 1889: 707.

Myladina（*Eumylada*）*punctifera* Reitter, 1904: 170.

Eumylada punctifera（Reitter, 1889）Reichardt, 1936: 171.

Eumylada punctifera var. *amaroides* Reichardt, 1936: 171.

Eumylada punctifera punctifera(Reitter)Kaszab, 1964: 398.

检视标本：33♂♂，48♀♀，内蒙古阿拉善右旗塔木素，1988. Ⅶ. 28，任国栋采。

分布：内蒙古中部、西部；蒙古国南部。

粗壮真土甲 *Eumylada glandulosa* Yang *et* Ren, 2004（图版Ⅸ：9）

Eumylada glandulosa Yang *et* Ren, 2004: 305.

检视标本：9♂♂，10♀♀，内蒙古阿拉善左旗，1987. Ⅶ. 27；13♂♂，30♀♀，内蒙古阿拉善右旗，1988. Ⅵ. 9；16♂♂，26♀♀，内蒙古阿拉善右旗，1992. Ⅶ；任国栋采。

分布：内蒙古。

奥氏真土甲 *Eumylada oberbergeri*（**Schuster, 1933**）（图版Ⅸ：10）

Myladina（*Eumylada*）*oberbergeri* Schuster, 1933: 97.

Eumylada oberbergeri（Schuster）Reichardt, 1936: 171.

检视标本：1♀，内蒙古阿拉善左旗边关口，2010. Ⅶ. 23，任国栋等采；3♀♀，内蒙古阿拉善左旗巴润别立，2010. Ⅶ. 23，任国栋等采；10♂♂，11♀♀，内蒙古阿拉善左旗查哈尔，2010. Ⅶ. 22，任国栋、侯文君、于有志、贾龙采；38♂♂，40♀♀，内蒙古阿拉善左旗北部，2010. Ⅶ. 27，任国栋、侯文君、于有志、贾龙采；12♂♂，20♀♀，内蒙古阿拉善左旗豪斯布尔都，2010. Ⅶ. 23，任国栋、侯文君、于有志、贾龙采；2♂♂，2♀♀，宁夏贺兰山镇北堡，2010. Ⅶ. 23，任国栋等采；60♂♂，53♀♀，宁夏银川市贺兰县草原，1984. Ⅸ. 21；16♂♂，9♀♀，宁夏银川市灵武县白芨滩保护区，1987. Ⅴ. 4；10♂♂，11♀♀，宁夏同心县大罗山保护区，1987. Ⅷ. 14；4♂♂，7♀♀，宁夏吴忠青铜峡市，1987. Ⅷ. 21；9♂♂，10♀♀，宁夏固原地区海原县兴仁堡镇，1987. Ⅸ. 8；11♂♂，10♀♀，宁夏吴忠盐池县，1990. Ⅵ. 4；8♂♂，5♀♀，宁夏陶乐县(现已撤县)，1991. Ⅴ. 18；任国栋采；1♂，宁夏灵武沙葱沟，2003. Ⅴ. 15；1♂，宁夏银川永宁县黄羊滩，2003. Ⅴ. 17；1♀，宁夏银川灵武古公路横山村，2003. Ⅵ. 14；2♂♂，宁夏银川灵武古公路横山村，2003. Ⅵ. 22；1♂，宁夏盐池，2003. Ⅶ. 28；张峰举采；1♂，宁夏灵武古窑子，2003. Ⅴ. 15；1♀，宁夏青铜峡铝厂西北，2003. Ⅴ. 15，张建英采。

分布：内蒙古(中部、西部)、甘肃、宁夏(中部、北部)。

波氏真土甲 *Eumylada potanini*（**Reitter, 1889**）（图版Ⅸ：11）

Myladina potanini Reitter, 1889: 708.

Myladina（*Eumylada*）*potanini* Reitter, 1889 Reitter, 1904: 170.

Eumylada potanini（Reitter, 1889）Reitter, 1936: 171.

检视标本：16♂♂，12♀♀，甘肃白银景泰县，1991. Ⅹ. 8；24♂♂，25♀♀，

甘肃白银景泰县白墩子村(海拔 1650m)，1997. Ⅳ. 10；6♂♂，5♀♀，宁夏银南区中卫市干塘镇，1985. Ⅴ. 19；1♀，宁夏银南区中卫市干塘镇，1987. Ⅳ. 9；5♂♂，9♀♀，宁夏银南区中卫市干塘镇，1987. Ⅴ. 17；3♂♂，2♀♀，宁夏中卫市，1989. Ⅶ. 25；1♂，2♀♀，宁夏中卫市干塘镇，1991. Ⅷ. 16；2♂♂，1♀，宁夏中卫市干塘镇，1991. Ⅷ. 26；1♂♂，2♀♀，宁夏中卫市干塘镇，1992. Ⅴ. 6；任国栋采；1♂，宁夏吴忠青铜峡市甘城乡南，2003. Ⅴ. 17，张峰举采。

分布：甘肃中北部、宁夏中北部。

(36) 笨土甲属 *Penthicus* Faldermann, 1836

Penthicus Faldermann, 1836: 384. **Type species:** *Penthicus pinguis* Faldermann, 1836.
Lobodera Mulsant *et* Rey, 1859: 80.
Lobothorax Gemminger, 1870: 124.

眼不完全被颊分割。前胸背板的盘区中央分布刻点，一般侧缘生有饰边。鞘翅背面分布由刻点组成的沟，基部完整。身体背面近于无毛。前足胫节从基部越向端部越扩展。

世界迄今已知 6 亚属 100 余种(亚种)，主要分布于中亚、北亚及西亚等地区。我国已知 5 亚属 26 种。阿拉善高原分布 10 种(亚种)。

种检索表

1. 鞘翅侧缘基半部背观可见 ······························· 弯笨土甲 *P.* (*P.*) *lenczyi*
　鞘翅侧缘背观完全不可见 ··· 2
2. 前足胫节端部扩展明显，端部宽与基 3～4 跗节长之和相等 ························· 3
　前足胫节向端部渐扩展，端部宽不大于基 3 节跗节长之和 ························· 5
3. 前足胫节端部宽与基 3 跗节长之和相等；前胸背板两侧宽且扁平，后角直角形 ·········
　·· 直角笨土甲 *P.* (*M.*) *schusteri*
　前足胫节端部宽与基 4 跗节长之和相等 ····································· 4
4. 前足胫节端外角短指状；前胸背板前、后角尖锐，侧缘圆弧形，于前、后角处均具湾·········
　·· 钝突笨土甲 *P.* (*M.*) *nojonicus*
　前胸背板后角圆钝角形 ····························· 祁连笨土甲 *P.* (*M.*) *nanshanicus*
5. 前胸背板前、后角均尖锐 ····························· 齿肩笨土甲 *P.* (*M.*) *humeridens*
　前胸背板前角尖锐，后角钝角形 ·· 6
6. 前胸背板基部近于直，仅于后角内侧前凹；侧缘最宽处位于中部之后，向前收窄较向后明显；盘区细刻点向两侧变密、变深；鞘翅肩齿略外突；翅背刻点行间微隆，鲨皮状，具刻点和皱纹 ·· 吉氏笨土甲 *P.* (*M.*) *kiritshenkoi*
　前胸背板基部整体呈明显的 2 湾 ·· 7

7. 前胸背板基部两侧具饰边；头部稠密的网状刻点在头中后方呈纵条纹状；前胸背板盘区深圆
刻点稠密，刻点间距较其自身小 ······················· 阿笨土甲 *P.(M.) alashanicus*
　前胸背板基部两侧无饰边，对着鞘翅第3和第4刻点行间处有凹陷 ························· **8**

8. 前胸背板基部有明显角状深缺刻，中间1/3处近与两侧相平·········· 福笨土甲 *P.(M.) frater*
　前胸背板基部缺刻浅，中间1/3处略向后突出 ······························ **9**

9. 前胸背板侧缘饰边窄或不明显，最宽处位于基部1/3处，向前收窄较向后明显；盘区刻点大
的圆刻点向两侧变为椭圆形，且彼此不愈合，近侧缘圆刻点不稠密；鞘翅行间具细刻点·····
　·· 厉笨土甲 *P.(M.) laelaps*
　前胸背板侧缘不明显向外扩展，向前、后近同等收窄········ 钝角笨土甲 *P.(M.) obtusangulus*

弯笨土甲 *Penthicus*（*Penthicus*）*lenezyi*（**Kaszab, 1968**）（图版Ⅸ：12）

Lobodera（*Lobodera*）*lenszyi* Kaszab, 1968: 383.

Penthicus（*Penthicus*）*lenszyi*（Kaszab, 1968）Bogactshe, 1972: 625.

　　检视标本：1♀，甘肃北马鬃山，1995. Ⅷ. 9；23♂♂，24♀♀，甘肃山丹龙首
山（1050m），1995. Ⅷ. 12；13♂♂，15♀♀，甘肃阿克塞，1998. Ⅴ. 16～17；1♀，
甘肃张掖高台县元山子村，1998. Ⅷ. 11；任国栋采。

　　分布：甘肃中北部；蒙古国。

钝突笨土甲 *Penthicus*（*Myladion*）*nojonicus*（**Kaszab, 1968**）（图版Ⅹ：1）

Lobodera（*Myladion*）*nojonica* Kaszab, 1968: 385.

Penthicus（*Myladion*）*nojonicus*（Kaszab, 1968）Bogactshe, 1972: 625.

　　检视标本：4♂♂，6♀♀，内蒙古阿拉善右旗阿滕敖包，1988. Ⅶ. 29，任国栋
采；41♂♂，42♀♀，内蒙古阿拉善左旗巴彦浩特（海拔1420m），1991. Ⅷ. 27，于
有志、马峰采；48♂♂，38♀♀，内蒙古阿拉善左旗西南，1992. Ⅳ. 30；38♂♂，
52♀♀，内蒙古阿拉善左旗东北部，1992. Ⅴ. 1，于有志采；4♂♂，4♀♀，内蒙古
阿拉善左旗查哈尔，2010. Ⅶ. 22，任国栋、侯文君、于有志、贾龙采；4♀♀，内
蒙古阿拉善左旗城郊，2010. Ⅶ. 23，任国栋等采；7♂♂，8♀♀，甘肃山丹县，1991.
Ⅷ. 18，于有志、马峰采；58♂♂，89♀♀，甘肃张掖山丹县龙首山（海拔1050m），
1995. Ⅶ. 12，任国栋、孙全兴采；77♂♂，77♀♀，宁夏灵武马鞍山，1987. Ⅴ. 2；
1♂，3♀♀，宁夏同心县窑山（2100m），1987. Ⅷ. 12；4♂♂，2♀♀，宁夏吴忠同心
县大罗山保护区，1987. Ⅷ. 14；9♂♂，9♀♀，宁夏吴忠同心县，1990. Ⅵ. 27；2♂♂，
6♀♀，宁夏银南区中卫市干塘镇，1995. Ⅳ. 21；任国栋采；1♂，宁夏贺兰山三关
口，2003. Ⅴ. 17；1♀，宁夏银川西夏王陵，2003. Ⅴ. 17；1♂，1♀，宁夏银川市
永宁县黄羊滩，2003. Ⅴ. 17；张建英采；1♂，宁夏中卫市干塘镇，2002. Ⅸ. 10；
1♂，宁夏中卫市干塘镇，2003. Ⅸ. 11；1♂，1♀，宁夏银川灵武市沙葱沟，2003.
Ⅴ. 15；1♂，宁夏吴忠青铜峡市铝厂西北，2003. Ⅴ. 17；1♂，宁夏银川古公路横

山，2003. Ⅵ. 14；张峰举采。

　　分布：内蒙古中西部、甘肃祁连山、宁夏北部。

直角笨土甲 *Penthicus*（*Myladion*）*schusteri*（**Reichardt, 1936**）（图版Ⅹ：2）

Lobodera（*Myladion*）*schusteri* Reichardt, 1936: 157.

Penthicus（*Myladion*）*schusteri*（Reichardt）: Bogatchev, 1972: 625.

　　检视标本：4♂♂，1♀，青海海北祁连县（海拔 2200m），1995. Ⅶ. 13，任国栋采。

　　分布：甘肃、青海（近祁连山区）、新疆；土耳其。

祁连笨土甲 *Penthicus*（*Myladion*）*nanshanicus*（**Reichardt, 1936**）（图版Ⅹ：3）

Lobodera（*Myladion*）*nanshanica* Reichardt, 1936: 156.

Penthicus（*Myladion*）*nanshanicus*（Reichardt, 1936）Bogactshe, 1972: 625.

　　检视标本：7♂♂，10♀♀，甘肃玉门老君庙，1993. Ⅶ. 22；19♂♂，11♀♀，甘肃高台元山子（990m），1995. Ⅷ. 11；2♂♂，1♀，甘肃酒泉肃北马鬃山镇；任国栋、孙全兴采。

　　分布：甘肃中北部。

齿肩笨土甲 *Penthicus*（*Myladion*）*humeridens*（**Reitter, 1896**）（图版Ⅹ：4）

Penthicus humeridens Reitter, 1896: 164.

Lobothrax（*Myladion*）*humeridens*（Reitter, 1896）Reitter, 1904: 165.

Lobodera（*Myladion*）*humeridens*（Reitter, 1896）Reichardt, 1936: 153.

Penthicus（*Myladion*）*humeridens*（Reitter, 1896）Bogactshe, 1972: 625.

　　检视标本：2♂♂，2♀♀，内蒙古拉僧庙，1987. Ⅷ. 17，任国栋采；2♂♂，内蒙古阿拉善左旗查哈尔，2010. Ⅶ. 22，任国栋、侯文君、于有志、贾龙采。

　　分布：内蒙古中西部、新疆阿勒泰；蒙古国。

吉氏笨土甲 *Penthicus*（*Myladion*）*kiritshenkoi*（**Reichardt, 1936**）（图版Ⅹ：5）

Lobodera（*Myladion*）*kiritshenkoi* Reichardt, 1936: 160.

Lobodera kiritshenkoi Reichardt, 1936 Medvedev *et* Kaszab, 1973: 98.

Penthicus（*Myladion*）*kiritshenkoi*（Reichardt, 1936）Bogactshe, 1972: 625.

　　分布：内蒙古（中部）、宁夏（西北部）；蒙古国南部。

阿笨土甲 *Penthicus*（*Myladion*）*alashanicus*（**Reichardt, 1936**）（图版Ⅹ：6）

Lobodera（*Myladion*）*alashanica* Reichardt, 1936: 155.

Penthicus（*Myladion*）*alashanica*（Reichardt, 1936）Bogactshe, 1972: 625.

　　检视标本：73♂♂，67♀♀，宁夏贺兰山苏峪口，1987. Ⅵ. 2；任国栋采；1♂，宁夏贺兰山苏峪口，2002. Ⅳ. 6，张峰举采。

分布：内蒙古(阿拉善高原)、宁夏(贺兰山、中北部)。

福笨土甲 *Penthicus*(*Myladion*)*frater*(Kaszab, 1967)(图版 X：7)

Lobodera(*Myladion*)*frater* Kaszab, 1967: 336.

Penthicus(*Myladion*)*frater*(Kaszab, 1967)Bogactshe, 1972: 625.

　　检视标本：18♂♂，25♀♀，内蒙古阿拉善右旗阿腾敖包(海拔 1520m)，1988. Ⅶ. 29，任国栋采。

　　分布：内蒙古中西部；蒙古国。

厉笨土甲 *Penthicus*(*Myladion*)*laelaps*(Reichardt, 1936)(图版 X：8)

Lobodera(*Myladion*)*laelaps* Reichardt, 1936: 153.

Penthicus(*Myladion*)*laelaps*(Reichardt, 1936)Bogactshe, 1972: 625.

　　检视标本：7♂♂，10♀♀，宁夏贺兰山哈拉乌，任国栋采；63♂♂，35♀♀，内蒙古贺兰山哈拉乌，2010. Ⅶ. 25～26，任国栋等采。

　　分布：内蒙古西部、宁夏北部；蒙古国。

钝角笨土甲 *Penthicus*(*Myladion*)*obtusangulus*(Reitter, 1889)(图版 X：9)

Opatrioides(*Penthicus*)*obtusangulus* Reitter, 1889: 709.

Penthicus obtusangulus(Reitter, 1889)Reitter, 1896: 165.

Lobothorax(*Myladion*)*obtusangulus*(Reitter, 1889)Reitter, 1904: 166.

Lobodera(*Myladion*)*obtusangulus*(Reitter, 1889)Reichardt, 1936: 153.

Lobodera obtusangulus(Reitter, 1889)Medevedev *et* Kaszab, 1973: 99.

Penthicus(*Myladion*)*obtusangulus obtusangulus*(Reitter)Bogactshe, 1972: 62.

　　检视标本：1♀，甘肃酒泉瓜州县柳园(海拔 1750m)，任国栋采。

　　分布：内蒙古中部、甘肃中北部；蒙古国南戈壁省。

3. 扁足甲族 Pedinini Eschscholtz, 1829

Pedinini Eschscholtz, 1829: 4; Bouchard *et al.*, 2011: 421. **Type genus:** *Pedinus* Latreille, 1797.

　　身体卵形，体背隆起。头端部三叶状；唇基前缘后凹；上唇前伸。眼横宽，被颊完全或不完全分割。中足基节窝被明显的中胸后侧片关闭；后胸腹板短。中足具有易于观察到的基转节；前足基节宽显著大于长；后足基节间距大而显著。♂虫前足和中足跗节体积增大，各亚节的腹面呈明显的海绵状；后足跗节腹面具柔毛或刺。第 1 腹节腹突端部平截。

　　世界已知 53 属近 600 种。我国已记载 7 属 16 种。阿拉善高原分布 1 属 1 种。

(37) 直扁足甲属 *Blindus* Mulsant *et* Rey, 1853

Blindus Mulsant *et* Rey, 1853: 206. **Type species:** *Pedinus strigosus* Faldermann, 1835.

身体呈近似椭圆形,体背无毛。颊切入复眼很深,将眼彻底分割。颊分布纵向脊。鞘翅表面分布由刻点构成的行;鞘翅缘折显著,可延伸至翅端部,后翅退化消失。前足胫节由基部发展至端部显著加宽,中足胫节窄且直;♂虫前足跗节基部 4 节宽,中足跗节很窄。

世界已知 7 种(亚种)。我国分布 6 种。阿拉善高原分布 1 种。

瘦直扁足甲 *Blindus strigosus* **Faldermann, 1835**

Blindus strigosus Faldermann, 1835: 410.

Pedinus(*Blindus*)*strigosus* Faldermann, 1835 Mulsant *et* Rey, 1853: 122.

Pedinus strigosus(Faldermann, 1835)Schuster,1940: 19

Colpotu sfeldermanni Baudi di Selve, 1876: 46.

分布:内蒙古中东部(包括阴山)、北京、河北(张家口、承德)、辽宁;俄罗斯(远东地区及沿海地区),朝鲜半岛。

4. 琵甲族 Blaptini Leach, 1815

Blaptini Leach, 1815: 101; Medvedev G., 2000: 643; 2001: 1; Bouchard *et al.*, 2011: 414. **Type genus:** *Blaps* Fabricius, 1775.

身体小型至大型,体色多数为黑色,不具或具弱光泽。眼呈横向的卵形;触角细长,第 8、9、10 节球形,少部分种具 5 节,呈现球形;颏小,仅能遮住下颚基部的一部分。中足基节窝边缘达到中胸后侧片;中胸前侧片和鞘翅缘折内侧大面积相互连接。腹部端部 2 节的可见腹板具光亮的节间膜。鞘翅缘折伸达翅端;翅面点、皱纹、颗粒状的构造明显,有些种具脊或肋。后翅消失。

世界迄今已知 27 属,隶属 6 亚族,古北界为该族主要分布区。我国已知分布 20 属。阿拉善高原分布 4 属。

属检索表

1. 仅见♀虫前足胫节生 2 枚端距,端距大小不一;内距显著发达,外距明显短小,背面观不可见 ···2

　不论♂♀,其前足胫节均具 2 枚端距,且端距大小均正常 ···············3

2. 前足胫节腹面有 1 齿;腹部末节腹板后缘饰边完整 ·············· 齿琵甲属 *Itagonia*

　前足胫节腹面无齿;胫节端距宽扁且其顶端直截状;腹部末节腹板后缘饰边呈中断 ············

　·· 小琵甲属 *Gnaptorina*

3. 后足跗节侧边扁平，其长不比胫节短；体型侧扁，背面向下弯；无翅尖；♂虫的第 1 与第 2
　腹节腹板间无刚毛刷 ·· **侧琵甲属** *Prosodes*
　后足跗节不发生侧扁，其跗节长度短于胫节；体型宽扁，背面平或向下弯；有翅尖；♂虫的
　第 1 与第 2 腹节腹板间有刚毛刷 ··· **琵甲属** *Blaps*

（38）琵甲属 *Blaps* Fabricius, 1775

Blaps Fabricius, 1775: 254. **Type species:** *Tenebrio mortisagus* Linnaeus, 1758.

Acanthoblaps Reitter, 1889: 687. **Type species:** *Blaps dentitia* Reitter, 1889.

Agroblaps Motschulsky, 1860: 531. **Type species:** *Blaps fatidica* J. Stum, 1807.

Blapidurus Fairmaire, 1891: xcvi. **Type species:** *Blapidurus crassicornis* Fairmaire, 1891.

Blapimorpha Motschulsky, 1860: 531. **Type species:** *Blaps reflexa* Gebler, 1832.

Blapisa Motschulsky, 1860: 530. **Type species:** *Blaps jaegeri* Hummel, 1827.

Leptocolena Allard, 1880: 320. **Type species:** *Blaps emoda* Allard, 1880.

Leptomorpha Faldermann, 1835: 406. **Type species:** *Leptomorpha chinensis* Faldermann, 1835.

Lithoblaps Motschulsky, 1860: 532. **Type species:** *Tenebrio gigas* Linnaeus, 1767.

Nanoblaps Semenov *et* Bogatchev, 1936: 565. **Types species:** *Blaps jakovlevi* Semenov *et* Bogatchev, 1936.

Platyblaps Motschulsky, 1860: 531. **Type species:** *Blaps holconota* Fischer von Waldheim, 1844.

Rhizoblaps Motschulsky, 1860: 532. **Type species:** *Blaps pruinosa* Eversmann, 1836 .

Uroblaps Motschulsky, 1860: 530. **Type species:** *Blaps producta* Laporte, 1840.

　　身体形状为近圆形或近琵琶形，中型至大型。触角第 8、9、10 节为近球形。鞘翅愈合，翅面多数不具刻点行，通常翅尾突出，♂虫突出最明显，♀虫的翅尾通常短于♂虫。鞘翅缘折宽度大且能延伸至腹末。♂虫第 1、2 可见腹板间具毛刷，毛刷为锈红色。跗节端节的爪垫为凸尖三角形、宽圆形或端部直线状开裂。

　　世界迄今已知约 300 种（亚种），隶属 4 亚属，古北界广布。我国已知 2 亚属 79 种（亚种）。阿拉善高原分布 23 种（亚种）。

种（亚种）检索表

1. 前足跗节第 1 亚节端部不着生毛刷；♂虫基部的 2 个可见腹节其腹板间有毛刷分布；阳茎基
　侧突表面生有较浅的中线，端部通常不向上弯曲 ······································ **2**
　前足跗节第 1 亚节端部生毛刷；第 1 和第 2 可见腹板间不具毛刷；阳茎基侧突中线深，端部
　向上弯曲显著 ··· **22**

2. 背面观鞘翅侧缘饰边全长可见 ··· **3**

背面观鞘翅侧缘饰边仅部分可见 ··· 9

3. ♂虫第 1 与第 2 可见腹板间生有毛刷 ··· 4

　　♂虫第 1 与第 2 可见腹板间不生毛刷 ··· 8

4. 鞘翅端部具 6 条自基部向末端汇合的纵向脊，翅面具有扁平的深凹陷 ············

　　·· 条纹琵甲 *B.(B.) potanini*

　　鞘翅端部正常无脊或沟 ··· 5

5. 鞘翅翅面分布粒突；前胸背板盘区无毛光滑，四周有汇合的粗大刻点 ············

　　·· 粗翅琵甲 *B.(B.) granulata granulata*

　　鞘翅翅面分布皱纹，不分布大粒突 ··· 6

6. 前胸背板侧缘显著弧形弯曲，密布刻点，两侧分布细粒 ·········· 边粒琵甲 *B.(B.) miliaria*

　　前胸背板边缘无小粒 ··· 7

7. 前胸背板宽度大于长度，侧缘圆弧形，散布刻点；翅尾沟缝深 ···· 步行琵甲 *B.(B.) gressoria*

　　前胸背板长度大于宽度，侧缘斜向直线前伸，分布刻点及小皱纹；翅尾沟缝模糊 ·······

　　·· 达氏琵甲 *B.(B.) davidis*

8. 体大粗壮，背面无光泽；前胸背板盘区密布小粒、刻点 ·········· 弯背琵甲 *B.(B.) reflexa*

　　体小较细，背面光亮；前胸背板盘区密布刻点，不具颗粒 ········· 异形琵甲 *B.(B.) variolosa*

9. 前足腿节端部具齿的构造 ·· 10

　　前足腿节端部无齿的构造 ·· 11

10. 前胸背板长度与宽度基本相等；前足腿节内侧端部生有 1 弯齿 ······· 弯齿琵甲 *B. femoralis*

　　前胸背板宽为长的 2.0 倍以上；前足腿节内侧端部生有 1 钝齿 ··· 钝齿琵甲 *B.(B.) medusula*

11. 前足胫节基部缢缩非常剧烈 ···································· 缢胫琵甲 *B.(B.) dentitibia*

　　前足胫节基部无上述特征 ·· 12

12. 前足胫节内、外端距不对称，内端距更显发达，顶部宽扁 ······························· 13

　　前足胫节两端距基本对称，顶部尖锐 ··· 14

13. 身体背面具光泽；触角后伸长达前胸背板近基部后缘的 1/2 处；后角钝圆；鞘翅密布细刻点

　　·· 中型琵甲 *B.(B.) medusa*

　　身体背面暗淡；触角后伸长达前胸背板近基部后缘的 1/3 处；后角直角形；鞘翅分布稀疏

　　的细刻点 ·· 异距琵甲 *B.(B.) kiritshenkoi*

14. 前胸背板密布粗大刻点，刻点脐状，鞘翅缝上也分布此刻点 ····· 脐点琵甲 *B.(B.) umbilicata*

　　前胸背板、鞘翅缝分布刻点，刻点不如上述 ··· 15

15. 鞘翅翅尾顶端明显地左右分开，呈"八"字形 ···················· 叉尾琵甲 *B.(B.) furcala*

　　鞘翅翅尾顶端不如上述 ·· 16

16. ♂虫第 1 和第 2 可见腹板间生有毛刷 ··· 17

　　♂虫第 1 和第 2 可见腹板间不生毛刷 ··· 21

17. 鞘翅翅尾顶端分叉 ··· 戈壁琵甲 *B.(B.) gobiensis*

尖尾琵甲指名亚种 *Blaps*（*Blaps*）*acuminata acuminata* Fischer von Waldheim, 1820（图版Ⅹ：10）

Blaps（*Blaps*）*acuminata* Fischer von Waldheim, 1820: 16.

Blaps（*Blaps*）*acuminata acuminata*: Skopin, 1973: 872.

Blaps（*Blaps*）*przewalskyi* Reitter, 1887: 370.

　　检视标本：4♂♂，8♀♀，内蒙古阿拉善右旗，1992. Ⅴ.4，于有志采；7♂♂，5♀♀，内蒙古阿拉善右旗孟根，1992. Ⅴ.2，于有志采；12♂♂，18♀♀，甘肃玉门老君庙，1992. Ⅶ.22；7♂♂，10♀♀，甘肃张掖山丹县龙首山，1995. Ⅷ.12；5♂♂，7♀♀，甘肃酒泉肃北县马鬃山镇，1995. Ⅷ.9；3♂♂，4♀♀，甘肃高台元山子，1995. Ⅷ.15；2♂♂，甘肃酒泉，1991. Ⅷ.17，于有志采；除注明外，均为任国栋采。

　　分布：内蒙古西部、甘肃中北部、青海中北部、新疆北部；蒙古国，俄罗斯（西伯利亚）。

拟步行琵甲指名亚种 *Blaps*（*Blaps*）*caraboides caraboides* Allard, 1882（图版Ⅹ：11）

Blaps（*Blaps*）*caraboides* Allard, 1882: 135.

Blaps（*Blaps*）*caraboides caraboides* Allard: Kaszab, 1962: 313.

Blaps（*Blaps*）*caraboides licinoides* Seidlitz, 1893: 308.

Blaps（*Blaps*）*caraboides alaiensis* Reining, 1931: 877.

Blaps（*Blaps*）*caraboides aberrans* Reining, 1931: 878.

Blaps（*Blaps*）*caraboides chinensis* Reining, 1931: 878.

Blaps（*Blaps*）*caraboides emarginata* Reining, 1931: 878.

Blaps（*Blaps*）*caraboides ovata* Reining, 1931: 879.

Blaps（*Blaps*）*caraboides schusteri* Reining, 1934: 162.

　　检视标本：1♂，甘肃张掖肃南县，1993. Ⅶ.10，王世贵采；1♀，甘肃兰州刘家堡乡，陈阿兰采；1♀，青海海北祁连县，1995. Ⅶ. 13，任国栋采；30♂，30♀，宁夏银川贺兰山自然保护区，1987. Ⅵ. 6，任国栋采；2♂，3♀，宁夏固原原州区炭山乡，1991. Ⅳ. 11，任国栋采。

　　分布：甘肃(北部)、青海(北部)、宁夏(贺兰山)、陕西、新疆；中亚。

达氏琵甲 *Blaps*(*Blaps*)*davidis* Deyrolle, 1878(图版Ⅹ：12)

Blaps(*Blaps*)*davidis* Deyrolle, 1878: 119.

Blaps(*Blaimorpha*)*davidea* Reitter, 1889: 691.

　　检视标本：2♀♀，宁夏贺兰山苏峪口，1988. Ⅶ. 2；1♀，宁夏银川永宁县，1986. Ⅵ. 1；2♀♀，宁夏银南区中卫市，1985. Ⅴ. 24；1♂，1♀，宁夏吴忠盐池县，1988. Ⅴ. 12；均为任国栋采。

　　分布：内蒙古、宁夏(中北部)、北京、河北、山西、陕西。

缢胫琵甲 *Blaps*(*Blaps*)*dentitibia* Reitter, 1889(图版Ⅺ：1)

Blaps(*Blaps*)*dentitibia* Reitter, 1889: 687.

　　检视标本：9♂♂，5♀♀，甘肃兰州七里河区崔家崖乡，1993. Ⅵ. 26；11♂♂，2♀♀，甘肃白银市，1991. Ⅳ. 6，马峰采；20♂♂，7♀♀，甘肃白银市，2009. Ⅷ. 10，任国栋等采；3♂♂，2♀♀，甘肃兰州永登县秦川镇，1998. Ⅴ. 7，任国栋、王新谱采；1♀，甘肃兰州皋兰县，1998. Ⅴ. 6；1♂，4♀♀，甘肃白银景泰县，2008. Ⅷ. 14，张承礼采；1♀，甘肃张掖市高台县新坝乡，2006. Ⅷ. 10；3♂♂，1♀，宁夏银南区中卫市干塘镇，1992. Ⅴ. 6，于有志采；2♂♂，3♀♀，宁夏固原地区海原县，1989. Ⅶ. 22；1♂，宁夏银川永宁县，1994. Ⅵ. 15；除注明外，余均为任国栋采。

　　分布：内蒙古、甘肃(中南部)青海、宁夏(中北部)、新疆。

弯齿琵甲 *Blaps femoralis*(*Fischer von Waldheim, 1844*)(图版Ⅺ：2)

Pandarus femoralis Fischer von Waldheim, 1844: 141.

Blaps femoralis(Fischer.Waldheim, 1844)Seidlitz, 1893:275.

Blaps femoralis femoralis Fischer von Waldheim, 1844 Skopin, 1964: 372.

Blaps femoralis Ren, Yin & Li, 2000: 14.

　　检视标本：27♂♂，27♀♀，内蒙古乌拉特中旗苏海图，1991. Ⅷ. 4，马峰、于有志采；6♀♀，内蒙古乌拉特中旗，2006. Ⅶ. 19；任国栋、巴义彬采；1♀，内蒙古阿拉善左旗，2006. Ⅷ. 14；1♂，内蒙古鄂托克旗，1991. Ⅶ. 29；内蒙古额济纳旗，2008. Ⅶ. 26，张承礼采；5♂♂，14♀♀，甘肃兰州市七里河区崔家崖乡，1993. Ⅵ. 26；1♂，1♀，甘肃白银景泰县，2008. Ⅷ. 14，张承礼采；2♀♀，甘肃兰州永登县秦川镇，1998. Ⅴ. 7；1♀，宁夏吴忠青铜峡市，1980. Ⅵ. 3；1♀，宁夏银川灵武县，1987. Ⅴ. 2；1♀，宁夏吴忠同心窑山乡，1990. Ⅷ. 12；1♀，宁夏固原地区海原县兴仁镇，1987. Ⅷ. 22；15♂♂，15♀♀，宁夏银川灵武县磁窑堡镇，

1992.Ⅴ.18；15♂♂，21♀♀，宁夏吴忠盐池县麻黄山乡，1986.Ⅷ.18；16♂♂，37♀♀，宁夏吴忠同心县大罗山保护区，1985.Ⅵ.2；2♂♂，7♀♀，宁夏固原地区海原县兴仁镇，1986.Ⅴ.22；1♂，37♀♀，宁夏银川永宁县征沙渠村，1997.Ⅴ.15；2♂♂，7♀♀，宁夏灵武县一盐池县，2007.Ⅴ.4，任国栋、侯文君采；除注明外，余均为任国栋采。

分布：内蒙古(西部、中东部)、甘肃(中部)、宁夏(北部)、陕西、河北(北部)；蒙古国。

叉尾琵甲 *Blaps*(*Blaps*)*furcala* Ren *et* Wang, 2001

Blaps(*Blaps*)*furcala* Ren *et* Wang, 2001: 16.

检视标本：1♀，内蒙古阿拉善右旗，1988.Ⅶ.20，任国栋采。

分布：内蒙古中西部。

戈壁琵甲 *Blaps*(*Blaps*)*gobiensis* Frivaldszky, 1889(图版Ⅺ：3)

Blaps(*Blaps*)*gobiensis* Frivaldszky, 1889: 206.

检视标本：11♂♂，14♀♀，内蒙古阿拉善右旗苏图海，1991.Ⅷ.26；3♂♂，内蒙古阿拉善左旗图克木苏木，2006.Ⅶ.18，任国栋、巴义彬采；4♂♂，3♀♀，内蒙古阿拉善左旗，1992.Ⅴ.1，于有志采；1♂，内蒙古阿拉善盟额济纳旗，1998.Ⅴ.12，王新谱采；3♂♂，3♀♀，内蒙古阿拉善盟额济纳旗，2008.Ⅶ.27，张承礼采；2♂♂，2♀♀，内蒙古巴彦淖尔市乌拉特后旗，2006.Ⅶ.20，任国栋、巴义彬采；2♂♂，2♀♀，内蒙古阿拉善左旗孟根塔拉，1992.Ⅴ.3，于有志采；3♂♂，2♀♀，甘肃酒泉玉门市清泉乡，1995.Ⅷ.10；1♀，甘肃酒泉敦煌市，1996.Ⅵ.23，王新谱采；1♀，甘肃酒泉肃北县，1991.Ⅷ.13，于有志采；1♂，甘肃肃北县马鬃山镇，1995.Ⅷ.9；1♂，2♀♀，甘肃瓜州县柳园镇，1992.Ⅶ.24；3♂♂，甘肃武威民勤县，1992.Ⅴ.5，于有志采；1♂，甘肃白银景泰县，1991.Ⅹ.8，马峰采；1♀，甘肃兰州安宁区刘家堡乡，1986.Ⅵ.9，郑哲民采；16♂♂，12♀♀，甘肃张掖市，2006.Ⅷ.10，任国栋、巴义彬采；3♂♂，5♀♀，甘肃酒泉肃北马鬃山镇，2008.Ⅶ.23，张承礼采；1♂♂，甘肃酒泉玉门市，2006.Ⅶ.10，任国栋、巴义彬采；1♂，1♀，甘肃酒泉金塔县大庄子乡，2006.Ⅶ.22，任国栋、巴义彬采；3♂♂，8♀♀，甘肃酒泉瓜州县布隆吉乡，2008.Ⅶ.31，张承礼采；1♀，甘肃酒泉瓜州县布隆吉乡，2008.Ⅷ.1，张承礼采；1♂，2♀♀，甘肃酒泉敦煌市，2006.Ⅷ.8，任国栋、巴义彬采；10♂♂，17♀♀，宁夏银南区中卫市沙坡头区，1987.Ⅵ.5；2♂♂，4♀♀，宁夏银南区中卫市干塘镇，1986.Ⅴ.2；2♂♂，1♀，宁夏石嘴山市，1987.Ⅳ.12；1♀，宁夏石嘴山市，2008.Ⅷ.16，张承礼采；5♂♂，13♀♀，宁夏银川市南郊，1987.Ⅷ.9；2♂♂，宁夏银川灵武，1985.Ⅴ.2；1♂，2♀♀，宁夏固原地区海原县，1987.Ⅶ.22，任国栋采。

　　分布：内蒙古(中西部)、甘肃、青海(中北部)、宁夏(中北部)、新疆；蒙古国。

粗翅琵甲 *Blaps*（*Blaps*）*granulata granulata* Gebler, 1825（图版XI：4）

Blaps（*Blaps*）*granulata granulata* Gebler, 1825: 47.

　　检视标本：1♂，甘肃兰州崔家崖，1993. Ⅵ. 26，任国栋采；1♂，甘肃景泰白墩子，1987. Ⅳ. 10，任国栋采。

　　分布：甘肃(中南部)、新疆；吉尔吉斯斯坦，哈萨克斯坦。

步行琵甲 *Blaps*（*Blaps*）*gressoria* Reitter, 1889（图版XI：5）

Blaps（*Blaps*）*gressoria* Reitter, 1889: 689.

　　检视标本：1♂，2♀，甘肃景泰，2008. Ⅷ. 14，张承礼采；1♀，宁夏中卫，1988. Ⅴ，采集人不详。

　　分布：内蒙古、甘肃、宁夏、青海。

异距琵甲 *Blaps*（*Blaps*）*kiritshenkoi* Semenov *et* Bogatchev, 1936（图版XI：6）

Blaps（*Blaps*）*kiritshenkoi* Semenov *et* Bogatchev, 1936: 555.

　　检视标本：4♂♂，5♀♀，内蒙古鄂尔多斯市鄂托克前旗，1989. Ⅵ. 2；4♂♂，14♀♀，内蒙古阿拉善左旗苏海图嘎扎，1991. Ⅷ. 26，于有志采；1♀，内蒙古阿拉善左旗图克木苏木，2006. Ⅶ. 18，任国栋、巴义彬采；1♂，1♀，内蒙古阿腾敖包，1988. Ⅶ. 29；1♂，2♀♀，内蒙古阿拉善右旗塔木素布拉格苏木，1988. Ⅶ. 29；4♀♀，内蒙古阿拉善左旗吉兰泰镇东南，1992. Ⅳ. 30，于有志采；1♀，内蒙古阿拉善左旗图克木苏木，2006. Ⅶ. 18；1♂，甘肃白银景泰县白墩子村1987. Ⅳ. 16；1♀，甘肃酒泉玉门市清泉乡，1995. Ⅷ. 10；4♂♂，26♀♀，宁夏银南区中卫市干塘镇，1992. Ⅴ. 6，于有志采；3♀♀，宁夏中卫市沙坡头区干塘镇，2009. Ⅴ. 27~28，唐婷、安文婷采；3♂♂，10♀♀，宁夏吴忠盐池县1990. Ⅳ. 27；3♀♀，宁夏石嘴山平罗县陶乐镇，1994. Ⅶ. 3；1♀，宁夏银川灵武，1987. Ⅴ. 2；2♂♂，3♀♀，宁夏银川灵武市马鞍山生态园，2007. Ⅷ. 25；除注明外，余均为任国栋采。

　　分布：内蒙古中西部、甘肃中北部、宁夏北部；蒙古国。

中型琵甲 *Blaps*（*Blaps*）*medusa* Reitter, 1900（图版XI：7）

Blaps（*Blaps*）*medusa* Reitter, 1900b: 161.

　　检视标本：1♂，内蒙古鄂尔多斯市鄂托克前旗，1991. Ⅷ. 23，于有志采；1♀，内蒙古阿拉善左旗东北部，1992. Ⅴ. 1，于有志采；5♂♂，2♀♀，内蒙古阿拉善盟额济纳旗，1998. Ⅴ. 12，任国栋、王新谱采；1♂，甘肃酒泉玉门市清泉乡，1995. Ⅷ. 10；1♀，甘肃肃北马鬃山镇，1995. Ⅷ. 9；1♀，甘肃高台新坝，2006. Ⅷ. 10，任国栋、巴义彬采；7♂♂，7♀♀，甘肃酒泉瓜州县，1998. Ⅴ. 15；4♂♂，3♀♀，甘肃酒泉瓜州县东部，1998. Ⅴ. 7，任国栋采；2♂♂，1♀，甘肃酒泉瓜州县南岔乡，2006. Ⅷ.9，任国栋、巴义彬采；11♂♂，5♀♀，甘肃张掖市，2006. Ⅷ.10，任国栋、巴义彬采；除注明外，余均为任国栋采。

分布：内蒙古(中西部)、甘肃(北部)、宁夏；蒙古国。

钝齿琵甲 *Blaps* (*Blaps*) *medusula* Kaszab, 1964 (图版Ⅺ：8)

Blaps (*Blaps*) *medusula* Kaszab, 1964: 387.

检视标本：4♂♂，17♀♀，内蒙古阿拉善左旗阿拉腾敖包，1988. Ⅶ.29，任国栋采；11♂♂，24♀♀，内蒙古阿拉善左旗苏海图嘎扎，1991. Ⅷ.26，于有志、马峰采。

分布：内蒙古中西部；蒙古国。

边粒琵甲 *Blaps* (*Blaps*) *miliaria* Fischer von Waldheim, 1844 (图版Ⅺ：9)

Blaps (*Blaps*) *miliaria* Fischer von Waldheim, 1844: 103.

检视标本：2♂♂，1♀，内蒙古阿拉善左旗贺兰山，1986. Ⅶ；2♂♂，宁夏永宁，1985. Ⅵ.6；2♂♂，1♀，宁夏中卫市沙坡头区，1985. Ⅵ.3；13♂♂，7♀♀，宁夏盐池，1988. Ⅴ.28；2♂♂，2♀♀，宁夏固原地区海原县兴仁镇，1987. Ⅵ.12；均为任国栋采。

分布：内蒙古(西部)、甘肃、宁夏(中部、北部)、山西、新疆；蒙古国，俄罗斯。

祁连琵甲 *Blaps* (*Blaps*) *nanshanica* Semenov *et* Bogatchev, 1936 (图版Ⅺ：10)

Blaps (*Blaps*) *nanshanica* Semenov *et* Bogatchev, 1936: 556.

分布：内蒙古西部、甘肃祁连山区、青海德令哈。

磨光琵甲 *Blaps* (*Blaps*) *opaca* (Reitter, 1889) (图版Ⅺ：11)

Blpimorpha opaca Reitter, 1889: 691.

Blaps (*Blaps*) *opaca* Seidlitz, 1893: 293.

检视标本：2♂♂，2♀♀，宁夏贺兰山，1987. Ⅵ.4，任国栋采。

分布：内蒙古、甘肃、宁夏(贺兰山)、新疆。

条纹琵甲 *Blaps* (*Blaps*) *potanini* Reitter, 1889 (图版Ⅺ：12)

Blaps (*Blaps*) *potanini* Reitter, 1889: 690; Seidlitz, 1893: 290; Ren *et* Yu, 1999: 271.

检视标本：1♀，甘肃兰州刘家堡，1986. Ⅵ.9，陈阿兰采；2♂♂，1♀，甘肃肃南西柳沟，2007. Ⅷ.18，王新谱、张承礼采；2♂♂，1♀，青海西宁北山，1986. Ⅵ.13，陈阿兰采；2♂♂，1♀，青海海北祁连县，1965. Ⅶ.13，印象初采；1♂，宁夏银川贺兰山小口子，1992. Ⅴ.3；1♂，1♀，宁夏吴忠市中宁县，1984. Ⅷ.21；1♀，宁夏吴忠青铜峡市树新，1994. Ⅵ.1；4♀♀，1♂，宁夏同心县大罗山保护区，1987. Ⅷ.12；1♂，1♀，宁夏固原原州区东岳山，1991. Ⅳ.13，马峰采；4♂♂，6♀♀，宁夏固原地区海原县水冲寺，1989. VII. 24，除注明外，余均为任国栋采。

分布：甘肃、青海（北部）、宁夏（中北部）、西藏。

弯背琵甲 *Blaps*（*Blaps*）*reflexa* Gebler, 1832（图版XII：1）

Blaps（*Blaps*）*reflexa* Gebler, 1832: 23.

检视标本：1♂，宁夏盐池大水坑，1988. VI. 12，任国栋采。

分布：河北、内蒙古、陕西、宁夏；蒙古国，俄罗斯（西伯利亚）。

皱纹琵甲 *Blaps*（*Blaps*）*rugosa* Gebler, 1825（图版XII：2）

Blaps（*Blaps*）*rugosa* Gebler, 1825: 48.

Blaps（*Blaps*）*scabripennis* Faldermann, 1835: 405.

Blaps（*Blaps*）*variolaris* Gemminger, 1870: 122.

Blaps（*Blaps*）*variolota* Fischer von Waldheim, 1844: 104.

Blaps（*Blaps*）*variolota* Gemminger, 1870: 122.

检视标本：3♂♂，4♀♀，甘肃景泰，1987. VII. 25；1♂，2♀♀，甘肃民勤，1988. VII. 11；1♀，甘肃兰州榆中县兴隆山，1955. VII. 2，王垂文采；1♂♂，3♀♀，青海海东区民和县，1993. VI. 27；12♂♂，16♀♀，宁夏银川，1986. V. 23；14♂♂，20♀♀，宁夏吴忠盐池县，1988. IV. 26；6♂♂，8♀♀，宁夏银南区中卫市沙坡头区，1987. V. 3；20♂♂，21♀♀，宁夏固原地区海原县水冲寺，1987. VII. 28；1♂，5♀♀，宁夏固原原州区须弥山，2009. VII. 4；除注明外，余均为任国栋采。

分布：内蒙古、甘肃（中南部）、宁夏（中北部）、河北（张家口）、辽宁、吉林、陕西（中部、南部）、青海；蒙古国，俄罗斯（西伯利亚）。

脐点琵甲 *Blaps*（*Blaps*）*umbilicata* Seidlitz, 1893（图版XII：3）

Blaps（*Blaps*）*umbilicata* Seidlitz, 1893: 302, 310.

检视标本：1♀，甘肃兰州市安宁区刘家堡乡，1986. VI. 9，陈阿兰采。

分布：甘肃中部、青海北部。

长尾琵甲 *Blaps*（*Blaps*）*varicosa* Seidlitz, 1893（图版XII：4）

Blaps（*Blaps*）*varicosa* Seidlitz, 1893: 308.

检视标本：2♂♂，3♀♀，内蒙古阿拉善左旗贺兰山哈拉乌沟北，1997. VI. 23，杨明奇采；11♂♂，16♀♀，宁夏区贺兰山东，1985. VI. 13，任国栋采；1♂，1♀，宁夏银川，1987. VIII. 4，任国栋采。

分布：内蒙古（贺兰山）、甘肃、宁夏（北部、贺兰山）、河北。

异形琵甲 *Blaps*（*Blaps*）*variolosa* Faldermann, 1835（图版XII：5）

Blaps（*Blaps*）*variolosa* Faldermann, 1835: 404.

检视标本：1♀，内蒙古鄂尔多斯市鄂托克前旗，1989. VI. 2；2♀♀，内蒙古阿拉善左旗哈拉乌南，1990. Ⅶ. 11，内蒙古阿拉善盟森防站；1♂，甘肃武威天祝县，1981. Ⅷ. 14，奚耕思采；1♀，甘肃兰州市，1996. Ⅵ. 10，马峰采；1♂，2♀♀，宁夏银南地区中卫市沙坡头区，1985. Ⅴ. 13；17♂♂，16♀♀，宁夏吴忠盐池，1988. Ⅵ. 12；4♂♂，3♀♀，宁夏固原地区海原县，1989. Ⅴ. 7；2♂♂，1♀，宁夏固原地区西县吉，1995. Ⅳ. 21，蔡家锟采；除注明外，余均为任国栋采。

分布：内蒙古(中西部)、甘肃(中部、南部)、宁夏(中部、北部)、陕西(中北部)；俄罗斯，蒙古国，土库曼斯坦。

阿拉琵甲 *Blaps*(*Prosoblapsia*) *allardiana allardiana* **Reitter, 1889**(图版Ⅻ：6)

Blaps(*Prosoblapsia*) *allardiana allardiana* Reitter, 1889: 691.

检视标本：2♀♀，甘肃兰州榆中县兴隆山，1957. Ⅶ. 8，徐慧良采。

分布：甘肃(中部)、青海(东北部)、四川、西藏。

侧脊琵甲 *Blaps*(*Prosoblapsia*) *latericosta* **Reitter, 1889**(图版Ⅻ：7)

Blaps(*Prosoblapsia*) *latericosta* Reitter, 1889: 688.

检视标本：1♀，甘肃兴隆山，1957. Ⅶ. 3，采集人不详；1♀，宁夏同心大罗山，1984. Ⅵ. 2，任国栋采；1♀，宁夏海原盐湖，1987. Ⅶ. 29，采集人不详。

分布：甘肃、青海、宁夏、新疆。

(39)小琵甲属 *Gnaptorina* Reitter, 1887

Gnaptorina Reitter, 1887: 364. **Type species**: *Gnaptorina felicitana* Reitter, 1887.

身体小型；触角长度向后伸可抵至前胸背板基部，端部具 4 个球状节；胫节内端距发达，扁指状，外端距短而尖小。

世界已知 27 种，分布于中国和印度(锡金)，除 1 种分布于印度(锡金)外，其余种主要分布于我国青藏高原。阿拉善高原分布 1 种。

圆小琵甲 *Gnaptorina cylindricollis* **Reitter, 1889**(图版Ⅻ：8)

Gnaptorina cylindricollis Reitter, 1889: 693.

检视标本：2♀♀，2♂♂，甘肃兰州榆中县兴隆山，1957. Ⅶ. 9，王春燕采；1♀，4♂♂，宁夏固原地区海原县水冲寺，1986. Ⅷ. 22。

分布：甘肃、宁夏、四川、西藏。

(40)齿琵甲属 *Itagonia* Reitter, 1887

Itagonia Reitter, 1887: 362; Seidlitz, 1893: 238; Schuster, 1914: 58; Ren, 1998: 247~249; Medvedev G., 1998: 567~572. **Type species:** *Itagonia gnaptorinoides* Reitter, 1887.

身体普遍为小中型；触角长，第 7 与第 8 节相比则明显窄；齿或角状突着生于前足腿节内侧上缘；前足胫节上、下端距不对称，上端距较发达，且♀虫通常大于♂虫；♂虫前足基节上、下端距发育不对称，上端距发达，下端距退化甚至消失。

世界迄今已知 21 种（亚种），分布于中国及中亚。我国目前已知 16 种。阿拉善高原分布 1 种。

原齿琵甲 *Itagonia provostii*（**Fairmaire, 1888**）（图版Ⅻ：9）

Platyscelis provostii Fairmaire, 1888: 201.

Itagonia ganglbaueri Schuster, 1914: 58.

Oodescelis provostii Egorov 2004: 596.

Itagonia provostii Egorov, 2007: 172.

检视标本：1♂，宁夏吴忠同心县大罗山保护区，1984. Ⅵ. 2，任国栋采；1♀，宁夏银川贺兰山东滚钟口，1982. Ⅶ. 2；任国栋采；1♀，宁夏固原地区海原县，1988. Ⅹ. 15，高兆宁采。

分布：内蒙古、宁夏、北京、河北、陕西。

（41）侧琵甲属 *Prosodes* Eschscholtz, 1829

Prosodes Eschscholtz, 1829: 9; Medvedev G. 1996b: 596; 1997a: 563. **Type species:** *Blaps attenuata* Fischer von Waldheim, 1820.

Blaptoprosodes Reitter, 1909:120. **Type species:** *Prosodes mucronata* Reitter, 1893.

Gebleria Motschulsky, 1860: 529. **Type species:** *Dila philacoides* Fischer von Waldheim, 1844.

Nyctipates Solier, 1848: 154. **Type species:** *Nyctipates rugulosa* Gebler, 1841.

Peltarinum Fischer von Waldheim, 1844: 106. **Type species:** *Peltarium marginatum* Fischer von Waldheim, 1844.

身体狭窄，体型中型至大型，大多侧扁。前足胫节生有 2 枚易于观察到的端距，1 枚端距者罕见；前足腿节腹面不具齿；后足跗节侧向较扁；后足胫节的横断面近圆形至卵形。翅背近于平坦，至多弱隆或有沟，翅末端至多有极不明显的翅突。♀虫足长；后足腿节最短仅比腹部末端稍短；前足胫节端部、跗节下侧偶有突垫；后足跗节急剧增长，最短也仅比胫节稍短。

世界迄今已知 225 种（亚种），隶属 25 亚属，古北界广泛分布。我国已知分布 5 亚属 14 种（亚种）。阿拉善高原分布 1 种。

北京侧琵甲 *Prosodes*（*Prosodes*）*pekinensis* **Fairmaire, 1887**（图版Ⅻ：10）

Prosodes（*Prosodes*）*pekinensis* Fairmaire, 1887: 323.

Prosodes（*Platyprosodes*）*kreitneri* Reitter, 1909: 166.

Prosodes kreitneri Yu et al., 1996: 200; 1999: 255.

Prosodes pekiensis Ren *et* Yu, 1999: 253.

Prosodes motschulskyi Frivaldszky, 1889: 206.

　　检视标本：1♀，甘肃兰州，1996. VI. 10，马峰采；2♂♂，1♀，甘肃兰州，1990. IX. 15，李典忠采；2♂♂，2♀♀，海原县水冲寺，1986. VIII. 22，任国栋采。

　　分布：甘肃、宁夏、北京、河北、山西、陕西。

5. 刺甲族 Platyscelidini Lacordaire, 1859

Platyscelini Lacordaire, 1859: 229. **Type genus:** *Platyscelis* Latreille, 1818: 23.

Platyscelidini: Egorov, 1990: 401; Bouchard *et al.*, 2005: 502.

　　身体卵圆，体背明显隆起。唇基前缘具浅缺刻或直截；眼横肾形；下颚基部不被颏遮盖；触角第 8、9、10 节或第 9、10 节球形。鞘翅翅背刻点不规则，个别种类具刻点行；多数种类鞘翅缘折达到翅端；后翅缺失。腹部端 3 节间具明显外露的节间膜。腹部端部直截或圆弧形，第 1 腹板突宽。中足基节窝相互靠近，对中胸后侧片开放，中足基转节大。雄性前、中足第 1～4 跗节明显膨大。

　　世界已知 8 属 200 余种。我国已知 4 属 71 种。阿拉善高原分布 3 属。

属检索表

1. 前足胫节端 2/3 向外侧扩展，端 1/3 向外扩明显叶片状，外缘锋利，下侧内凹 ....
.... 刺甲属 *Platycelis*
前足胫节向端部逐渐扩展 ·· 2
2. ♂虫后足胫节在中部至末端具长的内侧沟，内着生直立柔毛 ·············· 小刺甲属 *Myatis*
♂虫后足胫节内侧光裸或仅具刚毛，至多具短毛，无直立长柔毛 ·········· 双刺甲属 *Bioramix*

（42）双刺甲属 *Bioramix* Bates, 1879

Bioramix Bates, 1879: 478; Egorov, 1990: 401; 2004: 653. **Type species:** *Bioramix ovalis* Bates, 1879.

Botiras Fairmaire, 1891: 48. **Type species:** *Bioramix ovalis* Bates, 1879.

Chianlus Bates, 1879: 479. **Type species:** *Chianalus costipennis* Bates, 1879.

Faustia Kraatz, 1882: 92. **Type species:** *Faustia modesta* Kraatz, 1882.

Leipopleura Seidlitz, 1893: 343. **Type species:** *Faustia integra* Reitter, 1887.

Tichoplatyscelis Reinig, 1931:895. **Type species:** *Helops championi* Reitter, 1891.

　　体卵圆，背面隆起。前胸腹突直伸至基节窝后缘。鞘翅缘折于端部前消失或完整。腹部无毛刷的痕迹，多数光裸或具微毛。前足胫节下侧圆弧形，不内凹；如内凹，则前胸腹突下弯。雄性前足跗节多强烈膨大，中足跗节稍膨大，后足胫节内侧不具长毛。

世界迄今已知 11 亚属 100 余种。我国已知 6 亚属 29 种。阿拉善高原分布 3 种。

种检索表

1. 鞘翅侧缘扁平且较厚 ·· 2
　鞘翅侧缘基部明显均匀隆起 ·· 完美双刺甲 *B. integra*
2. 小盾片后角直角形，强烈突出；前胸背板纵向扁平；鞘翅两侧平行，翅背相当扁 ················
·· 弗氏双刺甲 *B. frivaldszkyi*
　小盾片后角圆弧形，不突出；前胸背板纵向明显拱起；鞘翅卵形，翅背强烈拱起 ················
·· 烁光双刺甲 *B. micans*

完美双刺甲 *Bioramix*（*Leipopleura*）*integra*（**Reitter, 1887**）

Faustia integra Reitter, 1887: 382.

Leipopleura integra（Reitter）: Seldlitz, 1893: 346.

Platynoscelis（*Leipopleura*）*integra*（Reitter）: Kaszab, 1940: 173.

Bioramix（*Leipopleura*）*integra*（Reitter）: Egorov, 1990: 408.

　　检视标本：1♂，宁夏海原，1986. Ⅷ. 25，任国栋采。

　　分布：宁夏（中部）、西藏、四川、青海。

烁光双刺甲 *Bioramix*（*Leipopleura*）*micans*（**Reitter, 1889**）

Faustia micans Reitter, 1887: 699.

Platyscelis（*Leipopleura*）*micans*（Reitter）: Seldlitz, 1893: 346.

Platynoscelis（*Leipopleura*）*micans*（Reitter）: Kaszab, 1940: 170.

Bioramix（*Leipopleura*）*micans*（Reitter）: Egorov, 1990: 408.

Myatis brevipilosa Meng *et* Ren, 2005: 106.

Faustia siningensis Frivaldszky, 1889: 210.

　　检视标本：3♂♂，1♀，青海祁连，1996. Ⅵ. 11，任国栋采。

　　分布：内蒙古、甘肃、青海（青海湖、泽库、祁连）、宁夏、西藏、新疆。

弗氏双刺甲 *Bioramix*（*Leipopleura*）*frivaldszkyi*（**Kaszab, 1940**）

Platynoscelis（*Leipopleura*）*frivaldszkyi* Kaszab, 1940: 167.

Bioramix（*Leipopleura*）*frivaldszkyi*: Egorov, 1990: 408.

　　检视标本：2♂♂，2♀♀，甘肃张掖，1992. Ⅵ. 18，任国栋采。

　　分布：甘肃北部。

（43）刺甲属 *Platyscelis* Latreille, 1818

Platyscelis Latreille, 1818: 23; Laporte, 1840: 210; Solier, 1848: 206; Lacordaire, 1859: 229; Kaszab, 1940: 908. **Type species:** *Tenebrio hypolithus* Pallas, 1781.

头部横宽；唇基前缘直截或弱弯。前胸背板前、后缘非圆弧形；前胸腹突弯曲下降。鞘翅背面光裸，缘折完整。腹部近无毛，除肛节拱起外整体较为平坦，具短而细的毛。前足胫节呈明显扁平状，外侧明显向端部扩展，外缘锐棱角形且下侧内凹；后足胫节无脊突；♂虫前、中足跗节常强烈膨大。

我国已知 3 亚属 15 种。阿拉善高原分布 5 种。

种检索表

1. 体短卵形 ···2
   体长卵形 ·· 绥原刺甲 *P.*（*P.*）*suiyuana*
2. 阳茎基侧突端部不具侧突 ····························· 短体刺甲 *P.*（*P.*）*brevis*
   阳茎基侧突端部两侧具齿突 ···3
3. 背观鞘翅侧缘完全可见，鞘翅翅背具弱纵脊 ········· 郝氏刺甲 *P.*（*P.*）*hauseri*
   背观鞘翅侧缘仅基半部可见 ···4
4. 鞘翅脊同形，稍凸起 ·································· 盖氏刺甲 *P.*（*P.*）*gebieni*
   鞘翅脊近于不隆起 ····································· 佛氏刺甲 *P.*（*P.*）*freyi*

短体刺甲 *Platyscelis*（*Platyscelis*）*brevis* Baudi di Selve, 1876

Platyscelis brevis Baudi di Selve, 1876: 35.

Platyscelis rugifrons Seidlitz, 1893: 344.

Platyscelis intermedia Baudi di Selve, 1875: 138.

Platyscelis（*Platyscelis*）*rugifrons*: Kaszab, 1940: 927.

Platyscelis（*Platyscelis*）*brevis*: Ren, 1999: 304.

检视标本：1♂，内蒙古阿拉善左旗，1984. Ⅷ. 15，刘强采。

分布：内蒙古（阿拉善左旗、东乌珠穆沁旗、科尔沁、正白旗、锡林郭勒盟、白云鄂博）、新疆；蒙古国，俄罗斯（东西伯利亚），哈萨克斯坦，吉尔吉斯斯坦。

郝氏刺甲 *Platyscelis*（*Platyscelis*）*hauseri* Reitter, 1889（图版Ⅻ：11）

Platyscelis hauseri Reitter, 1899: 205.

Platyscelis（*Platyscelis*）*hauseri* Reitter: Kaszab, 1940: 922.

Platyscelis confusa Schuster, 1934: 75.

检视标本：28♂♂，18♀♀，内蒙古贺兰山哈拉乌，2010. Ⅶ. 25～26，任国栋、侯文君、于有志、贾龙采；2♂♂，1♀，内蒙古贺兰山自然保护区北寺，2010. Ⅶ. 24；1♂，内蒙古阿拉善左旗古拉本，2010. Ⅶ. 23，任国栋采；1♂，1♀，甘肃兰州五泉山，1992. Ⅶ. 21；3♂♂，3♀♀，宁夏海原水冲寺，1989. Ⅶ. 29；5♂♂，7♀♀，宁夏同心大罗山，1989. Ⅵ. 1；3♂♂，5♀♀，宁夏同心窑山，1987. Ⅷ. 12；6♂♂，内蒙古贺兰山，1994. Ⅶ. 6～28。

分布：甘肃、青海、宁夏、新疆。

盖氏刺甲 *Platyscelis*（*Platyscelis*）*gebieni* **Schuster, 1915**

Platyscelis gebieni Schuster, 1915: 88.

Platyscelis（*Platyscelis*）*gebieni*: Kaszab, 1940: 924.

检视标本：2♂♂，宁县吴忠同心县大罗山保护区，1984. Ⅵ. 1，任国栋采。

分布：内蒙古、宁夏（中部）及我国东北部。

佛氏刺甲 *Platyscelis*（*Platyscelis*）*freyi* **Kaszab, 1940**

Platyscelis（*Platyscelis*）*freyi* Kaszab, 1940: 925.

检视标本：1♂，宁夏固原地区海原县，1997. Ⅶ. 29，任国栋采。

分布：甘肃、宁夏（中部）、山西。

绥原刺甲 *Platyscelis*（*Platyscelis*）*suiyuana* **Kaszab, 1940**

Platyscelis（*Platyscelis*）*suiyuana* Kaszab, 1940: 928.

检视标本：1♀，宁夏吴忠同心县大罗山保护区，1984. Ⅵ. 1，任国栋采。

分布：甘肃（中东部）、宁夏（中部）、陕西（中北部）、山西、河南。

（44）小刺甲属 *Myatis* Bates, 1879

Myatis Bates, 1879: 480; 1890: 73; 1931: 896; Kaszab, 1940: 899. **Type species**: *Myatis humeralis* Bates, 1879.

头部横宽；唇基前缘直截，唇基沟浅凹或平坦。前胸背板宽并具细饰边；两侧基半部非圆弧形。鞘翅长卵形，两侧陡降，侧缘饰边背观仅基半部可见；假缘折完整，具很稀疏的直立短毛。腹部细毛金黄色。腿节无齿；前足胫节长三角形，前、中足胫节内侧被稠密金黄色毛；♂虫前足跗节稍膨大。♂虫后足胫节基部弱弯，内缘具稠密直立长毛。

世界已知 6 种，在我国均有分布。阿拉善高原分布 1 种。

短毛小刺甲 *Myatis breipilosum* **Meng *et* Ren, 2005**

Myatis breipilosum Meng *et* Ren, 2005: 106.

检视标本：3♂♂，1♀，青海祁连，1996. Ⅵ. 11，任国栋采。

分布：青海东南部。

6. 褐甲族 Helopini Latreille, 1802

Helopini Latreille, 1802: 176; Bouchard *et al.*, 2011: 417. **Type genus:** *Helops* Fabricius, 1775.

身体通常呈近圆筒形，体型一般为小型至中型。唇基前缘直截；唇基膜明显；

下颚须端节宽三角形；上颚臼齿突内表面多小沟；眼横卵圆形，前缘缺刻有或缺失；触角长，向端部稍变粗。鞘翅翅背具刻点行，行上刻点有时混乱。腹部第4、5节间具可见的节间膜；第1腹板突端部直截或圆弧形。中足基节窝对中胸后侧片开放，基转节大型。

该族主要分布于欧洲、非洲等地区，少量种类分布于亚洲中部。阿拉善高原分布1属1种。

（45）窄褐甲属 *Catomus* Allard, 1876

Catomus Allard, 1876: 4; Seidlitz, 1896: 698; Reitter, 1922: 7; Nabozhenko, 2006: 1025; Nabozhenko *et* Löbl, 2008: 247. **Type species:** *Catomus persicus* Allard, 1876.

眼背侧圆形，稍横宽。前胸背板前缘弧形前伸。鞘翅基部向中胸颈部平缓收窄，侧缘无明显直立的饰边；翅肩非角状；缘折自前向后渐收狭，不完整。

世界迄今已知60种。我国仅知1种。阿拉善高原分布1种。

王氏窄褐甲 *Catomus* (*Catomus*) *wangae* Ren *et* Yu, 1999

Catomus (*Catomus*) *wangae* Ren *et* Yu, 1999: 312.

检视标本：1♂，甘肃酒泉瓜州县柳园镇，1992. Ⅶ. 24，任国栋采。

分布：甘肃北部。

7. 扁胫甲族 Phaleriini Blanchard, 1845

Phalériides Blanchard, 1845: 29. **Type genus:** *Phaleria* Latreille, 1802.

体长形，淡锈红色至暗褐色。唇基前缘直，颏不遮盖下颚基部；下颚须末节长纺锤状；复眼横形，前缘被颊深深地切割；触角短，向端部渐扩展，各节长度、宽度近相等或横形。前胸腹突窄。中足基节窝在中、后胸腹板间呈窄颈状，向外达到中胸后侧片，中胸和后胸基节间的距离明显大于中足基节的纵向直径长度。腹节腹板端部的可见节之间存在节间膜；末节有一半外露。鞘翅缘折不达到翅的中缝角，翅面有纵沟。前足胫节向端部非常急剧地三角形扩展，其端外角圆形。

世界已知1属17种，分布于古北界、非洲中南部。我国已知1属1种，分布于阿拉善高原。

（46）扁胫甲属 *Phtora* Germar, 1836

Phtora Germar, 1836: 11. **Type species:** *Cataphronetis levaillentii* (Lucas, 1849) (= *Phtora crenata* Germar, 1836).

Catophronetis Dejean, 1834: 199.

Cataphronetis Lucas, 1849: 342.

属征与族征同。

阿拉善扁胫甲 *Phtora alashanensis* Ren *et* Zheng, 1993

Phtora alashanensis Ren *et* Zheng, 1993: 77.

检视标本：1♂，内蒙古阿拉善右旗额肯呼都格镇北 10km（巴丹吉林沙漠南缘），1988. Ⅶ. 23，任国栋采。

分布：内蒙古阿拉善盟。

8. 拟步甲族 Tenebrionini Latreille, 1802

Tenebrionites Latreille, 1802: 165. **Type genus:** *Tenebrio* Linnaeus, 1758.

Biuini Skopin, 1978: 224. **Type genus:** *Bius* Dejean, 1834.

唇基前缘浅弧凹；眼横卵形，前缘微后凹；颏较小，通常不能覆盖住下颚基部。中足基节窝与中胸后侧片相连接，中足基转片大型、显著。后胸长度大，远长于中足基节。腹部端 3 节间具明显外露的节间膜。第 1 腹突宽阔，两侧平行或向前收窄，端部常呈圆弧形。鞘翅缘折近于完整，翅背刻点列状或纵沟状或皱纹状。交配时阳茎不弯转，有后翅。

世界迄今已知约 100 属 800 种。我国已知 15 属 92 种。阿拉善高原分布 1 属 2 种。

(47) 拟步甲属 *Tenebrio* Linnaeus, 1758

Tenebrio Linnaeus, 1758: 417. **Type species:** *Tenebrio molitor* Linnaeus, 1758.

Menedrio Motschulsky, 1872: 27.

体两侧近平行，扁长形。唇基前缘直截或浅弧凹；前颊深深地切入复眼，并将眼分割为上、下不连接的两部分；触角自基部发展至端部粗度越大，第 3 节长度最大。鞘翅背面分布由刻点构成的行或沟，鞘翅缘折完整。前足胫节均匀内弯。前胸背板圆刻点稠密。

世界迄今已知约 30 种。我国有 2 种，阿拉善高原均有分布。

种检索表

1. 暗黑色；鞘翅背面的行之间分布大型的扁状粒点；通常前胸背板前角前伸不及复眼后缘；前胸背板后缘生有饰边 ·· 黑拟步甲 *T. obscurus*

   黑褐色，具油脂状光泽；鞘翅行间无大颗粒；通常前胸背板前角前伸可及复眼后缘；前胸背板后缘通常无饰边 ································ 黄拟步甲 *T. molitor*

黄拟步甲 *Tenebrio molitor* Linnaeus, 1758

Tenebrio molitor Linnaeus, 1758: 515.

　　　检视标本：3♂♂，3♀♀，宁夏永宁县王太堡，1989. Ⅶ. 4，任国栋采。
　　　分布：甘肃、宁夏、陕西、山东、四川及华北、东北；蒙古国及北美洲。

黑拟步甲 *Tenebrio obscurus* Fabricius, 1792

Tenebrio obscurus Fabricius, 1792: 111.
　　　分布：阿拉善高原；世界范围内广泛分布。

9. 拟粉甲族 Triboliini Gistel, 1848

Triboliidae Gistel, 1848: 4. **Type genus:** *Tribolium* W. S. MacLeay, 1825.

　　　体长形，较小。唇基前缘前伸或具弱弧形缺刻；颊较小，不能覆盖下颚基部，而使其暴露；触角明显较短，其自基部发展至端部越粗，或其端部有 3～5 节呈近球形。复眼呈横向分布，颊切入并将其分为不连接的两部分。中足基节窝与中胸后侧片相连接。中足基转片很不明显甚至不可见。后胸的长度通常大于中足基节的纵向直径。腹节腹板末端几节的节间膜可见；第 1 腹板突向端部弧形收窄。鞘翅具刻点行。具后翅。交配时阳茎不弯转。
　　　世界迄今已知 4 属约 70 种。我国已知 3 属 5 种。阿拉善高原分布 2 属 4 种。

属检索表

1. 触角向端部逐渐扩展或有 3 个球形节；复眼无显著颗粒 ························· **拟粉甲属 *Tribolium***
　触角短，端部 5 节棒状，末节稍窄于次末节；复眼被非常粗糙的颗粒 ············
　··································· **隐拟粉甲属 *Latheticus***

（48）拟粉甲属 *Tribolium* MacLeay, 1825

Tribolium MacLeay, 1825: 47. **Type genus:** *Colydium castaneum* Herbst, 1797.
Stene Stephens, 1832: 9.
　　　体长形。唇基前缘具缺刻；眼被颊深切为上、下两部分；触角向端部具 3 球形节或端部几节膨大。前胸腹板基节前的长为基节窝长的 1.5 倍。鞘翅条纹间具细脊。
　　　世界已知 25 种以上。我国已知 4 种。阿拉善高原分布 3 种。

种检索表

1. 触角倒数第 2、3、4 节呈近球形；额上不分布脊·······································2
　触角端部的 4～5 节自基部发展至端部越增大；额上具尖脊········ **杂拟粉甲 *T. (E.) confusum***
2. 鞘翅第 1 刻点行间平坦，第 2 行间具细脊；体暗棕色至黑色，长 4.3～5.4mm ····················
　··································· **黑拟粉甲 *T. (T.) madens***

鞘翅内侧 3 个刻点行间平坦；体淡棕色，长 2.7～3.7mm……………赤拟粉甲 *T.*（*T.*）*castaneum*

黑拟粉甲 *Tribolium*（*Tribolium*）*madens*（**Charpentier, 1825**）

Tribolium madens Charpentier, 1825: 218.

Uloma madens Krynicki, 1832: 136.

Margus obscurus Redtenbacher, 1842: 17.

Tribolium（*Tribolium*）*madens*（Charpentier, 1825）Seidlitsz,1893: 581.

　　　检视标本：1♂，1♀，宁夏青铜峡，1964. Ⅵ. ，采集人不详。

　　　分布：甘肃、宁夏、新疆、山西；欧洲，北美洲，北非。

赤拟粉甲 *Tribolium*（*Tribolium*）*castaneum*（**Herbst, 1797**）

Colydium castaneum Herbst, 1797: 282.

Tribolium ferrugineum Herbst, 1797: 282.

Phaleria castaneum Gyllenhal, 1810: 588.

Tribolium castaneum Macleay, 1825: 47.

Tribolium bifoveolatum Redtenbacher, 1858: 608.

Tribolium navale Seidlitz, 1893: 583.

Tribolium（*Tribolium*）*castaneum*（Herbst, 1979）Uyttenboogaart, 1934*:* 21.

　　　检视标本：3♂♂，2 ♀♀，宁夏永宁王太堡，1989. Ⅶ. 24。

　　　分布：阿拉善高原；世界范围内广泛分布。

杂拟粉甲 *Tribolium*（*Eusemostene*）*confusum* **Jacquelin du val, 1868**

Tribolium confusum Jacquelin du Val, 1868: 181.

Tribolium ferrugineum Mulsant, 1854: 244.

Tribolium（*Stene*）*confusum* Jacqquelin du val, 1868 Seidlitsz, 1893: 585.

Tribolium（*Eusemostene*）*confusum* Jacquelin du val, 1868 Gebien, 1940: 764.

　　　分布：内蒙古、宁夏、新疆、陕西、河北、山西、云南及东北、华东、华中、华南；世界范围内广泛分布。

（49）隐拟粉甲属 *Latheticus* Waterhouse, 1880

Latheticus Waterhouse, 1880: 147. **Type species:** *Latheticus oryzae* Waterhouse, 1880.

　　身体长形，额横向，前角圆前缘中间具弱凹，唇舌稍伸出，横向，中间具凹缘，下唇须短，端节非常大，长为宽的 1/3，近平行（但基部窄），端部平截。内颚叶具一非常细的尖锐的钩，内部具一宽的边；外颚叶更细，有弯的硬毛，下颚须粗壮，倒数第二节近方形，端节长为宽的 2.5 倍，圆柱形，端部窄。上唇极其短。口上突梯形，前部具凹缘；眼角侧伸不超过复眼，复眼适度突出，被非常粗糙的颗粒。触角几乎等于头长，基部 2 节背观不可见；第 3 节最窄，长几乎等于宽；第 4、5、6 节横向，每节稍宽于第 3 节；第 7 节明显长于第 6 节；第 8 节最长（仍横向），第 9、10 节稍窄于第 8 节；第 11 节仍变窄，多少扁平，端部斜横截。

该属全球已知 1 种，世界性分布。

长头隐拟粉甲 *Latheticus oryzae* Waterhouse, 1880

Latheticus oryzae Waterhouse, 1880: 148.

分布：河北、河南、广东、广西、湖北、江苏、江西、内蒙古、四川、上海、山西；世界范围内广泛分布。

10. 粉甲族 Alphitobiini Reitter, 1917

Alphitobiini Reitter, 1917: 58. **Type genus:** *Alphitobius* Stephens, 1829.

体背面光裸，卵圆形。唇基前缘近于直或弧形；眼肾形；触角短，端部除末节外横宽。前胸背板基部具 2 缺刻；前胸腹突较窄。中足基转片小或消失。腹部端部腹节间节间膜明显可见。鞘翅背面分布由若干刻点构成的行，鞘翅缘折可达鞘翅端部。前足胫节分布成单列的小刺毛，位于外缘。交配时阳茎通常不发生弯转。生有后翅。

世界已知 1 属近 20 种。我国已知有 3 种。阿拉善高原分布 2 种。

（50）粉甲属 *Alphitobius* Stephens, 1829

Alphitobius Stephens, 1829: 19. **Type species:** *Helops picipes* Panzer, 1794（=*Opatrum laevigatum* Fabricius, 1781）

颊的外缘较眼宽；唇基与颊间具深的向后方凹入的凹陷。前胸背板基部两侧部位各生有 1 缺刻，基部具较细的饰边。鞘翅背面分布由刻点构成的行，近翅端较明显，侧缘刻点行延伸至鞘翅端部且凹沟状。前足胫节外缘具短刚毛，端外角略外扩。

仓储种类，广泛分布。

种检索表

1. 前颊切入复眼，侧面观复眼每列组成小眼为 3 ·······················黑粉甲 *A. diaperinus*
   前颊切入复眼很深，并将复眼分为上、下两部分，侧面观复眼每列组成小眼为 1 ···············
   ···姬粉甲 *A. laevigatus*

黑粉甲 *Alphitobius diaperinus*（Panzer, 1797）

Tenebrio diaperinus Panzer, 1796: 16.

Alphitobius diaperinus: Seidlitz, 1893: 600.

Tenebrio ovatus Herbst, 1799: 16.

Uloma opatroides Brullé, 1838: 70.

Crypticus longipennis Walker, 1858: 284.

Phaleria rufipes Walker, 1858: 284.

Proselytus cafer Fåhraeus, 1870: 266.

　　分布：黑龙江、辽宁、河北、陕西、山西、河南、安徽、江苏、江西、浙江、福建、台湾、广东、香港、湖南、广西、四川、云南；世界范围内广泛分布。

姬粉甲 *Alphitobius laevigatus*（Fabricius, 1781）

Opatrum laevigatus Fabricius, 1781: 90.

Tenebrio mauritanicus Fabricius, 1792: 113.

Helops picipes Panzer, 1794: 4.

Helops piceus A. G. Olivier, 1795: 58: 17.

Alphitobius granivorus Mulsant *et* Godart, 1868: 288.

Cataphronetis striatulus Fairmaire, 1869: 231.

Microphyes ruflpes W. J. MacLeay, 1873: 286.

Alphitobius ruflcolor Pic, 1925: 11

　　分布：黑龙江、吉林、辽宁、内蒙古、河北、河南、山西、湖北、江苏、江西、福建、台湾、广东、湖南、广西、贵州、四川、云南；世界范围内广泛分布。

第五节　菌甲亚科 Diaperinae Latreille, 1802

Diaperinae Latreille, 1802: 161. Bouchard *et al.*, 2011: 428. **Type genus:** *Diaperis* Geoffroy, 1762.

　　身体至少呈轻微隆起状，一般分布易于观察的饰纹，头部和胸部一般均生有角状突起。触角一般 11 节，极少见具 10 节者，齿状（齿尖或钝）；前颊切入复眼很深，甚至会将眼分为不连接的两部分；唇基沟显著而易于观察；唇基将其膜遮挡以至于仅可于前面观察到。前胸背板宽度显著大于长度，侧边扁并略向外展；前足基节窝外侧关闭。中、后胸腹板前缘较扁平，后缘显著隆起。小盾片具线。鞘翅具 9 条条纹，缘折完整。后足基节宽，相互靠近。后翅 1/3 臀脉延伸至翅缘，第 4 脉呈明显的短缩或缺少，不存在亚肘脉斑。基转节都为异型。

　　阿拉善高原目前已知分布 2 族 2 属。

1. 菌甲族 Diaperini Latreille, 1802

Diaperini Latreille, 1802: 161. Bouchard *et al.*, 2011: 428. **Type genus:** *Diaperis*

Geoffroy, 1762.

体长椭圆形，光裸。眼横肾形，外缘为头部最宽处。触角第 4 节之后渐变粗，并呈纺锤形。下颚须末节圆柱或棱形，少数斧状。前胸背板基部具 2 缺刻。鞘翅刻点不规则，刻点行有或无，若有，则胫节外缘具细棱边；鞘翅假缘折宽阔、完整，其内侧细边完整。腹部端 3 节间具发亮的可见节间膜。前胸腹板短于基节窝。胫节端距短小；各足跗节下侧具柔毛。

（51）粉菌甲属 *Alphitophagus* Stephens, 1832

Alphitophagus Stephens, 1832: 11. **Type species:** *Helops picipes*（Panzer, 1794）［= *Alphitophagus laevigatum*（Fabricius, 1781）］.

眼外缘的宽度小于颊的外侧；唇基与颊间具有向后方浅凹入的近弧形凹陷。前胸背板侧缘与后缘形成的后角呈直角形，基部具有轻微的凸起。各足胫节外缘均分布短刚毛。

世界迄今已知分布约 20 种。我国仅有 2 种，广泛分布。阿拉善高原分布 1 种。

二带粉菌甲 *Alphitophagus bifasciatus* Say, 1832

Alphitophagus bifasciatus Say, 1832: 258.

Alphitophagus pictus Ménétriès, 1832: 203.

Alphitophagus populi Redtenbaxcher, 1849: 589.

Alphitophagus quadripustulatus Stephens, 1832:12.

检视标本：1♂，宁夏青铜峡，1964. Ⅵ，采集人不详。

分布：甘肃、宁夏、陕西、河北、山东、江苏；欧洲，北美洲，澳大利亚。

2. 隐甲族 Crypticini Brulle, 1832

Crypticites Brullé, 1832: 190. **Type genus:** *Crypticus* Latreille, 1816.

体长卵形，小型，背面隆起。前胸遮盖头部；额较拱起，唇基前缘圆弧形或直截；眼小，横肾形；触角端节粗扁；颏小；下颚须端节斧状；下唇须端节扩展。前胸腹突后伸，中胸腹板端部隆起。前足基节卵圆，后足基节之间的距离显著小；胫节生有不明显的齿或分布短小的刺；后足跗节第 1 节长，长度达到第 2、3、4 节之和。鞘翅下折部分为鞘翅假缘折占据全部。

世界已知 9 属约 100 种，分布于欧洲、亚洲、非洲（包括马达加斯加）和南美洲。阿拉善高原分布 1 属 2 种。

（52）隐甲属 *Crypticus* Latreille, 1817

Crypticus Latreille, 1817: 298. **Type species:** *Helops glaber* Fabriciu, 1775[=*Tenebrio* *quisquilius*(Linnaeus, 1761)].

　　头部近半圆形，较小。上唇稍上突；触角细长，长达前胸基部。前胸背板方形，横宽，侧缘圆弧形，最宽处位于中部之后，基部近于直，端部较窄。鞘翅刻点近于非列状。后足基节斜生。

　　世界已知 50 种。阿拉善高原分布 1 属 2 种。

种检索表

1. 体棕或浅棕褐色，暗淡，背面被黄灰色伏毛·······························淡红毛隐甲 *C.* (*S.*) *rufipes*
　 体黑褐色，光亮，背面光滑无毛或具少量短毛······························· 朱氏隐甲 *C.* (*C.*) *zubei*

淡红毛隐甲 *Crypticus* (*Seriscius*) *rufipes* Gebler, 1830（图版XII：12）

Crypticus rufipes Gebler,1830: 125.

Seriscius pubescens Motschulsky, 1845: 77.

Crypticus soricinus Fairmaire, 1887: 324

Crypticus asiaticus Reitter, 1889: 698.

Crypticus ovatulus Reitter, 1896: 150.

Crypticus pubescens(Motschulsky, 1845)Espanol, 1953: 20.

　　检视标本：125♂♂，94♀♀，2010. VII. 24，内蒙古贺兰山自然保护区北寺，任国栋等采；1♂，1♀，宁夏贺兰山东部，1990. VIII. 7；2♂♂，宁夏盐池，1986. V. 24；6♂♂，12♀♀，宁夏海原，1987. VIII. 24；任国栋采；1♂，1♀，内蒙古额尔吉那右旗，1988. VII. 11，刘强采。

　　分布：内蒙古、宁夏、陕西（北部）；蒙古国。

朱氏隐甲 *Crypticus* (*Crypticus*) *zubei* Marseul, 1875

Crypticus zubei Marseul, 1875: 382.

　　检视标本：9♂♂，11♀♀，内蒙古阿拉善右旗塔木素，1987. VII. 26；1♂，甘肃酒泉敦煌市鸣沙山，1992. VII. 23；任国栋采。

　　分布：内蒙古中西部、甘肃北部；中亚，蒙古国。

第三章　阿拉善高原拟步甲区系组成特点与地理分布

本章所进行的拟步甲区系研究，主要是在核实阿拉善高原在地质历史发展过程中形成，并在现今自然生态条件下存在的物种组成的基础上，分析该区域拟步甲的分布特点，确定所属的区系成分。利用其地理分布，进一步探讨其区系起源乃至帮助分析本地区历史环境变化。

第一节　拟步甲的种类组成

根据检视标本记录和相关文献资料的整理核对，经过统计，阿拉善高原现共分布拟步甲科昆虫 5 亚科 23 族 52 属 206 种（亚种）（名录及分布地见第二章），隶属朽木甲亚科 Alleculinae、菌甲亚科 Diaperinae、伪叶甲亚科 Lagriinae、漠甲亚科 Pimeliinae 和拟步甲亚科 Tenebrioninae，与世界已知拟步甲 9 亚科 97 族（含 64 亚族）约 2300 属约 20 000 种（Matthews et al.，2010；Bouchard et al.，2011）相比较，分别占世界已知拟步甲的亚科、族、属、种（亚种）的 55.6%、23.7%、2.3%、1.0%；与我国已知拟步甲 7 亚科 46 族约 254 属 1810 多种（亚种）相比较，分别占我国已知亚科、族、属、种（亚种）总数的 71.4%、50.0%、20.5%、11.4%，种数较为丰富。

拟步甲科在本地区的族级、属级和种级多样性在各亚科分布不平衡。由表 3-1、表 3-2 及表 3-3 可以看出：在亚科水平种的多样性分析，拟步甲亚科含有 96 种（亚种），隶属 10 族 25 属，种类最为丰富；漠甲亚科含 92 种，隶属 7 族 21 属，仅次于拟步甲亚科而位居第二，并与拟步甲亚科一并构成了阿拉善高原拟步甲昆虫的主体，二者合计 188 种，占阿拉善高原拟步甲科昆虫总数的 91.3%；其余 3 亚科伪叶甲亚科、菌甲亚科、朽木甲亚科分别含有 3 族 3 属 9 种、2 族 2 属 3 种和 1 族 1 属 6 种。并且相同阶元水平的多样性在不同亚科的分布不平衡。

表 3-1　阿拉善高原拟步甲的种类构成及区系成分

亚科	族数（占我国已知族的比例）	属数	物种数	区系成分				
				古北	东洋	古北+东洋	特有成分	其他
朽木甲亚科	1(50.0%)	1	6	5	0	1	1	0
漠甲亚科	7(63.6%)	21	92	92	0	0	20	0
伪叶甲亚科	3(50.0%)	3	9	4	0	5	3	0
拟步甲亚科	10(66.7%)	25	96	83	0	5	17	8
菌甲亚科	2(25%)	2	3	2	0	0	0	1
总计	23	52	206	186	0	11	41	9

表 3-2　阿拉善高原拟步甲的亚科、族、属(包含种数)

Alleculinae
　Cteniopodini
　　Cteniopinus(6)
Pimeliinae
　Epitragini
　　Cyphostethe(1)
　　Trichosphaena(4)
　　Epitrichia(3)
　Leptodini
　　Leptodes(2)
　Akidini
　　Cyphogenia(2)
　Lachnogyini
　　Netuschilia(1)
　Adesmiini
　　Adesmia(1)
　Pimeliini
　　Platyope(4)
　　Mantichorula(3)
　　Ocnera(1)
　　Pterocoma(5)

Trigonocnera(2)
Sternoplax(3)
Sternotrigon(5)
Trigonoscelis(1)
Tentyriini
　Tamena(1)
　Microdera(16)
　Scytosoma(7)
　Scythis(2)
　Anatolica(22)
　Colposcelis(6)
Lagriinae
　Lagriini
　　Lagria(4)
　Laenini
　　Laena(1)
　Belopini
　　Centorus(4)
Tenebrioninae
　Melanimonini

Cheirodes(2)
Opatrini
　Melanesthes(19)
　Scleropatrum(4)
　Scleropatroides(1)
　Gonocephalum(2)
　Opatrum(3)
　Anatrum(2)
　Jintaium(1)
　Myladina(2)
　Eumylada(4)
　Penthicus(10)
Pedinini
　Blindus(1)
Blaptini
　Blaps(23)
　Gnaptorina(1)
　Itagonia(1)
　Prosodes(1)

Platyscelidini
　Bioramix(3)
　Platyscelis(5)
　Myatis(1)
Helopini
　Catomus(1)
Phaleriini
　Phtora(1)
Tenebrionini
　Tenebrio(2)
Triboliini
　Tribolium(3)
　Latheticus(1)
Alphitobiini
　Alphitobius(2)
Diaperinae
Diaperini
　Alphitophagus(1)
Crypticini
　Crypticus(2)

表 3-3　阿拉善高原拟步甲的种类构成

亚科	族		属		种	
	数目(个)	比例(%)	数目(个)	比例(%)	数目(个)	比例(%)
朽木甲亚科	1	4.3	1	1.9	6	2.9
漠甲亚科	7	30.4	21	40.4	92	44.7
伪叶甲亚科	3	13.0	3	5.8	9	4.4
拟步甲亚科	10	43.5	25	48.1	96	46.6
菌甲亚科	2	8.7	2	3.8	3	1.5
总计	23	100	52	100	206	100

在族级阶元，以拟步甲亚科的多样性最为丰富，本亚科含有 10 族，分别占该亚科我国已知族和阿拉善高原分布族的 66.7%和 43.5%；漠甲亚科的多样性略低，包括 7 族，分别占该亚科我国已知族和阿拉善高原分布族的 63.6%和 30.4%，后面顺序为伪叶甲亚科(3 族)、菌甲亚科(2 族)、朽木甲亚科(1 族)，所占比例分别为 50%/13.0%、25%/8.7%、50%/4.3%。需要说明的是，菌甲亚科、朽木甲亚科所含族的绝对数量小，但由于这两个亚科在我国分布的族的数量均少，都不到 10族，且朽木甲亚科我国已知仅 2 族，所以其占我国已知族的相对比例达到了 50%。另外，各族所含物种数也具有较大差异，鳖甲族 Tentyriini 种类最为丰富，包括 6属 54 种，占总种数的 26.1%；土甲族 Opatrini 次之，包括 10 属 48 种，占总数的23.3%；后面依次是琵甲族 Blaptini 4 属 26 种、漠甲族 Pimeliini 8 属 24 种，其余

均不足 10 种，而掘甲族 Lachnogyini、长足甲族 Adesmiini、莱甲族 Laenini、扁足甲族 Pedinini、褐甲族 Helopini、扁胫甲族 Phaleriini、菌甲族 Diaperini 种类最少，仅为 1 种。按种数多少具体排序为：鳖甲族 6 属 54 种＞土甲族 10 属 48 种＞琵甲族 4 属 26 种＞漠甲族 8 属 24 种＞刺甲族 Platyscelidini 3 属 9 种＞背毛甲族 Epitragini 3 属 8 种＞栉甲族 Cteniopodini 1 属 6 种＞拟粉甲族 Triboliini 2 属 4 种＝伪叶甲族 Lagriini 1 属 4 种＝刺足甲族 Belopini 1 属 4 种＞粉甲族 Alphitobiini 1 属 2 种＝龙甲族 Leptodini 1 属 2 种＝砚甲族 Akidini 1 属 2 种＝小黑甲族 Melanimonini 1 属 2 种＝拟步甲族 Tenebrionini 1 属 2 种＝隐甲族 Crypticini 1 属 2 种＞掘甲族 1 属 1 种＝长足甲族 1 属 1 种＝莱甲族 1 属 1 种＝扁足甲族 1 属 1 种＝褐甲族 1 属 1 种＝扁胫甲族 1 属 1 种＝菌甲族 1 属 1 种。

在属级阶元，仍以拟步甲亚科的多样性最为丰富，本亚科含有 25 属，占拟步甲科阿拉善分布属的 48.1%；漠甲亚科多样性略低，为 21 属，占拟步甲科阿拉善分布属的 40.4%；而朽木甲亚科、伪叶甲亚科、菌甲亚科其所含属的数量分别为 1 属、3 属、2 属，均小于 5 属。可见仅拟步甲亚科和漠甲亚科就占据了阿拉善拟步甲科分布属的大部分，达 88.5%。而各属所含有的种数差异明显，在该地区分布的总共 52 属中，有 18 属仅含有 1 种，是单型属(陈世骧，1978)，此类属占总属数的 34.6%；属内含有 2～5 种的属共有 26 个，是寡型属(陈世骧，1978)，此类属占总属数的 50.0%；属内含有 6 种及以上的属共有 8 个，是多型属(陈世骧，1978)，此类属占总属数的 15.4%。可见，单型属和寡型属合计占总属数的 84.6%，阿拉善高原拟步甲分布属以单型属和寡型属占优势(图 3-1)。

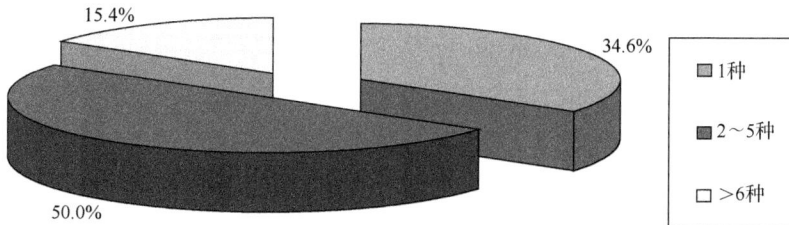

图 3-1　阿拉善高原拟步甲属的大小及其所占的比例

琵甲属 *Blaps* 在本区分布 23 种，数量最丰富；其次为东鳖甲属 *Anatolica*，分布 22 种；阿拉善高原特有属稀少，仅有 1 属，为景土甲属 *Jintaium* Ren, 1999，该属为单型属。

阿拉善高原含有特有种 41 种，占阿拉善高原总种数的 19.9%，主要分布于拟步甲亚科和漠甲亚科(表 3-1)。

第二节　阿拉善高原拟步甲的区划归属

自 1858 年 P. L. Sclater 根据鸟类将世界动物进行地理分区后，先后有华莱士、达尔文等对这一 6 界分区给予修改和完善，目前在动物学研究领域普遍使用。本研究继续沿用其 6 界系统，即东洋界、古北界、新北界、澳洲界、非洲界、新热带界(马世骏，1959；章世美和赵泳祥，1996)。中国动物地理的研究自新中国成立前的寥寥无几，到 20 世纪中期郑作新、马世骏、裴文中、周明镇等我国专家学者对相关动物地理的研究，至张荣祖在广泛总结前人经验，并结合动物分布特点制定且多次修改完善了中国动物地理区划(张荣祖，2011)。本研究使用该区域划分将中国动物地理区划分为 2 界 7 区 19 亚区。此划分方法中，阿拉善高原应属于古北界、蒙新区、西部荒漠亚区范围内。

第三节　拟步甲的区系成分与地理分布

一、与世界动物地理区的关系

根据阿拉善高原拟步甲在世界动物地理区划中的分布情况，将其划分为 6 种区系成分：古北成分(Palaearctic element)、古北+东洋成分(Palaearctic element + Oriental element)、古北+新北成分(Palaearctic element + Nearctic element)、古北+东洋+新北成分(Palaearctic element + Oriental element + Nearctic element)、古北+东洋+新北+澳洲成分(Palaearctic element + Oriental element + Nearctic element+ Australian element)、广布成分(Cosmopolitan element)(表 3-4)。

表 3-4　阿拉善高原拟步甲在世界动物区系中的归属

区系地理成分						种数	占总数的百分率(%)
古北界	东洋界	非洲界	澳洲界	新北界	新热带界		
+						186	90.3
+	+					11	5.3
+	+			+		1	0.5
+	+		+	+		1	0.5
+				+		1	0.5
+	+	+	+	+	+	6	2.9
合计						206	100

注："+"表示在表中所列动物地理区有分布

阿拉善高原拟步甲物种组成，优势最大的成分为古北成分(186 种)，占阿拉善高原拟步甲总物种数的 90.3%；第二为古北+东洋成分(11 种)，比例为 5.3%；古北+新北成分、古北+东洋+澳洲+新北成分、古北+东洋+新北成分分别仅有 1 种，各占总物种数的 0.5%；世界范围内广泛分布的仓储害虫数量为 6 种，占总物种数的 2.9%。由此可见，阿拉善高原拟步甲区系与古北界关系最近，而与其余 5 界关系较远，与东洋界仅 11 个共有种，与新北界仅 1 个共有种，跨界组合 2 种，甚至与非洲界、新热带界无共有种。该数据表明，阿拉善高原拟步甲跨大区分布者极少，绝大多数为狭域地理种(图 3-2，表 3-4)。

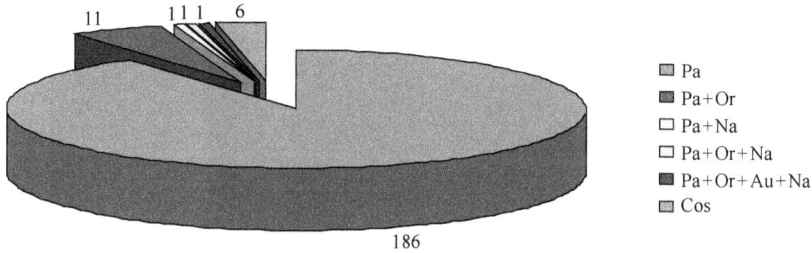

图 3-2　阿拉善高原拟步甲种的区系成分(彩图请扫封底二维码)
Pa: 古北成分；Pa + Or: 古北+东洋成分；Pa + Na: 古北+新北成分；Pa + Or + Na: 古北+东洋+新北成分；
Pa + Or + Au + Na: 古北+东洋+澳洲+新北成分；Cos: 广布成分

从各亚科的区系成分来分析，仍然是以古北成分为主(图 3-3)，其中漠甲亚科中所占比例最高，达到了 100%。而拟步甲亚科中古北成分为 83 种，比例也高达本亚科总数的 86.5%。可见，阿拉善高原拟步甲分布种中，古北界成分占有绝对优势，且优势成分主要集中于漠甲亚科和拟步甲亚科中。

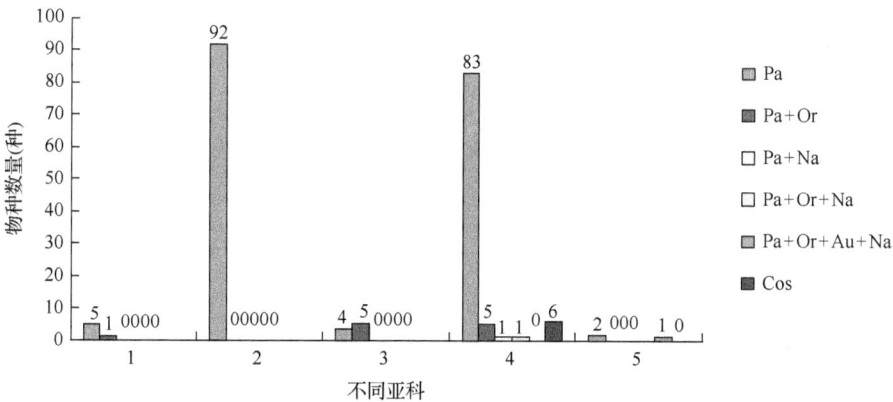

图 3-3　阿拉善高原拟步甲各亚科的区系成分比较(彩图请扫封底二维码)
1：朽木甲亚科；2：漠甲亚科；3：伪叶甲亚科；4：拟步甲亚科；5：菌甲亚科

二、与中国动物地理区的关系

阿拉善高原目前已知拟步甲物种在中国 7 个动物地理区的分布情况见表 3-5 及附表 1。从表 3-5 和附表 1 的统计结果及分布情况可见，由阿拉善高原拟步甲物种在中国 7 个动物地理区的分布数量可得到它们之间关系：蒙新区 52 属（100%）206 种（100%）＞华北区 29 属（55.8%）56 种（27.2%）＞青藏区 15 属（28.8%）33 种（16.0%）＞华中区 10 属（19.2%）14 种（6.8%）＞西南区 8 属（15.4%）14 种（6.8%）＞东北区 9 属（17.3%）12 种（5.8%）＞华南区 6 属（11.5%）9 种（4.4%）。

表 3-5　阿拉善高原拟步甲在中国动物区中的归属

中国动物地理区							种数	占总种数的百分率(%)
东北区	华北区	蒙新区	青藏区	西南区	华中区	华南区		
		+					130	63.1
		+	+				19	9.2
	+	+					30	14.6
+		+					1	0.5
+	+	+					1	0.5
+	+	+	+	+	+	+	6	2.9
	+	+	+				6	2.9
	+	+	+	+			2	1.0
+	+	+				+	1	0.5
	+	+		+	+	+	1	0.5
	+	+		+			1	0.5
	+	+			+		3	1.5
+	+	+		+	+		1	0.5
	+	+		+	+		2	1.0
+	+	+		+			1	0.5
+	+	+			+		1	0.5
合计							206	100

注："+"表示在表中所列动物地理区有分布

由各个物种在中国 7 个动物地理区跨区的分布型分析，阿拉善高原拟步甲与这 7 个区的关系（由近至远）：蒙新区单区分布型 39 属（75.0%）130 种（63.1%）＞阿拉善特有分布型 41 种（19.9%）＞华北区+蒙新区分布型 17 属（32.7%）30 种（14.6%）＞蒙新区+青藏区分布型 8 属（15.4%）19 种（9.2%）＞东北区+华北区+蒙新区+青藏区+西南区+华中区+华南区分布型 4 属（7.7%）6 种（2.9%）＝华北区+蒙新区+青藏区分布型 3 属（5.8%）6 种（2.9%）。由该数据可以看出，阿拉善高原拟步甲物种组成以蒙新区（尤以西部荒漠亚区占优势）成分最多，共计 206 种隶属 52 属，均占阿拉善高原拟步甲属、种总数的比例为 100%；第二为华北区成分，共计 56 种隶属 29 属（分别占 27.2% 和 55.8%）。

第四节 与毗邻及相关地区的关系

阿拉善高原是内蒙古高原的重要组成部分，而蒙古国与我国内蒙古是蒙古高原的重要组成部分，阿拉善高原地理上属于蒙古高原，处于我国内蒙古西部，绝大部分处于古北界蒙新区西部荒漠亚区，其北部与蒙古国相邻；东南部与宁夏邻接；位于西伯利亚地块向南推挤的最南端。选择其毗邻及周边相关研究基础相对较好的地区，对其拟步甲分布状况的分析、讨论有助于深入分析阿拉善高原拟步甲的分布状况及进一步探讨阿拉善高原拟步甲的物种起源和演化等一系列问题。

一、与蒙古国的关系

根据检视标本记录和相关文献资料的整理核对，经统计，得到蒙古国现有分布拟步甲科昆虫 6 亚科 25 族 58 属 223 种（亚种），见表 3-6 及附表 2，隶属朽木甲亚科、漠甲亚科、伪叶甲亚科、拟步甲亚科、菌甲亚科、窄甲亚科共 6 个亚科。特有种 17 属 56 种。从绝对数量上看，阿拉善高原分布的拟步甲数量，分别比蒙古国少 1 亚科 2 族 6 属 17 种，特有种少 15 种。

表 3-6 蒙古国拟步甲的种类构成及区系成分

亚科	族数	属数	物种数	区系成分				
				古北	东洋	古北+东洋	特有成分	其他
朽木甲亚科	2	8	10	10	0	0	1	0
漠甲亚科	6	19	98	98	0	0	31	0
伪叶甲亚科	3	3	4	2	0	2	0	0
拟步甲亚科	9	22	102	89	0	3	24	10
菌甲亚科	4	5	8	7	0	0	0	1
窄甲亚科	1	1	1	1	0	0	0	0
总计	25	58	223	207	0	5	56	11

（一）相同点

阿拉善高原分布的拟步甲与蒙古国分布的拟步甲，构成主体均为拟步甲亚科和漠甲亚科，且拟步甲亚科所占比例略高于漠甲亚科；从各亚科的种类丰富度分析，阿拉善高原丰富度最高的 2 个亚科是拟步甲亚科（10 族 25 属 96 种，占总种数的 46.6%)＞漠甲亚科(7 族 21 属 92 种,占总种数的 44.7%),蒙古国也为这 2 个亚科的丰富度较高,即拟步甲亚科(9 族 22 属 102 种,占总种数的 45.7%)＞漠甲亚科(6 族 19 属 98 种,占总种数的 43.9%),说明这两个地区的物种丰富度具有相似性。

从区系成分来看,阿拉善高原的区系成分以古北、古北+东洋成分为主,其余均为跨区分布的复合成分,不含有单纯的东洋及其他成分,且以古北成分占有绝对优势,二者总计达到了 197 种(其中古北成分 186 种),占总种数的 95.6%;蒙古国的区系成分也以古北、古北+东洋成分为主,同样不含有单纯的东洋及其他成分,其余也均为跨区分布的复合成分,且以古北成分占有绝对优势,二者总计达到了 212 种(其中古北成分 207 种),占总种数的 95.1%。这方面两区域也具有很高的相似性。

从特有种所占各自区域的比例来看,阿拉善高原特有种为 41 种,且主要分布于拟步甲亚科和漠甲亚科之中(漠甲亚科 20 种、拟步甲亚科 17 种),占阿拉善拟步甲特有种总数的 90.2%,特有种总数占阿拉善拟步甲科昆虫总数的 19.9%;蒙古国分布有拟步甲科特有种 56 种,且主要分布于拟步甲亚科和漠甲亚科之中(漠甲亚科 31 种、拟步甲亚科 24 种),占蒙古国拟步甲特有种总数的 98.2%,特有种总数占蒙古国拟步甲科昆虫总数的 25.1%。可见,在特有种组成方面,阿拉善高原与蒙古国均以拟步甲亚科和漠甲亚科为主,也有很高的相似性。

阿拉善高原与蒙古国共有种见附表 2(种名上标有*者)。由表可见,这两个地区的共有种有 77 种,分别占阿拉善高原和蒙古国分布种数的 37.4%和 34.5%。共有种分别分布于漠甲亚科(5 族 12 属 30 种)、拟步甲亚科(8 族 14 属 46 种)、朽木甲亚科(1 族 1 属 1 种),且以拟步甲亚科种数最多,3 亚科分别占阿拉善高原、蒙古国和两区共有种的百分比为 14.5%、13.5%、39.0%、22.3%、20.6%、59.7%、0.5%、0.4%、1.3%。可见这两个区域的共有种以拟步甲亚科和漠甲亚科为主体,且共有种中拟步甲亚科所占的比例大于总共有种数的 1/2,达到 59.7%。

(二)差异

阿拉善高原分布的拟步甲与蒙古国的拟步甲相比,只缺少窄甲亚科。

拟步甲科在蒙古国的族级、属级和种级多样性在各亚科分布不平衡,阿拉善高原与之相比存在差异。族级阶元,由表 3-7 可见,蒙古国分布拟步甲的多样性顺序为:拟步甲亚科＞漠甲亚科＞菌甲亚科＞伪叶甲亚科＞朽木甲亚科＞窄甲亚科;阿拉善高原分布拟步甲的多样性顺序为:拟步甲亚科＞漠甲亚科＞伪叶甲亚科＞菌甲亚科＞朽木甲亚科。

表 3-7　蒙古国拟步甲的亚科、族（包含属、种数）

伪叶甲亚科 Lagriinae	拟步甲亚科 Tenebrioninae	菌甲亚科 Diaperinae
伪叶甲族 Lagriini(1 属 1 种)	琵甲族 Blaptini(1 属 13 种)	菌甲族 Diaperini(1 属 1 种)
刺足甲族 Belopini(1 属 2 种)	褐甲族 Helopini(1 属 1 种)	隐甲族 Crypticini(1 属 2 种)
垫甲族 Lupropini(1 属 1 种)	小黑甲族 Melanimonini(2 属 2 种)	皮下甲族 Hypophlaeini(1 属 3 种)
漠甲亚科 Pimeliinae	土甲族 Opatrini(10 属 75 种)	扁胫甲族 Phaleriini(2 属 2 种)
长足甲族 Adesmiini(1 属 1 种)	扁足甲族 Pedinini(1 属 1 种)	朽木甲亚科 Alleculinae
砚甲族 Akidini(1 属 2 种)	刺甲族 Platyscelidini(2 属 2 种)	朽木甲族 Alleculini(4 属 6 种)
龙甲族 Leptodini(1 属 1 种)	拟步甲族 Tenebrionini(2 属 3 种)	栉甲族 Cteniopodini(4 属 4 种)
漠甲族 Pimeliini(6 属 12 种)	拟粉甲族 Triboliini(2 属 4 种)	窄甲亚科 Stenochiinae
鳖甲族 Tentyriini(7 属 73 种)	粉甲族 Alphitobiini(1 属 1 种)	轴甲族 Cnodalonini(1 属 1 种)
背毛甲族 Epitragini(3 属 9 种)		

　　就各族所含的属、种数来分析，蒙古国拟步甲中土甲族种类最为丰富，包括 10 属 75 种，占总种数的 33.6%；鳖甲族次之，包括 7 属 73 种，占总种数的 32.7%；后面依次是琵甲族 1 属 13 种、漠甲族 6 属 12 种，其余均不足 10 种。这与阿拉善高原各族所含种数量的排列顺序不同，阿拉善高原种数最高的族是鳖甲族，其次是土甲族。另外，蒙古国拟步甲排列土甲族之后的琵甲族、漠甲族虽然排序与阿拉善高原排序一致，但族内所含种数则只有阿拉善高原种数的 50%。说明在族级水平，阿拉善高原较蒙古国分布种类琵甲族、漠甲族更为丰富，而蒙古国拟步甲中鳖甲族、土甲族种数占该地区总种数的比例更大。

　　综上所述，阿拉善高原分布的拟步甲与蒙古国分布的拟步甲相比，物种总数接近，蒙古国物种数略大于阿拉善高原物种数。亚科级、族级、属级阶元多样性排序类似，而蒙古国在琵甲族、漠甲族所含物种占该地区物种总数比例上明显减少，只分别占总种数的 5.8% 和 5.4%，阿拉善高原为 12.6% 和 11.7%。而蒙古国在鳖甲族、土甲族所含物种占该地区物种总数比例上明显增加，分别占到 32.7% 和 33.6%，比阿拉善高原分别提高了 6.6 个百分点和 10.3 个百分点（阿拉善高原：鳖甲族 6 属 54 种，占 26.1%；土甲族 10 属 48 种，占 23.3%）。共有种以拟步甲亚科和漠甲亚科为主体，且拟步甲亚科所占比例大于总共有种数的 1/2。

二、与我国内蒙古的关系

　　本研究的区域范围是在自然地理的阿拉善高原基础上结合学科和研究对象特点并充分考虑地理阻隔等因素而确定的，其区域范围内的一部分与内蒙古交叠，而正是这一因素使我们有必要对这一研究基础比较好的区域进行分析，以帮助我们更好地探讨阿拉善高原拟步甲的物种分布状况，进而探讨其物种发生和起源等问题。

根据检视标本记录和相关文献资料的整理核对，经统计，得到内蒙古现有分布拟步甲科昆虫26族62属209种（亚种），见表3-8及附表3，隶属朽木甲亚科、漠甲亚科、伪叶甲亚科、拟步甲亚科、菌甲亚科、窄甲亚科、粗角甲亚科共7个亚科。特有种18属26种。从绝对数量上看，阿拉善高原分布的拟步甲数量，分别比内蒙古少2亚科3族10属3种，特有种多15种。

表3-8　内蒙古拟步甲的种类构成及区系成分

亚科	族数	属数	物种数	区系成分				
				古北	东洋	古北 + 东洋	特有成分	其他
朽木甲亚科	2	4	8	7	0	1	1	0
漠甲亚科	7	22	91	90	0	1	12	0
伪叶甲亚科	3	3	4	2	0	2	2	0
拟步甲亚科	9	23	95	77	0	8	10	10
菌甲亚科	3	7	8	5	0	0	1	3
窄甲亚科	1	2	2	1	0	1	0	0
粗角甲亚科	1	1	1	0	0	1	0	0
总计	26	62	209	182	0	14	26	13

（一）相同点

阿拉善高原分布的拟步甲与内蒙古分布的拟步甲，构成主体均为拟步甲亚科和漠甲亚科，且拟步甲亚科所占比例略高于漠甲亚科；从各亚科的种类丰富度分析，阿拉善高原丰富度最高的2个亚科是拟步甲亚科（10族25属96种，占总种数的46.6%）＞漠甲亚科（7族21属92种，占总种数的44.7%），内蒙古也以这2个亚科的丰富度较高，为拟步甲亚科（9族23属95种，占总种数的45.5%）＞漠甲亚科（7族22属91种，占总种数的43.5%），说明这两个地区的物种丰富度具有相似性。

从区系成分来看，阿拉善高原的区系成分以古北界、古北+东洋成分为主，其余均为跨区分布的复合成分，不含有单纯的东洋及其他成分，且以古北成分占有绝对优势，二者总计达到了197种（其中古北成分186种），占总种数的95.6%；内蒙古的区系成分也以古北界、古北+东洋成分为主，同样不含有单纯的东洋及其他成分，其余也均为跨区分布的复合成分，且以古北成分占有绝对优势，二者总计达到了196种（其中古北界成分182种），占总种数的93.7%。这方面二者也具有很高的相似性。表明二区拟步甲均为跨区分布极少的类型。

从特有种所占各自区域的比例来看，阿拉善高原特有种41种，且主要分布于拟步甲亚科和漠甲亚科之中（漠甲亚科20种、拟步甲亚科17种），占阿拉善拟步甲特有种总数的90.2%；阿拉善高原特有种总数占阿拉善拟步甲科昆虫总数的

19.9%。内蒙古特有种 26 种，且主要分布于拟步甲亚科和漠甲亚科之中(漠甲亚科 12 种、拟步甲亚科 10 种)，占内蒙古拟步甲特有种总数的 84.6%；内蒙古特有种总数占内蒙古拟步甲科昆虫总数的 12.4%。可见，在特有种组成方面，阿拉善高原与内蒙古均以拟步甲亚科和漠甲亚科为主，也有很高的相似性。

　　就各族所含的属、种数来分析(表 3-9)，内蒙古分布拟步甲中鳖甲族种类最为丰富，包括 9 属 57 种，占总种数的 27.3%；土甲族次之，包括 9 属 49 种，占总种数的 23.4%；后面依次是琵甲族 3 属 24 种、漠甲族 6 属 23 种，其余均不足 10 种。这与阿拉善高原各族所含属种数量类似，也是鳖甲族＞土甲族，位列第一和第二，排列其后的琵甲族、漠甲族不仅排序与阿拉善高原排序一致，且族内所含种数与阿拉善高原对应族的种数接近。说明在族级水平阿拉善高原与内蒙古分布情况类似。

表 3-9　内蒙古拟步甲的亚科、族(包含属、种数)

伪叶甲亚科 Lagriinae	拟步甲亚科 Tenebrioninae	菌甲亚科 Diaperinae
刺足甲族 Belopini(1 属 2 种)	粉甲族 Alphitobiini(1 属 2 种)	隐甲族 Crypticini(2 属 3 种)
伪叶甲族 Lagriini(1 属 1 种)	拟粉甲族 Triboliini(2 属 3 种)	菌甲族 Diaperini(2 属 2 种)
垫甲族 Lupropini(1 属 1 种)	刺甲族 Platyscelidini(3 属 8 种)	扁胫甲族 Phalerini(3 属 3 种)
漠甲亚科 Pimeliinae	琵甲族 Blaptini(3 属 24 种)	朽木甲亚科 Alleculinae
隐土甲族 Idisiini(1 属 1 种)	土甲族 Opatrini(9 属 49 种)	朽木甲族 Alleculini(3 属 4 种)
掘甲族 Lachnogyini(1 属 1 种)	帕谷甲族 Palorini(1 属 3 种)	栉甲族 Cteniopodini(1 属 4 种)
砚甲族 Akidini(2 属 2 种)	扁足甲族 Pedinini(2 属 3 种)	窄甲亚科 Stenochiinae
龙甲族 Leptodini(1 属 2 种)	拟步甲族 Tenebrionini(1 属 2 种)	轴甲族 Cnodalonini(2 属 2 种)
漠甲族 Pimeliini(6 属 23 种)	小黑甲族 Melanimonini(1 属 1 种)	粗角甲亚科 Phrenapatinae
鳖甲族 Tentyriini(9 属 57 种)		烁甲族 Amarygmini(1 属 1 种)
背毛甲族 Epitragini(2 属 5 种)		

　　阿拉善高原与内蒙古共有种见附表 3(种名上标有*者)及表 3-10。由表可见，这两个地区的共有种有 126 种，分别占阿拉善高原和内蒙古分布种数的 61.2%和60.3%。共有种分别分布于漠甲亚科(6 族 16 属 54 种)、拟步甲亚科(7 族 17 属 64种)、朽木甲亚科(1 族 1 属 3 种)、伪叶甲亚科(1 族 1 属 1 种)、菌甲亚科(3 族 3属 4 种)5 个亚科，且以拟步甲亚科种数最多，5 个亚科种数分别占阿拉善高原、内蒙古和二区共有种的百分比为 26.2%、25.8%、42.9%，31.1%、30.6%、50.8%，1.5%、1.4%、2.4%，0.5%、0.5%、0.8%，1.9%、1.9%、3.2%。漠甲亚科中以鳖甲族、漠甲族所占该亚科比例最高，鳖甲族达 5 属 30 种，占总共有种数和该亚科共有种数的比例为 23.8%和 55.6%；漠甲族达 6 属 17 种，占总共有种数和该亚科共有种数的比例为 13.5%和 31.5%。拟步甲亚科中以土甲族和琵甲族所占该亚科比例最高，土甲族达 8 属 32 种，占总共有种数和该亚科共有种数的比例为 25.4%和 50.0%；琵甲族达 2 属 20 种，占总共有种数和该亚科共有种数的比例为 15.9%和 31.3%。

表 3-10　阿拉善高原与内蒙古拟步甲共有种

亚科	总物种数	族	物种数	属	物种数
伪叶甲亚科 Lagriinae	1	刺足甲族 Belopini	1	刺足甲属 *Centorus*	1
漠甲亚科 Pimeliinae	54	掘甲族 Lachnogyini	1	掘甲属 *Netuschilia*	1
		砚甲族 Akidini	1	砚甲属 *Cyphogenia*	1
		龙甲族 Leptodini	2	龙甲属 *Leptodes*	2
		漠甲族 Pimeliini	17	角漠甲属 *Trigonocnera*	2
				宽漠王属 *Mantichorula*	3
				漠王属 *Platyope*	2
				脊漠甲属 *Pterocoma*	4
				扁漠甲属 *Sternotrigon*	5
				胖漠甲属 *Trigonoscelis*	1
		鳖甲族 Tentyriini	30	塔鳖甲属 *Tamena*	1
				东鳖甲属 *Anatolica*	16
				胸鳖甲属 *Colposcelis*	1
				小鳖甲属 *Microdera*	8
				圆鳖甲属 *Scytosoma*	4
		背毛甲族 Epitragini	3	背毛甲属 *Epitrichia*	1
				楔毛甲属 *Trichosphaena*	2
拟步甲亚科 Tenebrioninae	64	粉甲族 Alphitobiini	2	粉甲属 *Alphitobius*	2
		拟粉甲族 Triboliini	3	拟粉甲属 *Tribolium*	2
				隐拟粉甲属 *Latheticus*	1
		刺甲族 Platyscelidini	5	刺甲属 *Platyscelis*	4
				双刺甲属 *Bioramix*	1
		琵甲族 Blaptini	20	齿琵甲属 *Itagonia*	1
				琵甲属 *Blaps*	19
		土甲族 Opatrini	32	沙土甲属 *Opatrum*	3
				真土甲属 *Eumylada*	4
				方土甲属 *Myladina*	1
				近坚土甲属 *Scleropatroides*	1
				土甲属 *Gonocephalum*	2
				漠土甲属 *Melanesthes*	12
				笨土甲属 *Penthicus*	7

亚科	总物种数	族	物种数	属	物种数
拟步甲亚科 Tenebrioninae	64	土甲族 Opatrini	32	伪坚土甲属 *Scleropatrum*	2
		扁足甲族 Pedinini	1	直扁足甲属 *Blindus*	1
		小黑甲族 Melanimonini	1	齿足甲属 *Cheirodes*	1
菌甲亚科 Diaperinae	4	隐甲族 Crypticini	2	隐甲属 *Crypticus*	2
		菌甲族 Diaperini	1	粉菌甲属 *Alphitophagus*	1
		扁胫甲族 Phaleriini	1	扁胫甲属 *Phtora*	1
朽木甲亚科 Alleculinae	3	栉甲族 Cteniopodini	3	栉甲属 *Cteniopinus*	3
合计	126	18	126	38	126

（二）差异

阿拉善高原分布的拟步甲与内蒙古的拟步甲相比，缺少窄甲亚科、粗角甲亚科。

拟步甲科在内蒙古的族级、属级和种级多样性在各亚科分布不平衡，阿拉善高原与之相比存在差异。族级阶元，内蒙古分布拟步甲的多样性顺序为：拟步甲亚科＞漠甲亚科＞菌甲亚科=伪叶甲亚科＞朽木甲亚科＞窄甲亚科=粗角甲亚科；阿拉善高原分布拟步甲的多样性顺序为：拟步甲亚科＞漠甲亚科＞伪叶甲亚科＞菌甲亚科＞朽木甲亚科。

内蒙古已知拟步甲的分布与中国动物地理区的基本关系如附表3所示。由表可见，由内蒙古拟步甲物种在我国各个动物地理区的分布数量得到其与7个区的关系是：蒙新区62属（100%）209种（100%）＞华北区36属（58.1%）66种（31.6%）＞华中区16属（25.8%）24种（11.5%）＞东北区17属（27.4%）22种（10.5%）＞青藏区13属（21.0%）21种（10.0%）＞西南区11属（17.7%）17种（8.1%）＞华南区9属（14.5%）15种（7.2%）。上述结果与阿拉善高原拟步甲的对应结果（蒙新区＞华北区＞青藏区＞华中区＞西南区＞东北区＞华南区）相比较可见：阿拉善高原、内蒙古两研究区域与蒙新区、华北区远近关系一致；就华中区来看，内蒙古与其关系更近；就青藏区来看，阿拉善高原与其关系更近；就东北区来看，内蒙古与其关系更近；就西南区来看，阿拉善高原与其关系更近；而华南区与两区的关系都较远，在与两区关系的排序中均处于最末。

综上所述，阿拉善高原分布拟步甲与内蒙古分布拟步甲相比，物种总数接近，内蒙古物种数略大于阿拉善高原物种数；二者共有种数量可观，均达到了各自地区物种数量的60%以上，且共有种以拟步甲亚科和漠甲亚科为优势类群。共有种中以漠甲族、鳖甲族、土甲族、琵甲族所占比例最大，4 族共计 99 种，占共有总数的 78.6%，它们是构成二者共有种的主体。亚科级、族级阶元物种多样性排序类似，而内蒙古所含亚科、族、属、种数量略大于阿拉善高原。

　　由各个物种的分布型分析，阿拉善高原拟步甲与我国 7 个动物地理区的关系由近至远为：蒙新区分布型＞阿拉善特有种分布型 41 种＞（华北区＋蒙新区）分布型＞（蒙新区＋青藏区）分布型＞（东北区＋华北区＋蒙新区＋青藏区＋西南区＋华中区＋华南区）分布型＞（华北区＋蒙新区＋青藏区）分布型。阿拉善高原拟步甲物种区系成分以蒙新区（尤其西部荒漠亚区）成分最多，52 属（100%）206 种（100%），其次是华北区成分 29 属（55.8%）56 种（27.2%），第三是青藏区成分 15 属（28.8%）33 种（16.0%），其余成分均小于 20 种，不到总物种数的 10%。

　　而内蒙古拟步甲物种分布型与我国 7 个动物地理区的关系由近到远为：蒙新区分布型 38 属（61.3%）127 种（60.8%）＞（华北区＋蒙新区）分布型 20 属（32.3%）35 种（16.7%）＞特有种分布型 18 属（29.0%）26 种（12.4%）＞（蒙新区＋青藏区）分布型 5 属（8.1%）7 种（3.3%）＞（华北区＋蒙新区＋华中区）分布型 5 属（8.1%）6 种（2.9%）＞（华北区＋蒙新区＋青藏区）分布型 3 属（4.8%）5 种（2.4%），其余成分均小于 5 种（表3-11）。内蒙古拟步甲的物种在中国 7 个动物地理区的分布情况为：蒙新区数量最多，共计 209 种隶属 62 属，占内蒙古拟步甲属、种总数的比例均为 100%；第二是华北区数量，36 属 66 种（占 58.1% 和 31.6%），第三是华中区 16 属 24 种（25.8%，11.5%），第四东北区 17 属 22 种（27.4%，10.5%）、第五青藏区 13 属 21 种（21.0%，10.4%），其余成分均小于 20 种，不到总物种数的 10%。

表 3-11　内蒙古拟步甲在中国动物区中的归属

| 中国动物地理区 | | | | | | | 种数 | 占总数的比例(%) |
东北区	华北区	蒙新区	青藏区	西南区	华中区	华南区		
		+					127	60.8
	+	+					35	16.7
		+	+				7	3.3
+		+					4	1.9
		+		+			1	0.5
		+				+	1	0.5
	+	+	+				5	2.4
+	+	+					3	1.4
	+	+			+		6	2.9
		+		+	+		1	0.5
+	+	+	+				1	0.5

中国动物地理区							种数	占总数的比例(%)
东北区	华北区	蒙新区	青藏区	西南区	华中区	华南区		
+	+	+			+		2	1.0
	+	+		+	+	+	3	1.4
		+		+	+	+	1	0.5
+	+	+			+	+	1	0.5
+	+	+		+	+	+	1	0.5
+		+			+		1	0.5
+	+	+	+	+	+	+	9	4.3
			合计				209	100

注："+"表示在表中所列动物地理区有分布

对比可见，两个区域与蒙新区、华北区+蒙新区、蒙新区+青藏区的关系均较近，且都分别处于第一、第二和第三的顺序；而在较靠后的次序中，阿拉善高原3区及以上的复合成分增多，内蒙古对应的次序则保持在以3区的复合成分为主。两区种类组成均以蒙新区成分占优势，两个区域均达到了100%，此外，阿拉善高原与华北区和青藏区关系密切，二者成分合计达43.2%；内蒙古与华北区、华中区、东北区、青藏区关系密切，均在总物种数的10%以上，合计达63.6%。

三、与我国宁夏平原的关系

本研究阿拉善高原地域范围与宁夏有一定交叠，但阿拉善高原与宁夏间有贺兰山分隔，贺兰山作为我国重要的地理和气候的分界线，对山以东、以西个区域的物种分布均有极大的影响，对两个区域拟步甲的分布状况均做分析，更加有助于我们对阿拉善高原拟步甲物种的组成、分布等进行深入探讨。

根据检视标本记录和相关文献资料的整理核对，经统计，得到宁夏现有分布拟步甲科昆虫5亚科17族39属140种(亚种)，具体物种见任国栋和贾龙(2013)，隶属朽木甲亚科、漠甲亚科、伪叶甲亚科、拟步甲亚科、菌甲亚科共5个亚科。特有种11属18种。从绝对数量上看，阿拉善高原分布的拟步甲数量分别比宁夏多6族13属66种，特有种多23种。

(一)相同点

从表3-12可见，宁夏拟步甲区系的主体是拟步甲亚科和漠甲亚科。各亚科所含物种由多至少依次为：拟步甲亚科、漠甲亚科、朽木甲亚科、伪叶甲亚科、菌甲亚科，具体比例见任国栋和贾龙(2013)。而阿拉善高原丰富度最高的2个亚科是拟步甲亚科(25属96种，占总种数的46.6%)及漠甲亚科(21属92种，占总种数的 44.7%)。说明这两个区域拟步甲构成的主体均为拟步甲亚科和漠甲亚科。

表 3-12　宁夏拟步甲的种类构成及区系成分

亚科	族数	属数	物种数	区系成分				
				古北	东洋	古北+东洋	特有成分	其他
朽木甲亚科	1	1	9	8	0	1	3	0
漠甲亚科	5	13	46	46	0	0	6	0
伪叶甲亚科	2	2	7	3	0	4	2	0
拟步甲亚科	7	21	76	61	0	10	7	5
菌甲亚科	2	2	2	0	0	1	0	1
总计	17	39	140	118	0	16	18	6

由表 3-13 可见，宁夏拟步甲物种在世界动物地理区的分布型情况为：以古北界分布型为主体，共计 118 种，占已知宁夏拟步甲总数的 84.3%；古北界+东洋界分布型共计 16 种，占已知宁夏拟步甲总数的 11.4%；其余仅有少量广布种和跨区分布的种。而古北成分及古北+东洋成分占到总物种数的 95.7%，这与前述分析的结果——阿拉善高原的区系成分以古北界、古北+东洋成分为主，其余均为跨区分布的复合成分，不含有单纯的东洋成分及其他成分，且以古北成分占有绝对优势，具有很高的相似性，可见这两个地区拟步甲的区系组成相似度很高。

表 3-13　宁夏拟步甲在世界动物区系中的归属

区系地理成分						种数	占总数的百分率(%)
古北界	东洋界	非洲界	澳洲界	新北界	新热带界		
+						118	84.3
+	+					16	11.4
+	+	+	+			2	1.4
+	+	+	+	+	+	2	1.4
+				+		1	0.7
+	+			+		1	0.7
		合计				140	100

注："+"号表示在表中所列动物地理区有分布

从特有种所占各自区域的比例来看，阿拉善高原特有种 41 种，且主要分布于拟步甲亚科和漠甲亚科之中(漠甲亚科 20 种、拟步甲亚科 17 种)，占阿拉善拟步甲特有种总数的 90.2%；阿拉善高原特有种总数占阿拉善拟步甲科昆虫总数的 19.9%。宁夏分布有拟步甲科特有种 18 种，且主要分布于拟步甲亚科和漠甲亚科之中(漠甲亚科 6 种、拟步甲亚科 7 种)，占宁夏拟步甲特有种总数的 72.2%；宁夏特有种总数占宁夏拟步甲科昆虫总数的 12.9%。可见，在特有种组成方面，阿拉善高原与宁夏均以拟步甲亚科和漠甲亚科为主，且阿拉善高原特有种比例高于宁夏特有种比例 7.0 个白分点。

就各族所含的属、种数来分析，宁夏分布拟步甲中土甲族种类最为丰富，包括 10 属 35 种，占总数的 25.0%；鳖甲族次之，包括 5 属 31 种，占总数的 22.1%；后面依次是琵甲族 4 属 23 种，占总数的 16.4%；刺甲族 3 属 11 种，占总数的 7.9%；漠甲族 5 属 10 种，占总数的 7.1%；其余均不足 10 种。具体顺序为：土甲族＞鳖甲族＞琵甲族＞刺甲族＞漠甲族。而阿拉善高原各族所含属、种数顺序为：鳖甲族 6 属 54 种＞土甲族 10 属 48 种＞琵甲族 4 属 26 种＞漠甲族 8 属 24 种，其余族均不足 10 种。可见，二者相比，阿拉善高原种类集中于 4 个族，而宁夏拟步甲集中于 5 个族。且从优势族所含的物种数量分析，阿拉善高原所含数量更大，为 152 种，占阿拉善总数的 73.8%；宁夏优势族所含的物种数量为 110 种，占宁夏物种总数的 78.6%。可见，宁夏优势族所含物种数所占比例更大。

阿拉善高原与宁夏共有种见附表 1(种名上标有*者)及表 3-14。由表可见，这两个地区的共有种有 116 种，分别占阿拉善高原和宁夏分布种数的 56.3%和 82.9%。共有种分别分布于漠甲亚科(5 族 12 属 41 种)、拟步甲亚科(6 族 18 属 63 种)、朽木甲亚科(1 族 1 属 5 种)、伪叶甲亚科(2 族 2 属 5 种)、菌甲亚科(2 族 2 属 2 种)5 个亚科，且以拟步甲亚科种数最多，5 亚科分别占到阿拉善高原、宁夏和二区共有种的百分比为 19.9%、29.3%、35.3%，30.6%、45.0%、54.3%，2.4%、3.6%、4.3%，2.4%、3.6%、4.3%，1.0%、1.4%、1.7%。漠甲亚科中以鳖甲族、拟步甲亚科中以土甲族所占各自亚科的比例最高，鳖甲族达 4 属 28 种，占总共有种数和该亚科共有种数的比例为 24.1%和 68.3%；土甲族达 9 属 33 种，占总共有种数和该亚科共有种数的比例为 28.4%和 52.4%；拟步甲亚科的琵甲族也达 4 属 20 种，占总共有种数和该亚科共有种数的比例为 17.2%和 31.7%。

表 3-14　阿拉善高原与宁夏拟步甲共有种

亚科	总物种数	族	物种数	属	物种数
朽木甲亚科 Alleculinae	5	栉甲族 Cteniopodini	5	栉甲属 *Cteniopinus*	5
漠甲亚科 Pimeliinae	41	背毛甲族 Epitragini	2	背毛甲属 *Epitrichia*	2
		龙甲族 Leptodini	2	龙甲属 *Leptodes*	2
		砚甲族 Akidini	1	砚甲属 *Cyphogenia*	1
		漠甲族 Pimeliini	8	脊漠甲属 *Pterocoma*	2
				角漠甲属 *Trigonocnera*	1
				宽漠甲属 *Sternoplax*	1
				漠王属 *Platyope*	2

亚科	总物种数	族	物种数	属	物种数
漠甲亚科 Pimeliinae	41	漠甲族 Pimeliini	8	宽漠王属 *Mantichorula*	2
		鳖甲族 Tentyriini	28	东鳖甲属 *Anatolica*	14
				胸鳖甲属 *Colposcelis*	1
				小鳖甲属 *Microdera*	8
				圆鳖甲属 *Scytosoma*	5
伪叶甲亚科 Lagriinae	5	伪叶甲族 Lagriini	3	伪叶甲属 *Lagria*	3
		刺足甲族 Belopini	2	刺足甲属 *Centorus*	2
拟步甲亚科 Tenebrioninae	63	小黑甲族 Melanimonini	1	齿足甲属 *Cheirodes*	1
		土甲族 Opatrini	33	漠土甲属 *Melanesthes*	14
				伪坚土甲属 *Scleropatrum*	4
				土甲属 *Gonocephalum*	1
				沙土甲属 *Opatrum*	3
				阿土甲属 *Anatrum*	2
				景土甲属 *Jintaium*	1
				方土甲属 *Myladina*	2
				真土甲属 *Eumylada*	2
				笨土甲属 *Penthicus*	4
		琵甲族 Blaptini	20	琵甲属 *Blaps*	17
				小琵甲属 *Gnaptorina*	1
				齿琵甲属 *Itagonia*	1
				侧琵甲属 *Prosodes*	1
		刺甲族 Platyscelidini	6	双刺甲属 *Bioramix*	2
				刺甲属 *Platyscelis*	4
		拟步甲族	1	拟步甲属 *Tenebrio*	1
		拟粉甲族	2	拟粉甲属 *Tribolium*	2
菌甲亚科 Diaperinae	2	菌甲族 Diaperini	1	粉菌甲属 *Alphitophagus*	1
		隐甲族 Crypticini	1	隐甲属 *Crypticus*	1
合计	116	16	116	35	116

（二）差异

阿拉善高原分布的拟步甲与宁夏拟步甲相比，虽均由朽木甲亚科、菌甲亚科、伪叶甲亚科、漠甲亚科和拟步甲亚科 5 个亚科组成，但在族级、属级及物种总数上则相差甚远，宁夏比阿拉善高原分别少 6 族 13 属 66 种，特有种少 23 种。

拟步甲族级、属级和种级多样性在各亚科分布不平衡，阿拉善高原与宁夏相
比存在差异。族级阶元，宁夏分布拟步甲的多样性顺序为：拟步甲亚科＞漠甲亚
科＞菌甲亚科＝伪叶甲亚科＞朽木甲亚科；阿拉善高原分布拟步甲的多样性顺序
为：拟步甲亚科＞漠甲亚科＞伪叶甲亚科＞菌甲亚科＞朽木甲亚科。虽然两个区
域族级多样性排名一、二的均为拟步甲亚科和漠甲亚科，且这两个亚科排序先后
一致，但其他 3 个亚科在这两个区域的排序却不尽相同。宁夏菌甲亚科和伪叶甲
亚科的族级多样性一致，均为 2 族；阿拉善高原菌甲亚科族级多样性(2 族)＜伪
叶甲亚科族级多样性(3 族)。属级、种级多样性：阿拉善高原均为拟步甲亚科和
漠甲亚科占绝对优势，且拟步甲亚科＞漠甲亚科；宁夏的属级、种级多样性与阿
拉善高原类似也是拟步甲亚科和漠甲亚科占该区绝对优势，且拟步甲亚科＞漠
甲亚科，而就拟步甲亚科、漠甲亚科所含属种的绝对数量而言，阿拉善高原大于
宁夏。

　　由宁夏拟步甲物种在中国 7 个动物地理区的分布数量得到其与 7 区的关系(数
量由多至少)为：蒙新区、华北区、青藏区、东北区、西南区、华中区、华南区，
具体比例见任国栋和贾龙(2013)。这与阿拉善高原拟步甲的物种组成与我国诸动
物地理区的关系，即蒙新区＞华北区＞青藏区＞华中区＞西南区＞东北区＞华南
区相比较可见：两区与蒙新区、华北区、青藏区远近关系一致，都较近；就东北
区来看，宁夏与其关系更近；就西南区来看，阿拉善高原、宁夏与其关系远近一
致，排序均为第 5；就华中区来看，阿拉善高原与其关系更近；就华南区来看，
阿拉善高原和宁夏与其关系均较远，排在区域中最末，说明华南区与两区的关系
都较远。

　　综上所述，阿拉善高原分布拟步甲与宁夏分布拟步甲相比，物种总数相差较
多，阿拉善物种数比宁夏物种数多 66 种；二者共有种数量(116 种)非常可观，分
别占阿拉善高原和宁夏分布种数的 56.3%和 82.9%，均达到了各自地区物种数量
的 50%以上，且共有种以拟步甲亚科和漠甲亚科为优势类群。共有种中以鳖甲族、
土甲族、琵甲族所占比例最大，3 族共计 81 种，占共有种总数的 69.8%，它们是
构成二者共有种的主体。在族级、属级和种级多样性在各亚科分布方面，阿拉善
高原与宁夏存在差异，而族级、属级、种级多样性中两区域的优势亚科所包含的
相应级别的绝对数量，阿拉善高原大于宁夏。

　　而由表 3-15 可见，宁夏拟步甲与中国动物地理 7 个区的关系由近到远为：蒙
新区 23 属(59.0%)64 种(45.7%)＞(华北区＋蒙新区)15 属(38.5%)31 种(22.1%)＞
特有种 11 属(28.2%)18 种(12.9%)＞(蒙新区＋青藏区)6 属(15.4%)10 种(7.1%)＞
华北区 6 属(15.4%)8 种(5.7%)＞(华北区＋蒙新区＋青藏区)3 属(7.7%)7 种(5%)＞，
其余成分均小于 5 种。宁夏拟步甲区系成分以蒙新区成分最多，达到 39 属 129 种，
分别占宁夏该科属、种总数的 100%和 92.1%；其次是华北区成分，共计 25 属(64.1%)

64 种(45.7%)；第三是青藏区成分，共计 16 属(41.0%)22 种(15.7%)。其余成分均小余总物种数的 10%。

表 3-15　宁夏拟步甲在中国动物区系中的归属

中国动物地理区							种数	占总数的百分率(%)
东北区	华北区	蒙新区	青藏区	西南区	华中区	华南区		
+	+	+				+	2	1.4
	+	+					31	22.1
		+					64	45.7
		+	+				10	7.2
	+		+				1	0.7
+			+				1	0.7
	+	+			+		2	1.4
+	+	+			+		1	0.7
	+	+	+	+			1	0.7
	+						8	5.8
		+			+		1	0.7
+	+	+	+			+	1	0.7
+	+	+		+			1	0.7
+	+	+		+		+	1	0.7
+	+	+	+	+	+	+	1	0.7
	+			+	+		1	0.7
	+	+					7	5.0
+	+	+		+	+	+	3	2.2
	+			+			1	0.7
	+		+	+			1	0.7
+	+	+			+	+	1	0.7
			合计				140	100

对比可见，两个区域与蒙新区、华北区+蒙新区、蒙新区+青藏区的关系均较近，且都分别处于第一、第二和第三的顺序；而在较靠后的次序中，阿拉善高原则以 3 区及以上的复合成分增多，宁夏对应的次序则以华北区、华北区+蒙新区+青藏区成分占优。值得注意的是，宁夏拟步甲成分中含有单纯的华北区分布种，而阿拉善高原拟步甲不存在这种情况，这应该与宁夏南部处于华北区的黄土高原亚区有关。两区种类均以蒙新区成分占优势，阿拉善高原甚至达到了 100%；且均与华北区和青藏区关系密切，阿拉善高原二者合计达到了 43.2%，宁夏二者合计达到了 61.4%。

第五节　阿拉善高原拟步甲的空间分布格局

对物种空间分布格局的分析是进行地理分布研究的一项基本而意义重大的工作，研究区域内的物种随经度、纬度甚至海拔的变化呈现一定变化，从变化中寻找联系、发现规律是研究物种区系工作的必经环节，也是进一步探讨区域内物种的存在、发展、适应、演化的基础工作。本节将在详细统计、整理阿拉善高原分布的 206 种(亚种)拟步甲分布信息的基础上，结合影响其分布的环境生态因素，重点探讨阿拉善高原拟步甲的丰富度随经度、纬度、海拔变化的规律。

如图 3-4 所示，本书采用栅格分析方法，对阿拉善高原进行地理划分，对阿拉善高原拟步甲采集信息中的经度、纬度数据进行详细统计，并在区域地图中进行标注，结合 SPSS 统计分析软件，进一步分析验证其规律性。图 3-4 将阿拉善高原按照 1 个经度×1 个纬度的标准构成 1 格的方法，对研究区域进行栅格划分，共将阿拉善高原划分为若干栅格，将其作为本课题地理研究分析的假设单元，纬度范围是 43°N～35°N(图中最上方横线所示为 45°N 线，最下方横线所示为 34°N线)，每个纬度带分别标注 A、B、…、G、H；经度范围是 92°E～110°E(图中最左侧纵线所示为 92°E 线，最右侧纵线所示为 111°E 线)，每 1 个经度带分别标注1、2、…、17、18(图中方向为上北、下南、左西、右东)。

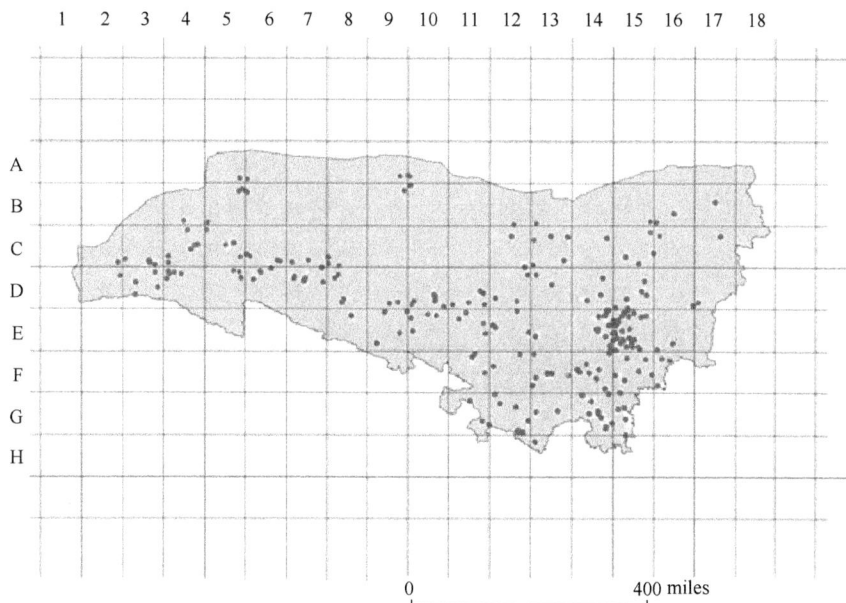

图 3-4　阿拉善高原栅格划分图

1mile≈1.609km

进行栅格划分后，某些栅格由所研究地理区域的不规则造成的栅格不完整，做下述合并或舍弃：栅格面积不足 1/4 的忽略；栅格面积 1/4～1/2 且调查详细度不够的合并至相邻栅格。据以上原则，A16、A17、B3、B18、C18、E5、E7、E17、F9、F10、H13 共计 11 个栅格分别并入 B16、B17、B4、B17、C17、D5、D7、E16、E9、E10、G13 栅格之中。经过调整，本研究总计得到有效栅格 72 个，在此基础上统计每 1 个栅格所分布的物种数量，见表 3-16。

表 3-16　阿拉善高原拟步甲栅格物种密度

		经向																	
		2	3	4	5	6	7	8	9	10	11	12	13	14	15	16	17	物种数	种数/栅格
纬向	A				7	7	0	0	15	15								44	7.3
	B			3	9	8	0	0	15	15	0	4	4	0	13	13	6	90	6.4
	C	5	20	23	11	11	26	22	0	0	0	7	12	5	20	16	7	185	11.6
	D	5	20	16	5	11	26	30	15	34	34	20	4	12	16	11	11	270	16.9
	E							4	22	34	32	21	9	42	63	6		233	25.9
	F										5	11	46	35	21	22		140	23.3
	G										5	21	12	28	6			72	14.4
	物种数	10	40	42	32	37	52	56	67	98	76	84	87	122	139	68	24		
	种数/栅格	5	20	14	8	9.3	13	11.2	13.4	19.6	12.7	14	14.5	20.3	23.2	13.6	8		

一、物种丰富度纬度梯度格局

总体上，随着地理纬度由高到低的变化，环境热量逐步增大，物种丰富度也不断增加，这一规律已被学术界广泛认可。而阿拉善高原地处我国内陆腹地、中温带干旱荒漠区，从南至北跨越了 8 个纬度，区内环境以沙漠、戈壁为主，东南和西南分别是贺兰山和祁连山脉，纬度的变化是影响这一地区环境的重要因素，同时其也对温度、降水造成极大影响。研究该区域的物种丰富度与纬度之间的关系则显得非常必要。

本书按照各纬度带 × 各纬度带所对应的物种数量制作矩阵，并将该矩阵导入 SPSS 21.0 数据统计分析系统进行回归分析，结果见图 3-5。

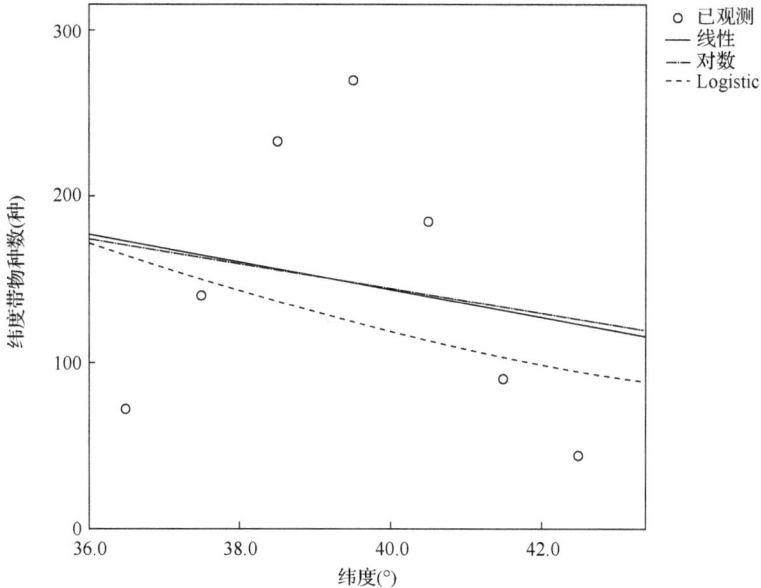

图 3-5　阿拉善高原拟步甲纬度梯度的物种丰富度

由图 3-5 可知，随着地理纬度的改变，阿拉善高原拟步甲物种的丰富度也发生改变，总体上，在研究区域内，随着纬度的不断升高，由南至北物种的多样性呈现下降趋势，而在各纬度带之间其物种数差异较大，自北纬 36°开始持续上升，至北纬 39°～40°出现一个峰值，之后又下降。而这样的格局除了与采集强度、阿拉善高原地理单元的不规则性有关外，笔者分析应与当地自然环境具有很大关系，这一纬度带横跨了祁连山脉中段及西段，贺兰山脉北部，山脉的存在使得周边局部的温湿度、海拔等环境因子发生改变，导致越是接近这一局部区域，物种适应环境变化而发生改变，丰富度增加，而远离该区域后环境变化小，物种丰富度也随之减小，再向北经过腾格里沙漠、巴丹吉林沙漠、乌兰布和沙漠后直至广阔的中央戈壁，戈壁是比沙漠自然条件更为恶劣的地带，更加不适于物种生存，至此物种丰富度达到最低。这在一定程度上是当地自然地理状况的真实反映。但这不影响总体上物种丰富度随纬度升高而呈逐渐下降趋势的分布规律。为了进一步验证上述分析的合理性，进而按照各纬度带×各纬度带单位栅格物种数量制作矩阵，并导入 SPSS 21.0 数据统计分析系统，分析结果见图 3-6。

由图 3-6 可知，总体上，随着纬度的升高，纬度单位栅格内物种多样性仍然呈下降趋势，但在 39°仍有一个峰值，可见局部地理环境对纬度带间造成的差异依然明显，这与图 3-5 一致。经回归分析可见，这仍然不影响阿拉善高原在纬度梯度格局上随着纬度的增加，由南至北物种的多样性总体呈下降趋势。

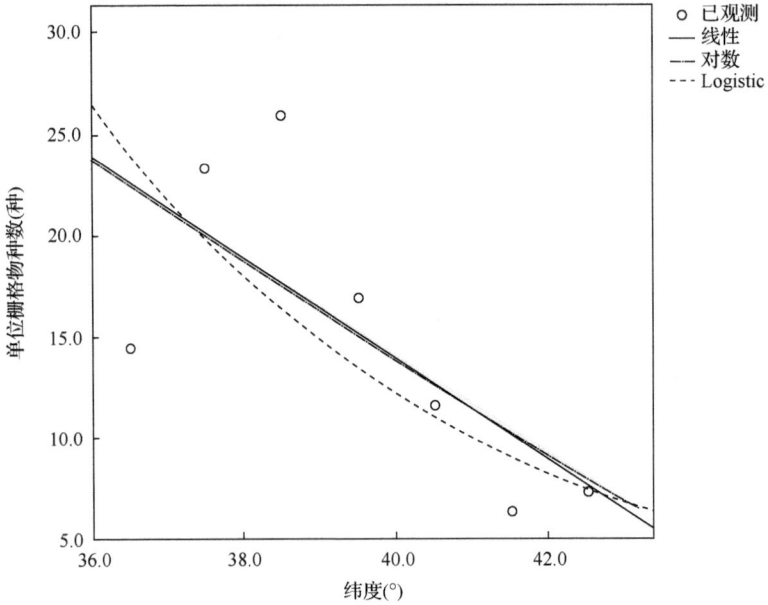

图 3-6　阿拉善高原拟步甲纬度单位栅格的物种丰富度

二、物种丰富度经度梯度格局

　　一般认为，经度梯度的改变对于地理环境温度、湿度、降水等条件不会造成规律性的影响，从而也不会反映到物种丰富度的规律性改变。而阿拉善高原由西至东自东经 92°直至东经 110°，横跨 18 个经度范围，约 1900km，地处中国干旱区的最东端，其西部邻近戈壁沙漠集中分布区，毗邻哈顺戈壁、新疆罗布泊、库木塔格沙漠等，自然条件极恶劣，不适于昆虫生存，东部越过贺兰山即温湿度条件相对良好的黄河流域，由于阿拉善高原所处的这一具体地理环境，对其进行有关经度梯度格局的研究就显得尤为必要。

　　本书按照各经度带×各经度带所对应的物种数量制作矩阵，并将该矩阵导入SPSS 21.0 数据统计分析系统进行回归分析，结果见图 3-7。

　　由图 3-7 可知，随着地理经度的改变，阿拉善高原拟步甲物种丰富度也发生改变，总体上，在研究区域内，随着经度的不断增加，由西至东物种的多样性呈现上升的趋势，由图可见，自东经 93°向东直至东经 105°的经度范围内，物种的丰富度逐步升高，图中表现为持续上升，在东经 106°附近区域丰富度出现一个峰值，此处丰富度明显高于以西的地区。这正是一定程度上当地自然环境条件的真实反映，东经 106°附近是素有中国干旱区与黄河流域自然分界线之称的贺兰山的

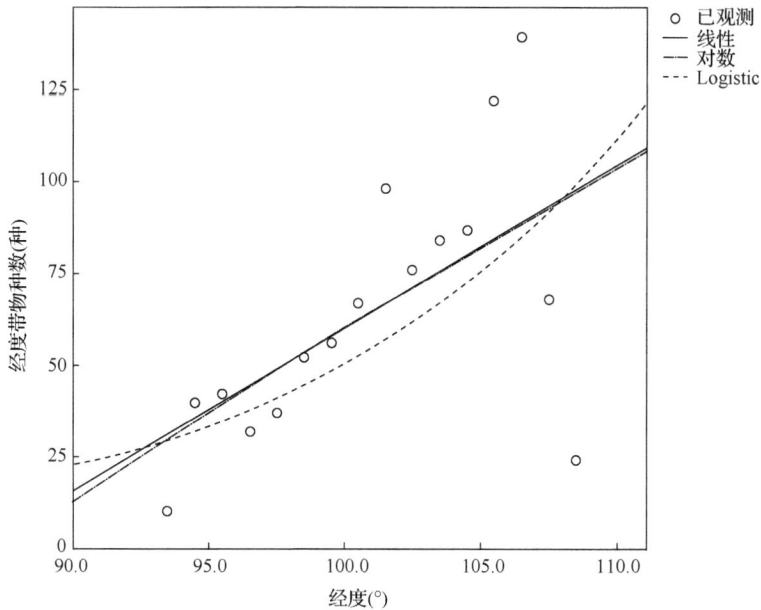

图 3-7　阿拉善高原拟步甲经度梯度的物种丰富度

所在之处，贺兰山东部是水热条件良好的宁夏平原，适于昆虫生存，加之贺兰山的屏障作用使得该地区自然环境条件优于西部，而继续向东则是乌兰布和沙漠、库布齐沙漠，不适于昆虫生存，环境条件又一次发生改变。对应到物种丰富度随经度增加逐渐达到峰值，之后又迅速减少是对自然环境的客观反映。但从回归分析可知，总体上随经度不断增加，物种的多样性呈现上升的总体趋势未受影响。为了进一步验证上述分析的合理性，进而按照各经度带×各经度带单位栅格物种数量制作矩阵，并导入 SPSS 21.0 数据统计分析系统，分析结果见图 3-8。

由图 3-8 可知，总体上，随着经度的增加，经度单位栅格内物种多样性仍然呈上升趋势，但在东经 106°仍然有一个峰值，可见局部地理环境对经度带间造成的差异依然明显，这与图 3-7 一致。而在东经 94°附近经度单位栅格内物种多样有一个较高值，笔者分析这与采集强度和拟步甲在一定的范围内呈现“逆向分布”的特点有关(任国栋等，1998)。经回归分析可见，这些局部波动均不影响阿拉善高原拟步甲在经度梯度格局上随着经度的增加，由西至东物种多样性总体呈上升的趋势。

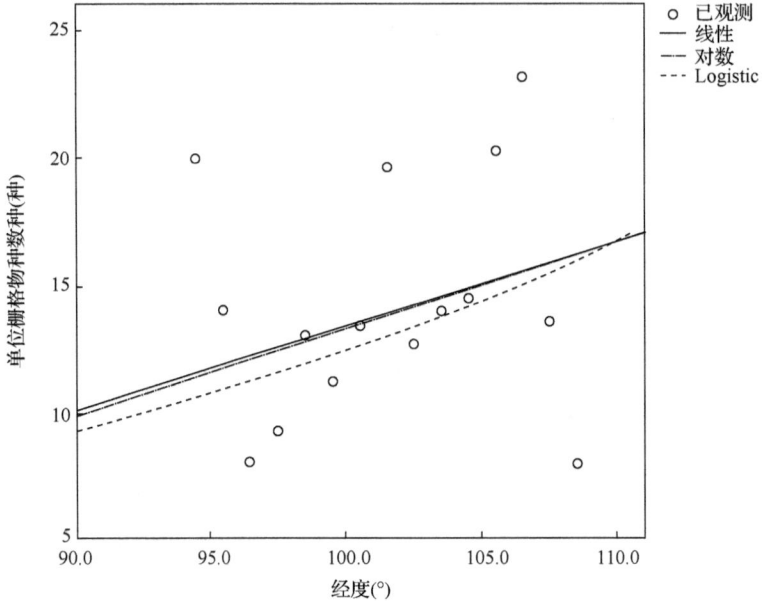

图 3-8　阿拉善高原拟步甲经度单位栅格的物种丰富度

三、垂直分布特点

阿拉善高原总体上是呈东南高、西北低，高原区域内西南有祁连山脉、北山；东有贺兰山、阴山的西部余脉——狼山；间有龙首山、牛首山、雅布赖山及地势较高的马鬃山地，从戈壁沙漠到高山的垂直变化明显。而现有资料对阿拉善高原生物资源尤其是动物资源垂直分布的研究则很缺乏，这就使得对该区域进行有关拟步甲垂直分布特点的探索更为迫切。

就目前掌握的阿拉善高原拟步甲采集地信息，为便于观察分析将其大致分为两类：一类为采集地海拔信息为 2 处或 2 处以上的，根据其海拔信息划定物种分布的海拔上限和海拔下限；另一类为采集地海拔信息单一的物种，将其海拔信息单独统计列表。对于部分海拔不完整或不精确的物种，暂不进行统计分析，而就目前可列表的物种海拔信息统计，部分种类的海拔分布信息仍然是不甚完整和准确的，故此只做简要分析。

经统计，阿拉善高原采集地海拔信息单一的物种共有 87 种，如图 3-9 所示；采集地海拔信息 2 处及以上的物种共有 105 种，如图 3-10 所示。由上述两图可知，阿拉善高原拟步甲分布的上限达到 3600m，而到达这一上限的物种有 6 种，分别是直角笨土甲 P.（*Myladion*）*schusteri*、祁连琵甲 B.（B.）*nanshanica*、烁光双刺甲 B.（L.）*micans*、短毛小刺甲 M. *breipilosum*、狭胸圆鳖甲 S. *humeridens*、拟步行琵

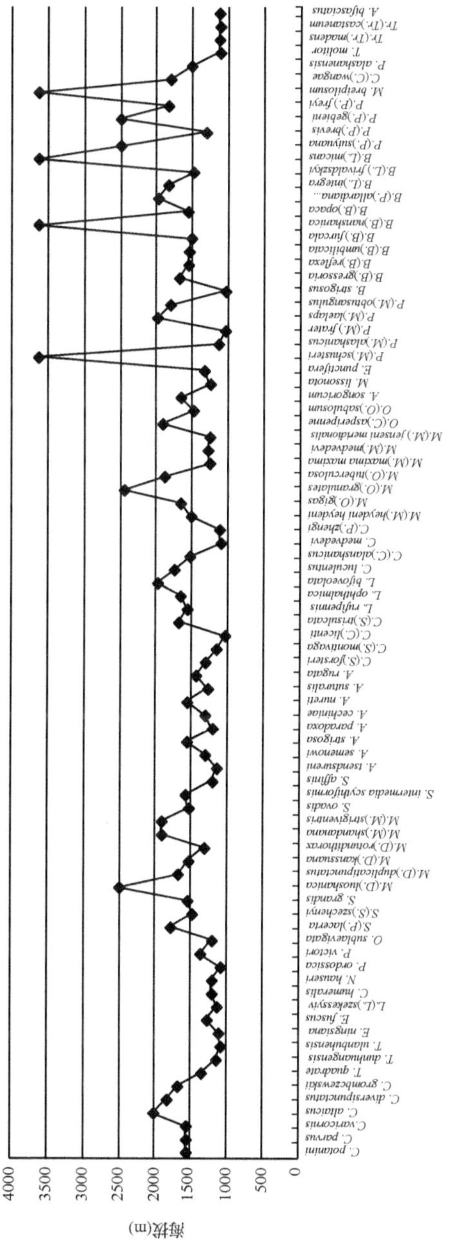

图3-9　87种阿拉善高原拟步甲的垂直分布

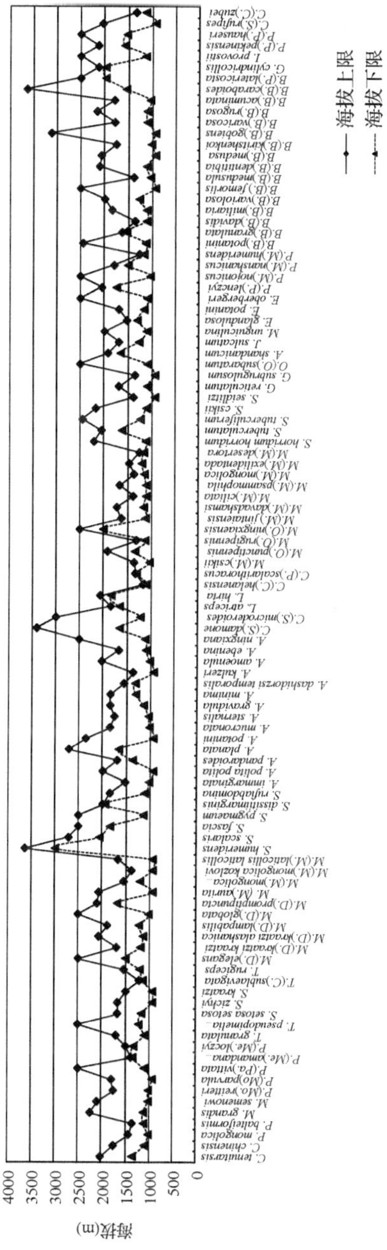

图3-10　105种阿拉善高原拟步甲的垂直分布

甲 *B. (B.) caraboides*，分别隶属拟步甲亚科土甲族(1 种)、琵甲族(2 种)、刺甲族(2 种)和漠甲亚科鳖甲族(1 种)，且以琵甲族和刺甲族占优势，占这 6 个高海拔分布种的 66.7%，这 6 个种均在阿拉善高原西南部的祁连山脉有分布。

而海拔最低种有 15 种，分别是小脊漠甲 *P. (M.) parvula*、紫奇扁漠甲 *S. zichyi*、克氏扁漠甲 *S. kraatzi*、耳褶小鳖甲 *M. (M.) aurita*、克蒙小鳖甲 *M. (M.) mongolica kozlovi*、宽颈小鳖甲 *M. (M.) laticollis laticollis*、磨光东鳖甲 *A. polita polita*、波氏东鳖甲 *A. potanini*、库氏东鳖甲 *A. kulzeri*、塞近坚土甲 *S. seidlitzi*、亚皱土甲 *G. subrugulosum*、弯齿琵甲 *B. (B.) femorlis*、中型琵甲 *B. (B.) medusa*、戈壁琵甲 *B. (B.) gobiens*、淡红毛隐甲 *C. (Seriscius) rufipes*，分别隶属漠甲亚科漠甲族(3 种)、鳖甲族(6 种)和拟步甲亚科土甲族(2 种)、琵甲族(3 种)及菌甲亚科隐甲族(1 种)，且以鳖甲族占优势，占 15 个低海拔分布种的 40.0%，比排列其后的漠甲族和琵甲族的比例均高出 1 倍。这 15 个种均在阿拉善高原地势较低处，即西北方向的额济纳旗有分布。

由图 3-9 及图 3-10 可知，海拔信息单一的物种大部分分布于 1000～2000m 的范围内；而海拔信息为 2 处或 2 处以上的物种大部分分布于 1000～2500m 的范围内，这两者的重叠部分为 1000～2000m 的范围，由此可见，阿拉善高原拟步甲大部分分布于 1000～2000m 的范围内。而阿拉善高原其平原地区海拔范围为 900～1400m，由此可见，其大部分种类可向海拔相对较高的地区迁移，但到达 2500m 以上区域后，则分布明显减少。

为了验证以上分析，将阿拉善高原拟步甲按照其分布的海拔信息划分为 6 个范围，并做如表 3-17 所示的统计，且将该数据按照海拔范围带×物种数量制作矩阵，并导入 SPSS 21.0 分析系统进行回归分析，结果见图 3-11。

表 3-17　阿拉善高原拟步甲海拔分布统计表

海拔范围(m)	物种数	族
>3000	8	土甲族 Opatrini (1 种) (12.5%)
		琵甲族 Blaptini (3 种) (37.5%)
		刺甲族 Platyscelidini (2 种) (25.0%)
		鳖甲族 Tentyriini (2 种) (25.0%)
2500～3000	20	土甲族 Opatrini (4 种) (20.0%)
		琵甲族 Blaptini (5 种) (25.0%)
		刺甲族 Platyscelidini (2 种) (10.0%)
		鳖甲族 Tentyriini (9 种) (45.0%)
2000～2500	44	土甲族 Opatrini (10 种) (22.7%)
		琵甲族 Blaptini (11 种) (25.0%)

海拔范围(m)	物种数	族
2000~2500	44	鳖甲族 Tentyriini(14 种)(31.8%) 漠甲族 Pimeliini(4 种)(9.1%) 伪叶甲族 Lagriini(1 种)(2.3%) 隐甲族 Crypticini(1 种)(2.3%) 栉甲族 Cteniopodini(2 种)(4.5%) 刺甲族 Platyscelidini(1 种)(2.3%)
1500~2000	118	土甲族 Opatrini(26 种)(22.1%) 琵甲族 Blaptini(23 种)(19.5%) 鳖甲族 Tentyriini(38 种)(32.2%) 漠甲族 Pimeliini(11 种)(9.4%) 伪叶甲族 Lagriini(4 种)(3.4%) 隐甲族 Crypticini(1 种)(0.8%) 栉甲族 Cteniopodini(5 种)(4.2%) 刺甲族 Platyscelidini(3 种)(2.5%) 刺足甲族 Belopini(2 种)(1.7%) 背毛甲族 Epitragini(1 种)(0.8%) 砚甲族 Akidini(1 种)(0.8%) 莱甲族 Laenini(1 种)(0.8%) 扁胫甲族 Phaleriini(1 种)(0.8%) 褐甲族 Helopini(1 种)(0.8%)
1000~1500	124	土甲族 Opatrini(32 种)(25.8%) 琵甲族 Blaptini(14 种)(11.3%) 鳖甲族 Tentyriini(36 种)(29.0%) 漠甲族 Pimeliini(19 种)(15.3%) 隐甲族 Crypticini(2 种)(1.6%) 栉甲族 Cteniopodini(1 种)(0.8%) 刺甲族 Platyscelidini(2 种)(1.6%) 刺足甲族 Belopini(2 种)(1.6%) 背毛甲族 Epitragini(5 种)(4.0%) 龙甲族 Leptodini(1 种)(0.8%) 砚甲族 Akidini(2 种)(1.6%) 掘甲族 Lachnogyini(1 种)(0.8%) 小黑甲族 Melanimonini(2 种)(1.6%)

海拔范围(m)	物种数	族
1000～1500	124	扁足甲族 Pedinini(1 种)(0.8%)
		拟步甲族 Tenebrionini(1 种)(0.8%)
		拟粉甲族 Triboliini(2 种)(1.6%)
		菌甲族 Diaperini(1 种)(0.8%)
<1000	15	土甲族 Opatrini(2 种)(13.3%)
		鳖甲族 Tentyriini(6 种)(40.0%)
		漠甲族 Pimeliini(3 种)(20.0%)
		隐甲族 Crypticini(1 种)(6.7%)
		琵甲族 Blaptini(3 种)(20.0%)

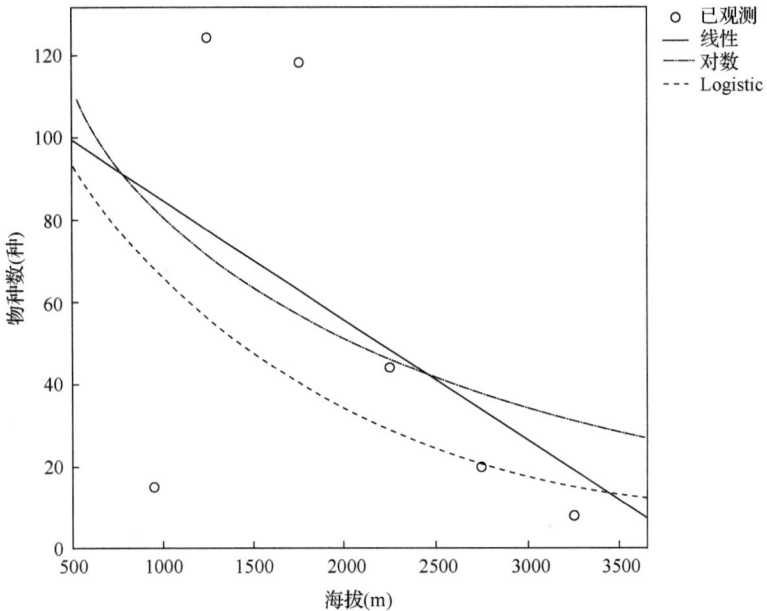

图 3-11　阿拉善高原拟步甲不同海拔梯度的物种丰富度

　　由图 3-11 可见,在海拔 1000m 附近物种丰富度开始上升,至海拔 1000～1500m 范围内物种丰富度最大,达 124 种,之后逐渐下降,至 3000m 以上降至最低,总体呈现随海拔上升,物种丰富度下降的趋势。这与最初在低海拔干旱荒漠地区水热条件差,物种丰富度相对小,之后海拔在逐步上升后湿度增加,降水量增大,适宜昆虫生存,物种丰富度增加,而海拔进一步上升气温又逐渐下降,其环境条件再一次改变,不适宜昆虫生存,从而物种丰富度再次下降有关。

　　另外，由表 3-17 可知，在海拔<1000m 的相对低海拔地区，鳖甲族占优势（40.0%）；而随着海拔升高，1000~1500m 范围内土甲族(25.8%)、鳖甲族(29.0%)优势明显；1500~2000m 范围内土甲族(22.1%)、鳖甲族(32.2%)、琵甲族(19.5%)优势明显；2000~2500m 范围内土甲族(22.7%)、鳖甲族(31.8%)、琵甲族(25.0%)优势明显；2500~3000m 范围内鳖甲族(45.0%)、土甲族(20.0%)、琵甲族(25.0%)优势明显；而>3000m 后各族物种数量均较小，但琵甲族(37.5%)优势明显。可见在低海拔地区，土甲族和鳖甲族对环境的适应性较好，随海拔逐渐上升，琵甲族适应性逐步显现，在>3000m 的高山地区，拟步甲的物种数量变少，但适应高山的特有种出现，如祁连琵甲 *B. (B.) nanshanica* Semenov *et* Bogatchev、拟步行琵甲 *B. (B.) caraboides* Allard 等。

　　目前掌握的海拔分布信息(数据不充分，单一海拔信息物种 87 种，明显较多，个别采集地信息可能不够精确)的统计分析，尚未能完全反映其分布的客观情况，但我们仍然可以看出，随着海拔升高，呈现物种数量先上升后下降，总体上呈下降的趋势。

第四章 阿拉善高原拟步甲的特有性与生态地理区划

在第三章中，主要对阿拉善高原拟步甲的物种多样性、地理分布，以及与毗邻及相关地区的拟步甲分布状况进行了分析和比较，但对于阿拉善高原范围内拟步甲分布的具体小区区划、特有种的具体分布状况却涉及较少，而这也是进行区系与地理分布工作的必经环节。本章将在前述工作的基础上，对阿拉善高原特有物种的分布格局、特有种分布区及高原的拟步甲小区划分和分布等方面进行分析讨论。

第一节 阿拉善高原拟步甲特有种的多样性

阿拉善高原拟步甲特有成分共有 1 特有属和 41 特有种(物种名录详见第二章及附表1)，隶属4亚科11族21属(表4-1)，占阿拉善高原拟步甲物种总数的19.9%，与蒙古国(56 种，占总数的 25.1%)及我国内蒙古(26 种，占总数的 12.4%)、宁夏(18 种，占总数的 12.9%)的关系为：高于内蒙古、宁夏而低于蒙古国。

表 4-1 阿拉善高原特有拟步甲的种类组成

亚科	含特有种的族/已知族数	含特有种的属/已知属数	物种数	特有种数	特有种占已知种的比例(%)	特有种的区系成分		
						古北	东洋	古北+东洋
伪叶甲亚科 Lagriinae	1/3	1/3	9	3	33.3	3	0	0
漠甲亚科 Pimeliinae	3/7	8/21	92	20	21.7	20	0	0
拟步甲亚科 Tenebrioninae	6/10	11/25	96	17	17.7	17	0	0
朽木甲亚科 Alleculinae	1/1	1/1	6	1	16.7	1	0	0
总计	11/21	21/50	203	41	20.2	41	0	0

由表 4-1 可见，阿拉善高原各亚科特有种分布不均衡。其中，漠甲亚科特有种种数最多，达 20 种，占本亚科物种总数的 21.7%；伪叶甲亚科特有种占所隶属亚科的比例最高，达到 33.3%，占特有种总数的 7.3%；而就特有种所隶属的属占阿拉善高原该亚科已知属的比例来看，朽木甲亚科比例最高，达到了 100%，这可能与阿拉善高原的干旱、荒漠环境不适于树栖拟步甲生存及考察的深入度有关，

随着研究的深入，这一情况将会得到更多的阐释。

在族级阶元，特有种分属于 11 族，占总族数的 47.8%，且拟步甲亚科所含族数最高，达 6 族；鳖甲族所含种类最丰富，达 14 种，占特有种总数的 34.1%。

在属级阶元，含有特有种的属为 21 属，占总属数的 40.4%。其中小鳖甲属所含有的种类最丰富，达 7 种，占阿拉善特有种总数的 17.1%，占该属阿拉善分布总数（16 种）的 43.8%。

从特有种的区系成分来看，41 种全部为古北种，且以漠甲亚科所含种数最多，达 20 种，占特有种总数的 48.8%；其次为拟步甲亚科（17 种），占特有种总数的 41.5%。

第二节　阿拉善高原拟步甲特有种的分布格局

第三章中，已对阿拉善高原拟步甲的物种分布信息建立了数据库，本章中仅使用总数据库中特有物种的地理分布信息，建立特有物种的相应数据库，采用与第三章相同的栅格分析方法进行特有种分析。

由表 4-2 可见，阿拉善拟步甲密度栅格分布状况为：全区域被划分为 72 个有效栅格，其中分布有特有种的有效栅格有 49 个，分布密度最高的是位于贺兰山东麓的以银川为中心的栅格 E15（11 种）；栅格 F13、F14 密度也较高，这两处分别位于甘肃景泰和宁夏香山交界地带；此外栅格 D10、D11、E10、E11 的分布密度也较高，此处是阿拉善右旗旗府额肯呼都格、甘肃山丹县、龙首山所在地及其周边。

表 4-2　阿拉善高原特有拟步甲栅格物种密度

纬向		经向															
		2	3	4	5	6	7	8	9	10	11	12	13	14	15	16	17
	A				2	2	0	0	1	1							
	B			1	3	2	0	0	1	1	0	0	0	0	1	1	0
	C	0	1	3	3	1	3	2			0	0	2	1	2	1	0
纬向	D	0	1	1	1	1	3	4	4	8	7	1	0	1	0	1	1
	E						0	4	8	7	1			5	11	0	
	F										1	0	9	10	4	0	
	G										1	1	1	1	2		

总体上看，特有种多样性分布格局与总物种多样性分布格局近似，均呈现东西和南北的不对称，表现为东部以贺兰山、银川平原、中卫沙坡头、甘肃景泰为

中心物种丰富度高，西部低；南部以阿拉善右旗额肯呼都格、山丹、龙首山为中心物种丰富度高。这一结果一方面反映了区域内存在的客观分布情况，如阿拉善高原西部和北部多为沙漠戈壁，自然条件极其恶劣，不利于生物物种的生存和分布；另一方面也与调查期间的难易程度导致的调查深入程度有关，上述地区交通极度不发达，这都给在此区域的调查造成了很大困难，影响了调查数据的获得。相信随调查的深入，数据将更加完善，但总体分布格局应不会改变。

第三节　阿拉善高原拟步甲特有种分布区的划分

对特有种分布区的划分有助于对研究区域内物种的分布做进一步研究，为历史生物地理学的研究提供基础数据。本节将对阿拉善高原拟步甲栅格物种密度表赋予表征属性，即对 72 个有效栅格中的分布有特有种的栅格标记为 1，没有分布特有种的栅格标记为 0。经统计，共有 49 个栅格具有特有种分布，详见附表 4-1 及附表 4-2。本节将对这些有特有种分布的有效栅格进一步分析。

将特有物种×栅格的数据矩阵导入统计分析软件 SPSS21.0 进行聚类分析，结果见图 4-1。

通过图 4-1 可见，所有栅格总体上被分为 2 支，且分支 A 的特有种分布区明显大于分支 B 的特有种分布区，并且经与已划分栅格进行比对，发现有部分栅格的特有种分布区出现了不连续的间断现象，推测这可能与该栅格所分布的特有种的已知分布情况有关(如特有种分布区的边缘不规则，造成对数据的影响)，另外也会与野外调查中的调查力度有关。这些都有待于在今后的进一步工作中细化、深入。

确定分支聚类和支点时，主要参考毛本勇(2008)、刘浩宇(2010)、徐吉山(2013)的工作，制定了分类原则：①特有种分布区栅格数目应≥2，1 个栅格所占有的地理空间较小，不具代表性，不足以代表 1 个能使多个物种充分发育繁衍的地理区域；②特有种分布区在地理上是应 1 个连续的区域，但由于受主观因素(采集力度的不平衡)和客观因素(阿拉善高原局部地形的较大差异及边缘地区的不规则)的影响，分析所得的结果可能会出现不连续的情况；③不同特有种分布区之间应该在地貌特征、气候及植被等因素中具备显著差异；④同时兼顾各特有种分布区与树根的等距离原则。

根据上述分析原则，在距离系数约 13 处进行划分，(B4、G14、F11、G15)、F15、(D16、D17)和 E14 共 8 个栅格因地域上相距甚远而舍弃，剩余栅格可以将阿拉善高原分为 4 个特有种分布区：分支 A 包含 2 个特有种分布区(分支 1、2)，分支 B 包含 2 个特有种分布区(分支 3、4)。

此外本着坚持数据分析原则并结合物种分布的实际情况的方法，经过对分析结果与栅格分布图的比对、分析，做如下调整。

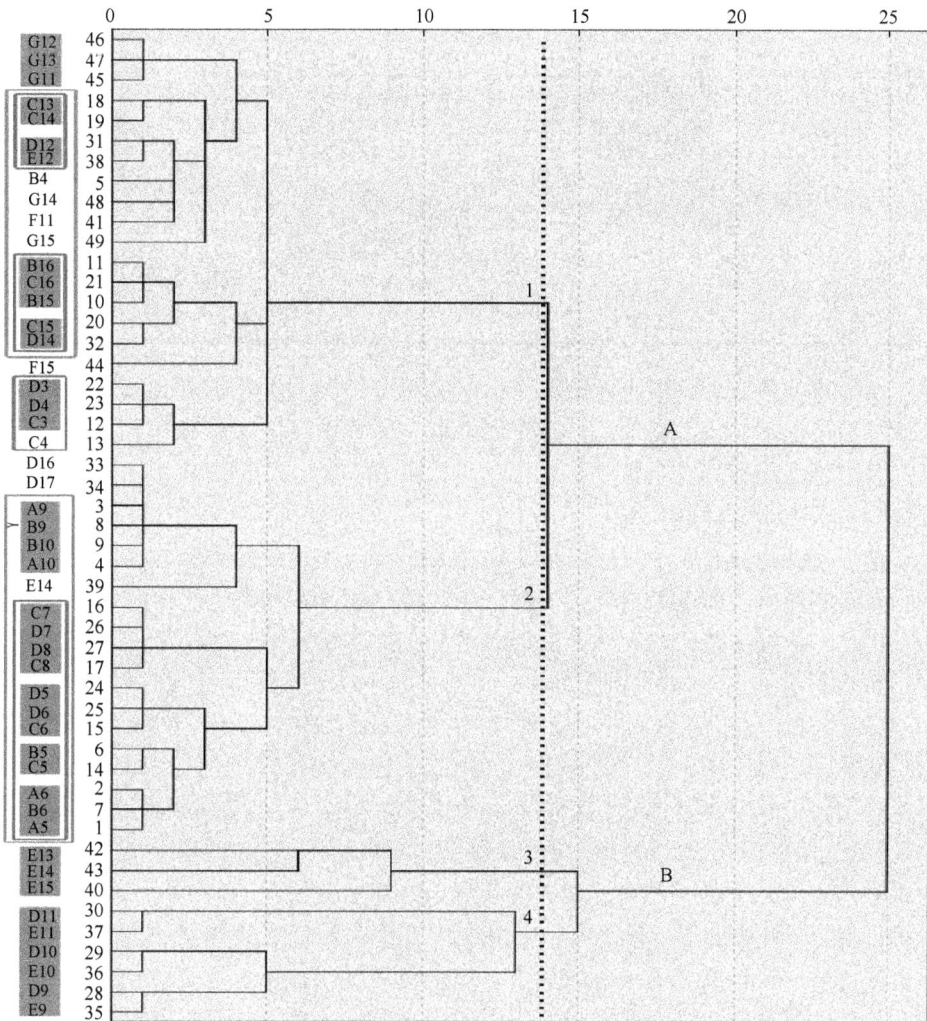

图 4-1　阿拉善高原拟步甲特有种分布栅格支序图

第 1 特有种分布区包含 3 个小区，其中 G11、G12、G13 栅格与小区中其他栅格分布区域间隔距离远，且查看这 3 个栅格所处的地理位置为阿拉善高原最南端，地处青海西宁北山、甘肃榆中兴隆山附近，与小区 C13、C14、D12、E12（地处乌兰布和沙漠西缘和乌兰布和沙漠东缘）的自然环境差异很大，不应和其归为同一小区，根据该区所处的位置（乌鞘岭南部），自然环境条件与其他区域差异较大，单列为一个分布区更合适，故此命名为特有种分布区Ⅴ（表 4-3）。

表 4-3　阿拉善高原拟步甲特有种分布区划分

		经向															
		2	3	4	5	6	7	8	9	10	11	12	13	14	15	16	17
纬向	A				II2	II2			II1	II1							
	B				II2	II2			II1	II1					I2	I2	
	C		II3	II3	II2	II2	II2	II2					I1	I1	I2	I2	
	D		II3	II3	II2	II2	II2	II2	IV	IV	IV	I1		I2			
	E								IV	IV	IV	I1			III		
	F												III	III	III		
	G										V	V	V				

　　第 2 特有种分布区中小区 D3、D4、C3、C4 情况与上述小区类似，处于祁连山脉最西端的南部，占据敦煌、瓜州、阿克塞、肃北，与第 1 特有种分布区距离远，而与第 2 特有种分布区邻接，自然环境条件很接近，应作为小区并入第 2 特有种分布区更为合适。

　　第 3 特有种分布区 F13、F14、F15 之间缺少过渡区 F15，而 F15 正处于该连接处，自然环境是该 3 个栅格的过渡，应将舍弃的 F15 补充至此处，更为合适。

　　至此，经过修正，阿拉善高原特有种分布区共划分为 5 处。

　　特有种分布区 I，即如图 4-1 所示分支 1 中灰色框指示的部分，其包含 2 个小区 I1（D12、C13、C14、E12 栅格）和 I2（B15、B16、C15、C16、D14 栅格）（表 4-3）。其主要范围是：I1 包括阿拉善左旗图克木、乌力吉及甘肃民勤东北部；I2 包括阿拉善左旗以北的扎哈乌苏、查哈尔、阿腾敖包、乌拉特后旗等地。且 I1 和 I2 地理位置彼此连接，自然环境具有相似性，处于巴丹吉林沙漠东北缘、腾格里沙漠以北、乌兰布和沙漠大部及阴山余脉狼山的西段范围内，东受贺兰山阻挡，夏季风不能到达；西被祁连山阻挡，印度洋暖湿气流亦无法到达，同时受蒙古高压控制，地貌以沙漠戈壁为主，植被覆盖度低、降水量少、气温高、蒸发强烈。虽然其气候条件较差，但由于拟步甲在一定条件下的逆向分布特点，该区域仍然有一定数量的特有种分布。该区分布特有种 5 种，分别隶属漠甲族（1 种）、鳖甲族（2 种）、小黑甲族（1 种）、土甲族（1 种）。

　　特有种分布区 II，即如图 4-1 所示分支 2 中灰色框指示的部分，其包含 3 个小区 II1（A9、A10、B9、B10）、II2（B5、B6、C7、C8、D7、D8、A5、A6、C5、C6、D5、D6）和 II3（D3、D4、C3、C4）（表 4-3）。其主要范围是：II1 包括了阿拉善盟额济纳旗达来呼布及其周边的范围，此处为阿拉善高原西北部地区，地势较低，且黑河流经，并形成了额济纳冲积平原，其对该地区周边环境有一定的改善作用，生物物种也具有该区域的特殊性；Ⅱ2 主要位于祁连山西段北部，向北包括北山东端，直至肃北马鬃山地，此范围相对其他区域具有变化范围较大的海拔和温湿度的变化，处于巴丹吉林沙漠西缘与祁连山、北山、马鬃山结合地带，随海拔升高，自然环境相应改变，局部环境的特殊性对生物物种的影响使得此处也成为阿拉善高原一处特有种分布小区；Ⅱ3 位于阿克塞、肃北(南部)、敦煌、瓜州的结合地带，处于祁连山最西端余脉之北，区域西部邻库木塔格沙漠东缘，区内北有疏勒河，南有党河流经，这使得该小区与周边环境相比具有一定的特殊性，有利于特有种分布。该区分布特有种 7 种，分别隶属背毛甲族(1 种)、鳖甲族(3 种)、土甲族(2 种)、褐甲族(1 种)。

特有分布区Ⅲ，即如图 4-1 所示分支 3 所包含的 E15、F13、F14 及补充的 F15栅格(表 4-3)，从地理上分析此特有种分布区处于贺兰山东部银川平原、阿拉善盟腾格里沙漠南缘与宁夏中卫、甘肃景泰交界地带，黄河蜿蜒穿行而过，是黄河流域与西部干旱区的分界地带，从中国动物地理区划上来看，处于蒙新区西部荒漠亚区、东部草原亚区及华北区的黄土高原亚区交汇处，此区域正处于边际效应最明显的地带，其各方面条件适于特有种在此形成聚集。该区分布特有种 22 种，分别隶属背毛甲族(2 种)、鳖甲族(7 种)、刺足甲族(2 种)、刺足甲族(1 种)、土甲族(10 种)。

特有分布区Ⅳ，即如图 4-1 所示分支 4 所包含的 D9、D10、D11、E9、E10、E11 栅格(表 4-3)，此特有种分布区包括祁连山北的甘肃张掖、金昌及阿拉善右旗额肯呼都格、龙首山、合黎山，地处祁连山脉以北与巴丹吉林沙漠以南之间，其地貌、海拔等地理环境变化带来的温湿度等环境因子改变，致使生物适应而发生改变，有利于特有种形成。该区分布特有种 11 种，分别隶属漠甲族(1 种)、鳖甲族(3 种)、刺足甲族(1 种)、土甲族(3 种)、琵甲族(1 种)、刺甲族(1 种)、扁胫甲族(1 种)。

特有分布区Ⅴ，包括栅格为 G11、G12、G13(表 4-3)，地理上包括青海西宁北山及甘肃兰州北部、白银，属于祁连山东端乌鞘岭南部腹地，而乌鞘岭是重要的地理气候分界线，以西是我国地形第一阶梯、非季风区、内流区域，以东为第二级阶梯、季风区、外流区域，同时是黄土高原、青藏高原、内蒙古高原的交汇处，其环境趋于复杂而有利于特有种的形成。该区分布特有种 1 种，隶属土甲族。

第四节　阿拉善高原拟步甲的生态地理区划

有关学者对阿拉善高原生态地理的研究多从较为宏观的层面进行，张荣祖(2011)将阿拉善高原划分至蒙新区西部荒漠亚区，而对阿拉善高原具体的生物地理区划尤其是动物地理区划的详细研究则数量甚少，仅武晓东等(2000，2003)分别对内蒙古阿拉善地区啮齿动物区系、啮齿动物的地理分布研究中有过论述。这就使得阿拉善地区的动物区划研究显得更为迫切。本节以阿拉善高原已知分布的拟步甲科昆虫的分布状况为基础，详细统计其分布地信息，采用第三章栅格分析方法，栅格内有种类分布，则此栅格标记为 1，否则标记为 0，并制作物种×分布地矩阵，导入 SPSS 21.0 进行聚类分析，结果见图 4-2。

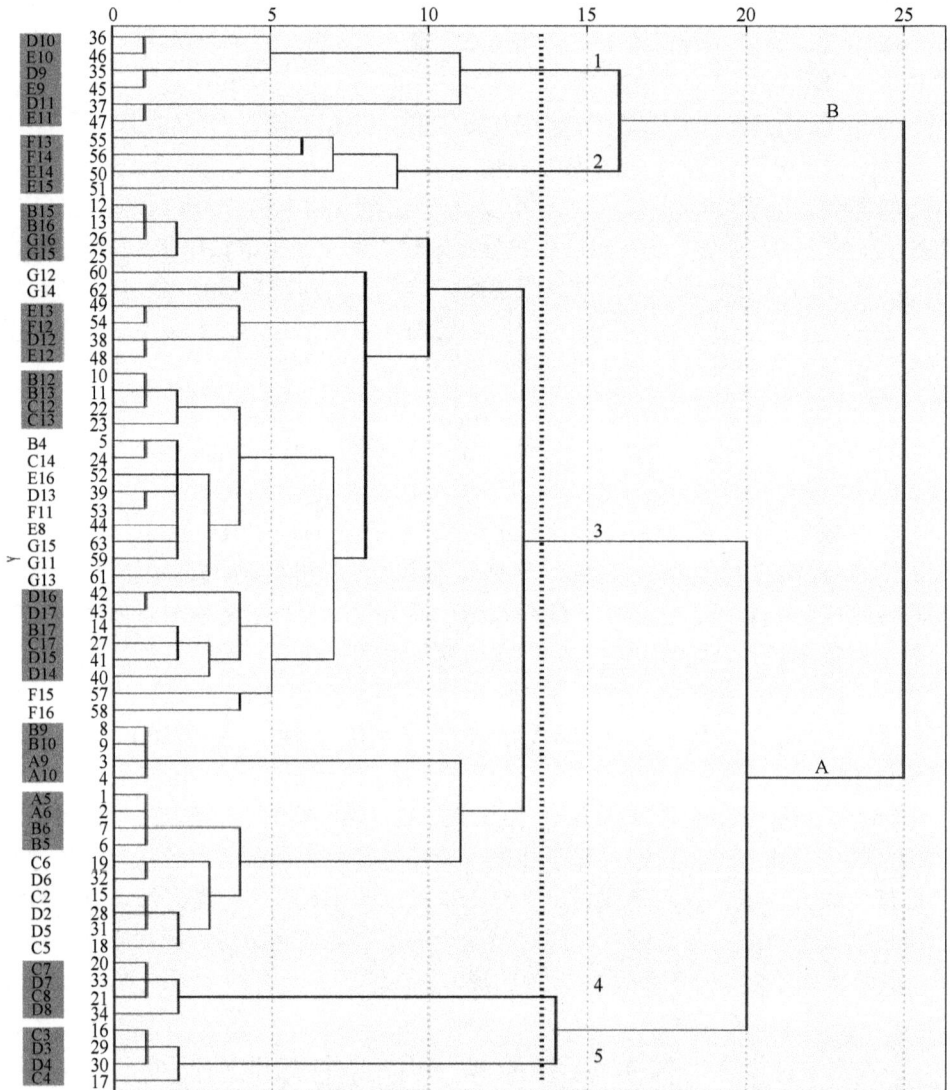

图 4-2 阿拉善高原拟步甲分布栅格支序图

根据本章第三节所述分析原则，在距离系数 13.0 附近进行画线区分可见(图 4-2)，总体上，该支序图分为两支，A 支大于 B 支，共划分为 5 个分布区。与前述特有种分布区相比，分支 1 和分支 2 分别与特有种分布区Ⅳ和Ⅲ基本重合；而分支 4

和分支 5 与特有种分布区Ⅱ的一部分重合；分支 3 的情况比较复杂，与特有种分布区Ⅰ1、Ⅰ2、Ⅱ1 部分基本重合，且分支 3 的部分栅格由于与其他栅格聚类后间隔较远已做摒弃处理，但保留卜来的栅格虽然可以聚集成为小区域，但小区域间表现为不连续和间断，如表 4-4 所示，可以直观地看到分支 3 的小区域间破碎而分散，与特有种分布区Ⅰ和Ⅱ有部分重叠。

表 4-4　阿拉善高原拟步甲分布区划分

		经向														
	2	3	4	5	6	7	8	9	10	11	12	13	14	15	16	17
A																
B			分支 3				分支 3									
C														分支 3		
D		分支 5				分支 4			分支 1		分支 3					
E													分支 2			
F																
G																

纬向

　　上述聚类结果的出现，可能与研究阿拉善高原全域范围时，随着研究范围的扩大，种类的分布范围扩大，调查所需要密度和力度更大有关，因此会出现部分聚类后不连续的栅格，但是根据已知聚类结果，特有种分布区Ⅲ和Ⅳ分别与分支 2 和分支 1 重合。

　　故此，根据上述对阿拉善高原拟步甲特有种分布区聚类分析、特有种分布区划并适当结合阿拉善高原总体种的聚类分析结果，可以将阿拉善高原拟步甲科昆虫地理分布区划分为 5 个小区，从西至东分别为：Ⅰ. 西祁连—额济纳小区(特有种分布区Ⅱ)；Ⅱ. 合黎山—龙首山小区(特有种分布区Ⅳ)；Ⅲ. 贺兰山以西阿拉善左旗沙漠小区(特有种分布区Ⅰ)；Ⅳ. 贺兰山—香山小区(特有种分布区Ⅲ)；Ⅴ. 乌鞘岭南山地小区(特有种分布区Ⅴ)。由前述聚类图可见，这几个小区的关系为((((Ⅰ. 西祁连—额济纳小区+Ⅲ. 贺兰山以西阿拉善左旗沙漠小区)+Ⅴ. 乌鞘岭南山地小区)+Ⅱ. 合黎山—龙首山小区)+Ⅳ. 贺兰山—香山小区)，这一关系受到各种因素的影响，与客观情况有一定出入，随研究的深入将会更加完善。

　　讨论：结合课题组多年来的调查，并结合当地自然环境推测：阿拉善高原的祁连山、合黎山、龙首山其地貌与自然环境一致性较大，应有聚集分布；而阿拉善高原西北部的戈壁或应有聚集分布；另外三大沙漠区应为一整块分布区；而贺兰山、香山一线应有聚集分布，目前分析结果与推测有 2 个小区一致，其余小区与推测有偏差。而数据分析结果与推测的偏差有可能与调查的力度及分析手段有关，这将使得分析结果随研究的深入而更接近客观事实。

总体分析，本结果与武晓东等（2000，2003）的研究结果阿拉善荒漠分布区应排除贺兰山、龙首山，阿拉善荒漠区西部应进一步划分为额济纳旗小区的观点基本吻合，由此可见，虽然由于所研究的类群不同、调查力度不同造成结果有差异，但是分区观点却基本一致，有关阿拉善高原区划的进一步划分将在以后的研究工作中深入和细化。

第五章 阿拉善高原拟步甲的区系起源与适应特性

本章将在前文对阿拉善高原已知拟步甲分布状况研究的基础上，结合有关阿拉善高原的形成、发展及在此基础上形成的自然环境变迁，试图推断阿拉善高原拟步甲的区系起源与发展，以及根据阿拉善高原的气候特点和环境因子等信息讨论阿拉善高原已知拟步甲与环境的适应性。

第一节 阿拉善高原拟步甲的区系起源与发展

众所周知，自40亿年前的太古宙地球大陆壳形成，经过元古宙至11亿年前的罗迪尼亚超级古大陆时期，就已经出现了构成现代中国大陆主体的多个陆块，其中就包括西起阿拉善、东至朝鲜半岛的华北陆块，而华北陆块也是与塔里木陆块、扬子陆块、华夏陆块、柴达木陆块等构成现代中国大陆主体陆块中最大的一块，而此时，它们并未连接在一起，且还浸没在劳亚古陆和冈瓦纳古陆之间的大洋之中。而自距今约5.5亿年的古生代早寒武纪，各个陆块向北漂移。华北陆块从南纬20°附近向北漂移至北纬13°附近，并经过奥陶纪晚期的抬升、海退，至晚志留纪到泥盆纪，阿拉善陆块与塔里木、柴达木陆块，经加里东运动碰撞、拼合形成"西域板块"。之后在晚古生代劳亚古陆与冈瓦纳古陆接近并最终于2.5亿年前形成联合古陆。至中生代三叠纪晚期，距今2.03亿年开始分裂陆续解体，形成北美洲、南美洲、非洲大陆。而直到中生代侏罗纪和白垩纪的燕山阶段，中国大陆受太平洋及附近板块的挤压、俯冲、碰撞之时，包括阿拉善在内的中国大陆西部——六盘山—横断山脉以西地区的构造变化仍很微弱，保持广阔、平坦地形。直至新生代新近纪上新世(距今最早约530万年)，天山、祁连山、阿尔金山、昆仑山等才发生规模较大的隆升，银川周边的贺兰山则于5000万年至4200万年前大规模隆升。包括阿拉善高原在内的现代内蒙古高原是在第四纪青藏高原的强烈隆升产生的应力作用下沿断裂带整体抬升，直至上新世末期至更新世内蒙古高原抬升至与现今海拔水平相当(张兰生和方修琦，2012)。

目前有关拟步甲起源的研究非常少，而且目前虽有研究但由于化石证据的缺乏及已发现化石的分类地位不确定等因素，并不能给出明确的答案。与拟步甲起源相关的主要成果有侏罗五化甲 *Wuhua jurassica* Wang et Zhang, 2011(Wang and Zhang，2011)、上侏罗统朽木甲化石 *Jurallecula grossa* L. Medvedev, 1969(Kirejtshuk et al.，2008)的发现。Matthews 等(2010)根据大量已有文献和研究成果推测拟步甲科起源于南半球温带森林。

　　有关阿拉善高原拟步甲的起源问题,因其面积相对小,且北向和东向地理阻隔少,应该放在与之关系密切的内蒙古高原甚至蒙古高原之中去分析更具有说服力。基于以上原因并结合相关地质历史资料,对阿拉善高原拟步甲的起源做以下粗略推测。

　　Raven 和 Axelrod(1972)及 Watt(1974)等推断拟步甲产生于中生代白垩纪,而就目前全球的分布状况来看,其本身或其先祖产生年代更为久远,可追溯至联合古陆分离之前的阶段。这一时期,主要是古生代,地球陆地广袤平坦,植被繁茂,气候温暖、湿润,拟步甲极易从南半球迅速扩散至整个联合古陆,而根据现有阿拉善高原拟步甲的分布状况进行统计,阿拉善高原现有的 52 属 206 种(亚种)拟步甲中,有 186 种属于古北界分布型,古北+东洋成分为 11 种,剩余为广布种和极少量跨区分布种。而经统计,其所有属种(52 属 206 种)中在中亚亚界分布的属种分别占属种总数的 92.3%和 75.2%;东北亚界分布的属种有 29 属 58 种,分别占属种总数的 55.8%和 28.1%;中印亚界分布的属种有 12 属 19 种,分别占属种总数的 23.1%和 9.2%,其区系性质或与中亚有一定关系。为验证分析的合理性,笔者以阿拉善高原作为独立的地理分布区(ALXA),以已有分布的 52 属作为性状(既避免种级分析的狭窄性,又避免族级阶元的广域性),以中国及周边动物地理区的 7 个区为地理分类单元,即蒙新(MX)(含部分中亚地区)、青藏(QZ)、华北(HB)、华中(HZ)、西南(XN)、华南(HN)、东北(DB),共 8 个(含阿拉善高原)地理分类单元,有物种分布记做 1,无物种分布记做 0,然后排列一个 52×8 的矩阵,导入 SPSS 21.0 软件,采用 Ward 法,计算得到树形聚类分析图,见图 5-1。

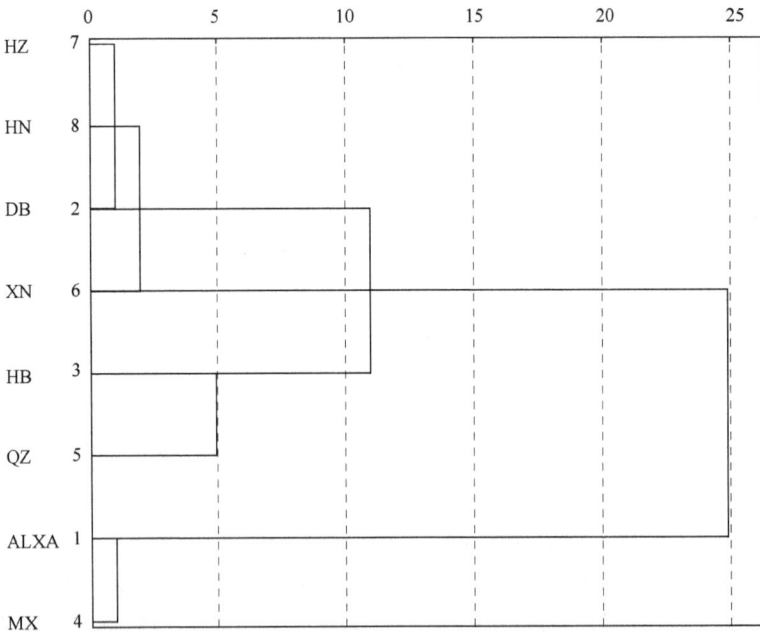

图 5-1　阿拉善高原拟步甲与各动物地理区的聚类树谱图

由结果可见，阿拉善高原区域、中亚亚界的蒙新区首先被聚到了一起，明显与其他各地理区的种类近似度非常低，其他 6 个动物地理区聚为一类。可见阿拉善高原分布拟步甲与蒙新区关系最近。据此笔者非常粗略地推测，拟步甲自联合古陆扩散至中亚地区后经白垩纪大规模的海侵，中亚仅余哈萨克斯坦及天山为陆地，拟步甲退守至中亚地区的这些陆地，此后在此生长、演化，之后伴随海退，以中亚为起源中心，扩散至阿拉善高原等更为广阔的地区。

但是，目前拟步甲发生和起源的确凿证据数目寥寥，尤其已知的化石证据更为稀缺，有关阿拉善高原的地质历史资料等都非常有限，笔者只是根据现有拟步甲地理分布特征结合地质历史等有关资料，利用生物统计及聚类的方法，得到较为客观的研究结果，但随着研究资料、材料和方法的全面、丰富、改进，所得结果应会更接近客观实际，这方面的工作还待本课题组今后深入研究。而就推测结果本身，可作为与拟步甲近似类群相关研究的参考。

第二节　阿拉善高原拟步甲区系与邻近地区的关系

本研究中的阿拉善高原毗邻蒙古国、我国新疆，且与我国宁夏、甘肃、青海等相关地区的关系值得进一步分析。在漫长的演化过程中，阿拉善高原与邻近地区存在着极其复杂的关联，将其与毗邻及相关地区做一对比有助于更好地了解阿拉善高原拟步甲与其他地区拟步甲的亲缘关系。本研究采用索雷申群落相似性系数（Cs）对阿拉善高原及毗邻地区拟步甲分布进行分析比较，计算二者的相似性系数（表 5-1）。

表 5-1　阿拉善高原和邻近及相关地区拟步甲科物种相似性系数

地区	中国						蒙古国	哈萨克斯坦	吉尔吉斯斯坦	土库曼斯坦	塔吉克斯坦	乌兹别克斯坦
	内蒙古	宁夏	西藏	青海	甘肃	新疆						
已知种	191	89	177	79	88	258	223	470	159	413	259	331
共有种	109	62	6	30	69	56	77	12	0	4	1	4
相似性系数	0.55	0.42	0.03	0.21	0.47	0.24	0.36	0.04	0	0.01	0.004	0.01

注：与阿拉善高原区域重叠的数据已剔除。已知种数据来源：西藏数据来自石爱民（2006），其余地区数据主要来自 Löbl（2008）

相似性系数 Cs 计算公式如下，计算结果越大则表明 A、B 地区的区系性质越相似：

$$Cs = 2C/(A+B) \times 100\%$$

式中，C 为 A、B 地区共有种数量；A 为 A 地区物种的数量；B 为 B 地区物种的数量。

　　由表 5-1 可知，阿拉善高原拟步甲区系与邻近地区的相似性系数比较结果为：
内蒙古(0.55)＞甘肃(0.47)＞宁夏(0.42)＞蒙古国(0.36)＞新疆(0.24)＞青海(0.21)＞
哈萨克斯坦(0.04)＞西藏(0.03)＞土库曼斯坦(0.01)＝乌兹别克斯坦(0.01)＞塔吉
克斯坦(0.004)＞吉尔吉斯斯坦(0)，该结果真实反映了阿拉善高原拟步甲与这些
地区的亲缘关系。

　　总体上看，我国内蒙古、甘肃、宁夏、新疆、青海及蒙古国 6 个地区相似性
系数高，这是由于阿拉善高原与这些区域邻近，与它们在自然环境上具有比较高
的相似性，而越是与阿拉善高原自然环境状况接近、邻接的部分越多，其拟步甲
分布的相似性也越高。

　　而与新疆相似性系数高于属中亚地区西部的五国和同样为毗邻地区的青海，
除了自然环境的因素外，笔者推测还应与高原的区系起源有一定关联。阿拉善高
原与新疆的相似性系数高于中亚西部其他区域，达到 0.24，说明阿拉善高原拟步
甲与新疆的亲缘关系较近，而新疆拟步甲多数属于中亚种，从另一个方面也说明，
阿拉善高原拟步甲中亚成分的比例不可忽视，这从一定程度上印证了前一节有关
阿拉善高原拟步甲的起源与中亚有重要联系的粗略推测；虽然阿拉善高原拟步甲
的起源与中亚有着紧密的联系，但经过漫长的历史变迁，物种在阿拉善高原特殊
的自然环境下不断适应与演化，受各种环境因子的影响，从各方面适应当地环境，
并发生改变，在物种的种类组成上已与中亚有了很大不同；尤其是与中亚西部地
区，它们之间地理距离远，且有新疆从中间隔，自然地理环境的差异更为明显，
从而共有种数量稀少。

第三节　阿拉善高原拟步甲的生活型

　　对昆虫生活型的划分，可以帮助我们对研究区域内物种的习性、适应性等生
物学特性及分布现状进行更加深入地研究。任国栋等(1997)根据宁夏拟步甲生态
地理分布的特点将其生活型划分为高山型、沙漠型、草地型和农田型等。任国栋
和杨秀娟(2006)根据拟步甲科昆虫的生活环境将其生活型分为土栖、树栖、菌栖、
舍(仓)栖和肉食类 5 类。由此可见，对其生活型可依据不同的研究目的或环境影
响因子等进行多种划分。由第三章的分析可知，阿拉善高原已知分布拟步甲 5 亚
科 23 族 52 属 206 种(亚种)，而阿拉善高原的自然环境多以荒漠戈壁为主，间有
高山、山地，本节主要根据其生存环境将阿拉善高原分布拟步甲进行划分，旨在
探讨该地区拟步甲与生存环境间的适应联系。本研究在参考任国栋等(1998)及任
国栋和杨秀娟(2006)划分标准的基础上，将阿拉善高原现分布拟步甲大致分为以
下 4 类。

一、土栖类

阿拉善高原拟步甲多属此类。此类主要栖息于各种土块、石块或植物疏松的根际土壤及背风处的干枯杂草或杂物等遮蔽下的薄层浅土。这一类一般潜入较浅的土层中，其体色灰暗，与周围环境接近或呈黑色，有些种类背部粗糙，很容易黏附泥土且不易脱落，使得其个体与周围环境非常接近。当它们群集在一起时，远看很像是大小不等的土粒，很难区分，以此来增加其隐蔽性，如伪坚土甲属 *Scleropatrum* 的种类（图版 XIII1）。

二、树栖类

阿拉善高原树栖种较少，主要是背毛甲属 *Epitrichia*、伪叶甲属 *Lagria*、栉甲属 *Cteniopinus* 的一些种。例如，宁夏背毛甲 *Epitrichia ningsiana* Kaszab, 1956，攀援在沙蒿上，基本不离开植株。

三、舍（仓）栖类

此类主要是一些仓储类。例如，粉甲族 Alphitobiini、拟粉甲族 Triboliini、拟步甲族 Tenebrionini 中的一些仓储种，呈世界性分布。

四、洞穴栖类

此类主要栖息于蛇、鼠等或废弃的洞穴中，在野外调查中发现有琵甲族 Blaptini 藏匿于动物的洞穴或杂物形成的能遮蔽阳光、躲避酷暑的洞穴内。另外此类也易于在人类住宅或畜类圈舍周围的墙边、缝隙等湿度和温度适宜的局部小环境下采集到（图版 XIII 4）。

第四节　阿拉善高原拟步甲的适应特性

阿拉善高原绝大部分为荒漠戈壁，自然条件极其恶劣，而正是在这种条件下拟步甲仍能繁衍生息，甚至广泛分布，这充分说明拟步甲科昆虫具有极强的适应性。这也引出一个问题：在这样的不利条件下，拟步甲是如何生存下来并发展壮大的，其种群是如何保持如此强的生命力而不被环境所淘汰。从内部和外部因素出发，笔者认为其极强的适应性主要与下面几个方面有关。

一、生理适应

水是生物体维持生命和活力的最重要因素，是一切生命活动的基础，生物体内水分占据了其体重的一多半。干旱环境下，生物体如何获得水分，并将来之不易的水分保存下来，提高其利用效率，从而有效防止水分散失，应该是生物体在干旱环境下大部分适应性的根本归宿。而就本研究前期对 9 种琵甲族虫体含水量的测定，结果显示其含水量最高为 71.5%，最低仅为 58.6%（贾龙和于有志，2007），并且据前期实验结果可知琵甲族的虫体含水量大于拟步甲科其他荒漠类群。由此可见，在生物体含水量 60%～90% 的范围中，拟步甲处于中下水平。就拟步甲科昆虫而言，其对水分的需求量远小于其他生物体，这本身就是对干旱环境的适应。根据笔者观察和课题组多年来的积累将其对水分的适应归为以下几类。

（一）体壁的作用

拟步甲科昆虫中多数种类尤其是荒漠分布的种类，其后翅退化，并且愈合到身体上，不能飞翔，形成鞘翅，且鞘翅坚硬，透气性、透水性都很差，可以有效防止水分从体表蒸发；另外鞘翅缘折将其体壁上的气门完全包被，使得虫体所有由蒸发引起的水分散失必须要经过腹部末端才能排出（任国栋等，1990）。笔者推测，首先，由于蒸发而产生的水蒸气要在拟步甲体腔内循环才能经腹末排出，而这一过程也延长了水蒸气排出的时间，客观上使得蒸汽温度有所下降；其次，位于腹末的排出位置多位于身体下部，更加有利于水蒸气冷凝，使已经冷凝的水分及时回流到体内，同时又使得较热的蒸汽处于亚鞘窝上部，减少未经冷凝就散失的水蒸气排放量。在进行拟步甲虫体水分测定时也发现，若不将其身体的鞘翅掀揭开来，其虫体的水分也很难烘干，而且鞘翅异常坚硬。例如，鳖甲族昆虫必须借助镊子、剪刀等工具才能将鞘翅完全掀揭开来。

（二）亚鞘窝的作用

据任国栋等（1990）报道，拟步甲其鞘翅与腹部背面之间有一空腔，称为亚鞘窝，该结构的主要作用有 3 个：首先，该结构可以作为一种隔离带使得灼热的阳光不至于直接灼伤虫体内部器官，而起到气垫的作用；其次，如前所述，亚鞘窝与坚硬的鞘翅联合起到防止和减少水分散失、提高水分利用率的作用；再次，该结构据推测有类似于驼峰的作用，在水分充足时储存水分，而在干旱时段，虫体缺乏水分时加以利用。

二、形态适应

拟步甲身体结构对阿拉善高原环境的适应，除了上述的体壁和亚鞘窝对水分的适应属于身体结构的改变起适应作用，笔者还将其分为成虫期的适应和未成虫期的适应两部分。

(一)成虫期的适应

成虫对阿拉善高原特有环境的适应除了前述对水分的适应，还包括体色的适应、足的适应。首先，拟步甲尤其是在阿拉善高原分布的拟步甲绝大多数呈深色甚至是黑色，这与其所处的沙漠环境有极大关系，沙的比热容小，升温快、降温也快，这就造成了沙漠中的拟步甲既要适应白天的高温环境，又得忍耐日落后气温的骤降。而日间活动的种，其体色为黑色，并且如漠甲族和鳖甲族的一些种其体背面色黑且非常光亮，一方面在日间活动时可以有效利用其光亮反射强烈阳光的作用，另一方面则可以在阳光不甚强烈的黄昏或清晨利用体色吸收一部分热量，并保持一段时间，以缓解日落后和日出前气温骤降及气温尚未升高对其活动的影响；夜间活动为主的种，其体背则不甚光亮、体色暗黑，主要作用是有利于吸收周围环境的热量，另外便于隐蔽。

而足的适应主要包括足的长度及足部的具体结构。对足长度的对比可以发现，一般土栖类拟步甲，其足较短，且胫节至少是前足胫节，其宽度通常加大和扩展，有些种胫节端部等于或大于跗节长度的总和，且胫节外缘粗糙，甚至形成齿状结构，以便于在土中挖掘，如土甲族的部分种类。而足伸长的一类，多见于日间活动的鳖甲族 Tentyriini 和背毛甲族 Epitragini 的种，以利于其快速爬行。

足的具体结构改变主要见于其跗节刚毛。首先，在沙漠地区拟步甲跗节尤其是后足跗节生有浓密的长刚毛，这些刚毛使得虫体在灼热的沙面上行走时避免足直接接触沙面，起到了隔离足与高温沙面的关键作用；其次，长刚毛客观上使得虫体距离沙面的高度大幅提升，一定程度上降低了虫体腹面的空气温度；再次，跗节的长刚毛增加了足在掘沙时与沙的接触面积，更容易迅速刨出沙坑以便于其尽快躲避于沙下降低体温和暂时栖息。该足结构多见于鳖甲族和漠甲族的部分种。

(二)未成虫期的适应

未成虫期拟步甲对环境的适应性主要表现在幼虫和蛹两个阶段。就幼虫期来看，其活动能力相对较强，除较快的运动能力可以帮助其躲避天敌和其他动物对它的侵扰外，其身体结构的某些特有改变也可以起到适应环境、保护自身的目的。据张峰举(2004)报道，拟步甲科幼虫身体筒状、光滑，适于钻蛀，而其体壁骨化度较高，可适应在土中钻蛀时承压，犁铧状的前足跗爪，配合发达的前足适宜开挖，坚硬的上颚可以加固穴道，腹足刚毛及身体背板刺同样可以协助其固定身体，甚至第 10 腹节的退化足仍然可作为保持平衡的支撑点。而腹末端形成尾突，是一种适合于土中栖息的特征，甚至有些种类尾突上翘非常明显，并着生有端动刺，笔者推测这一特征与在土中运动时协助保持稳定及遇其他生物侵扰时自卫有一定关系。

　　拟步甲科昆虫的蛹为裸蛹，就蛹期来看，其活动能力较弱，体壁较软，相对于其幼虫和成虫活动能力则差很多，这就给自身防御带来了一个问题——如何防止其他昆虫或小动物对它的袭扰。拟步甲科蛹腹节背板均形成侧突，拟步甲亚科该侧突前后均形成骨化角，漠甲亚科仅前方有薄骨化片（于有志和杨贵军，2004；于有志等，1999a），根据本课题组对土甲族 11 种蛹的结构进行深入研究发现，该族 11 种蛹的腹节背侧突板状，第 1 腹背侧突后缘、第 2～6 腹背侧突前后缘、第 7 腹背侧突前缘均极为强烈骨化为锯齿状（图版 XIII 5、6，XIV 1～6，XV 1～3）（Jia et al.，2013）。据 Bouchard 和 Steiner（2004）报道，澳大利亚及南亚、太平洋地区的圆甲族 Coelometopini 蛹的背板侧突虽然形状有差异，但当受到惊扰或刺激时，随着蛹体的侧向扭动，其腹节背板侧突的后缘与下一节的前缘密切配合形成了一种被称为"gin trap"——阱铗的结构，对袭扰生物予以防卫。而土甲族这一结构由于其内部由骨化的锯齿状腹板侧突前后缘组成，且随着蛹体不断侧向扭动就如同一个个开合的剪刀，扭动剧烈则开合幅度增大，可对侵入蛹体两节背侧突之间的其他生物造成巨大威胁，从而起到反捕适应的效果。

三、生物学适应

　　拟步甲科昆虫对沙漠戈壁环境的适应，在生物学方面主要可以分为生活习性的适应、生活史的适应。

（一）生活习性的适应

　　首先就拟步甲科昆虫食性来看，在干旱环境下的水分稀缺造成了这一环境下食物的匮乏，而拟步甲科昆虫食性非常杂，不仅可以取食植物的果实、叶片等植物性食物，在极端的条件下甚至会取食动物的尸体、粪便等（图版 XV4），其幼虫甚至能够取食自身的皮蜕或同化腐殖质赖以生存。部分成虫的体背具粗糙的瘤突或生有密毛，可以很容易黏附周围环境中的泥土，从而与其周边的环境保持高度的一致，便于隐蔽，属反捕适应，如脊漠甲属 Pterocoma 和伪坚土甲属 Scleropatrum 的种。另外，就其产卵习性，经笔者观察，发现钝突笨土甲、多刻漠土甲等喜欢将卵散产于土壤的干湿交界处。这一习性或许因环境干旱而影响孵化，故成虫选择散产以提高孵化率，产于干湿交界处也是在干、湿间选择最适于卵孵化的条件所形成的适应,如磨光琵甲产卵时将产卵器插入沙土中,产毕用沙土覆盖(于有志和张峰举,2004)。成虫和幼虫的假死性,是为迷惑其他生物而暂时伪装死亡,待危险过去继续活动,甚至在饲养更换沙土时土甲属的幼虫会被误以为死亡;群集性及潜入较深的土层中化蛹,均是为了躲避其他动物的侵扰或在群集时遇到侵扰四散奔逃以使得对方不能各个方向兼顾,以期提高生存概率。白天活动的种多数有极强的奔跑能力,为适应高温环境时常会在沙漠的小丛植物成片连接处形成小聚集以暂时休息,或迅速奔跑并刨出沙坑躲避其中(图版 XV5),在大棵植物下虫子相对较多与该环境下温湿度相对适宜有关,另外,处于被动防御的目的,部分种类会选择晚上活动以减少天敌侵扰。琵甲族 Blaptini 昆虫在遇到危险时,身体前倾,尾部抬高,喷射出具有恶臭味的黄褐色防御腺分泌物以保护自己,驱赶对方。

(二)生活史的适应

拟步甲昆虫绝大部分以成虫或成、幼虫越冬,并于翌年春天出土活动,尤其在荒漠地区,稀见以其他虫态越冬者。这与其蛹的抗逆性较差有关,为在恶劣环境下提高生存概率,它们逐渐选择适应环境能力最强的两个虫态越冬,这大大降低了其因寒冷干燥环境而死亡的比例。以钝突笨土甲 *P. (M.) nojonicus* 和多刻漠土甲 *M. (O.) punctipennis* 为例,均以成虫和幼虫两种虫态越冬,翌年春季再次开始活动(贾龙等,2013)。

总之,拟步甲科昆虫对阿拉善高原干旱环境的适应是多方面的,也是经过长期选择适应的结果。不一一列举,但其归宿均是为了适应当地的环境条件而产生的,这些适应性是如何产生的,又是向哪些方向继续发展的,也是本课题深入研究的一个重要方向。

参 考 文 献

安雯婷. 2010. 中国漠王族 Platyopini 系统学研究(鞘翅目: 拟步甲科). 河北大学理学硕士学位论文.

巴士杰, 马尔旺. 1992. 阿拉善盟农牧业区划. 呼和浩特: 内蒙古人民出版社: 426-440.

巴义彬. 2012. 中国漠甲亚科分类与地理分布(鞘翅目: 拟步甲科). 河北大学博士学位论文.

白明. 2004. 中国朽木甲亚科 Alleculinae(鞘翅目: 拟步甲科)系统学研究. 河北大学硕士学位论文.

陈斌. 1995. 中国伪叶甲科分类研究. 西南农业大学博士学位论文.

陈善科, 保平, 张学英. 2000a. 阿拉善荒漠草地生态危机及其治理对策. 草原与草坪, (3): 9-11.

陈善科, 保平, 杨惠民. 2000b. 阿拉善荒漠几种主要害虫对草地的危害及其防治. 草业科学, 17(3): 44-46, 50.

陈世骧. 1978. 进化论与分类学(第二版). 北京: 科学出版社: 35.

陈文彬, 徐锡伟. 2006. 阿拉善地块南缘的左旋走滑断裂与阿尔金断裂带的东延. 地震地质, 28(2): 319-324.

陈曦. 2010. 中国干旱区自然地理. 北京: 科学出版社: 495-534.

戴金霞, 于有志, 任国栋. 2000a. 四种笨土甲属幼虫记述(鞘翅目: 拟步甲科). 河北大学学报(自然科学版), 20(增刊): 83-86.

戴金霞, 于有志, 任国栋. 2000b. 土甲族八种昆虫幼虫记述(鞘翅目: 拟步甲科). 宁夏农学院学报, 21(2): 51-56.

丁宏伟, 王贵玲. 2007. 巴丹吉林沙漠湖泊形成的机理分析. 干旱区研究, 24(1): 1-7.

董治平, 张元生, 代炜. 2007. 阿拉善地块下插河西走廊的发现及其构造意义. 甘肃科学学报, 19(1): 91-93.

高超. 2007. 中国菌甲族 Diaperini 部分类群分类研究(鞘翅目: 拟步甲科). 河北大学硕士学位论文.

高兆宁. 1999. 宁夏农业昆虫图志(第三集). 北京: 中国农业出版社: 156-166.

龚家栋. 2005. 阿拉善地区生态环境综合治理意见. 中国沙漠, 25(1): 98-105.

顾磊, 王立强, 李明治. 2011. 中国西北干旱半干旱区阿拉善沙漠和黄土高原的物源分析. 干旱区资源与环境, 25(4): 45-49.

郭华东, 刘浩, 王心源, 等. 2000. 航天成像雷达对阿拉善高原次地表古水系探测与古环境分析. 中国科学(D 辑), 30(1): 88-96.

韩海涛, 胡文超, 司建华, 等. 2008. 阿拉善地区气候时空变化规律研究. 干旱区资源与环境, 22(12): 89-92.

呼和巴特尔, 白音巴图, 杜跃峰. 1994. 黑须污蝇(*Wohlfahrtia magnifica* Schiner. 1862)生活习性的观察与研究. 内蒙古农牧学院学报, 15(2): 1-4.

呼和巴特尔, 杜跃峰, 白音巴图, 等. 1993. 内蒙古阿拉善左旗污蝇种类调查(一). 内蒙古农牧学院学报, 14(2): 7-12.

胡晨阳, 周惠玉, 张翠华, 等. 2009. 内蒙古阿拉善左旗沙蒿尖翅吉丁生物学特性初步研究. 内蒙古林业科技, 35(1): 42-43.

胡乔木. 1992. 中国大百科全书. 中国地理. 北京: 中国大百科全书出版社: 3.

黄银晓, 林舜华, 孔令韶, 等. 1996. 内蒙阿拉善地区植物与土壤元素背景值特征及其相互关系. 应用与环境生物学报, 2(4): 329-339.

贾龙, 于有志. 2007. 9 种琵甲族昆虫营养成分的测定分析. 宁夏大学学报(自然科学版), 28(4): 360-363.

贾龙, 任国栋, 于有志, 等. 2013. 两种中国特有土甲幼期的形态及生物学特征. 西北农业学报, 22(5): 179-185.

李春筱, 董治宝, 常佩静, 等. 2011. 阿拉善高原近 45a 来气温变化特征分析. 中国沙漠, 31(3): 788-792.

李鸿昌, 马耀, 张卓然, 等. 1990. 内蒙古蝗总科 Aeridoidea 区系组成及其区域分布的研究. 昆虫分类学报, 12(3-4): 171-193.

李吉均, 方小敏. 1998. 青藏高原隆起与环境变化研究. 科学通报, 43(15): 1569-1574.

李吉均, 方小敏, 马海洲, 等. 1996. 晚新生代黄河上游地貌演化与青藏高原隆起. 中国科学(D辑), 26(4): 316-322.

李锦秀, 肖洪浪, 任娟. 2011. 阿拉善地区水资源与生态环境变化及其对策研究. 干旱区资源与环境, 24(11): 56-61.

李景海, 谢俊仁, 张宝林, 等. 2007. 阿拉善植被对我国北方生态安全的影响. 内蒙古草业, 19(2): 59-64.

李俊兰, 能乃扎布. 2004. 内蒙古长蝽科昆虫新种新记录记述(半翅目: 长蝽科). 昆虫分类学报, 26(3): 166-170.

李哲. 2002. 中国琵甲族Blaptini(鞘翅目: 拟步甲科)系统学研究. 河北大学硕士学位论文.

刘春莲, 刘菊莲. 2010. 阿拉善植被退化成因及保护措施浅析. 内蒙古气象, (2): 21-25.

刘浩宇. 2010. 青藏高原拟步甲区系与地理分布(鞘翅目: 拟步甲总科). 河北大学博士学位论文.

刘永江, 乌宁, 照日格图. 1997. 内蒙古高原瓢虫的研究Ⅱ阿拉善地区瓢虫科(Coccinellidae)昆虫调查. 干旱区资源与环境, 11(2): 99-103.

刘志宁, 刘颖, 刘和平, 等. 2012. 浅析阿拉善盟风能资源特征与区划. 内蒙古气象, (3): 32-34.

马春梅, 高启晨. 2000. 阿拉善盟生态环境保护与建设对策. 内蒙古林业科技, (3): 4-7.

马世骏, 1959. 中国昆虫地理区划. 北京: 科学出版社, 35-75.

毛本勇. 2008. 云南蝗虫区系、分布格局及适应特征. 河北大学博士学位论文.

毛本勇, 任国栋, 欧晓红. 2011. 云南蝗虫区系、分布格局及适应特性. 北京: 中国林业出版社: 1-336.

孟磊. 2005. 中国刺甲族Platyscelidini(鞘翅目: 拟步甲亚科)系统学研究. 河北大学理学硕士学位论文.

那日苏, 能乃扎布. 1993. 中国皮蝽科一新种记述(半翅目). 昆虫分类学报, 15(2): 87-90.

娜仁图雅, 张东明. 2009. 阿拉善荒漠化生态治理对策研究. 当代畜禽养殖业, (2): 50-53.

潘高娃, 张树礼, 陶黎. 1997. 阿拉善地区生物多样性与自然保护区规划. 内蒙古环境保护, 9(4): 28-31.

庞西磊, 尹辉. 2009. 阿拉善高原盐湖水化学特征的主成分分析研究. 地质学报, 29(2): 199-203.

齐宝瑛, 能乃扎布. 1996. 盲蝽科一新属及二新种记述(半翅目: 盲蝽科). 昆虫学报, 39(3): 298-305.

秦玉英. 2009. 浅谈阿拉善盟矿产资源开发引发的环境问题及其治理对策建议. 水土保持, (4): 49-50.

任国栋. 1992. 中国西北沙漠拟步甲二新种(鞘翅目: 拟步甲科). 动物学研究, 13(4): 329-332.

任国栋. 1993. 中国漠潜属三新种(鞘翅目: 拟步甲: 沙潜族). 昆虫学报, 36(4): 486-489.

任国栋. 1994. 中国刺足甲属一新种(鞘翅目: 拟步甲科). 动物分类学报, 19(3): 351-353.

任国栋, 巴义彬. 2010. 中国土壤拟步甲志(第二卷鳖甲类). 北京: 科学出版社.

任国栋, 白明. 2005. 鞘翅目: 拟步甲科. 见: 杨星科. 秦岭西段及甘南地区昆虫. 北京: 科学出版社: 379-389.

任国栋, 贾龙. 2013. 宁夏拟步甲的多样性组成与区系. 环境昆虫学报, 35(3): 277-288.

任国栋, 王新谱. 2001. 中国琵甲属八新种(鞘翅目, 拟步甲科). 昆虫分类学报, 23(1): 15-27.

任国栋, 杨秀娟. 2006. 中国土壤拟步甲志(第一卷土甲类). 北京: 高等教育出版社.

任国栋, 叶建华. 1990. 姬兜胸鳖甲生物学记述. 植物保护, 16(3): 15-16.

任国栋, 于有志. 1994. 中国西北拟步甲新种和新记录(鞘翅目: 拟步甲科). 见: 廉振民. 昆虫学研究. 陕西: 陕西师范大学出版社: 87-90.

任国栋, 于有志. 1999. 中国荒漠半荒漠的拟步甲科昆虫. 保定: 河北大学出版社.

任国栋, 于有志. 2000. 中国砚甲属幼虫小志(鞘翅目: 拟步甲科). 河北大学学报(自然科学版), 20(增刊): 52-57.

任国栋, 郑哲民. 1993a. 扁胫甲——中国新纪录族、属及其一新种(鞘翅目: 拟步甲科). 宁夏大学学报(自然科学版), 14(4): 77.

任国栋, 郑哲民. 1993b. 中国西北荒漠背毛甲族四新种(鞘翅目: 拟步甲科). 宁夏农学院学报, 14(增刊): 50-58.

任国栋, 郑哲民. 1993c. 皮鳖甲属昆虫六新种(鞘翅目: 拟步甲: 鳖甲属). 宁夏农学院学报, 14(增刊): 34-43.

任国栋, 朱晓梅, 张宏羽. 1997. 宁夏拟步甲的区系组成和分布特征. 西北农业学报, 6(2): 76-81.

任国栋, 何燕, 于有志. 1998. 中国已知拟步甲的种类组成和分布概貌. 华东昆虫学报, 7(1): 12-20.

任国栋, 王希蒙, 马峰. 1993a. 中国漠王属二新种及一新记录种(鞘翅目: 拟步甲科). 宁夏农学院学报, 13(增刊): 4-49.

任国栋, 于有志, 马峰, 等. 1993b. 中国漠潜属的分类研究及三新种五新记录种(鞘翅目: 拟步甲科). 宁夏农学院学报, 14(增刊): 24-33.

任国栋, 闻国宏, 张学文. 1990. 沙地拟步甲亚鞘窝作用的研究. 昆虫知识, 27(3): 160-162.

石爱民. 2006. 西藏拟步甲区系分类研究(鞘翅目: 拟步甲总科). 河北大学博士学位论文.

石凯. 2005. 内蒙古合垫盲蝽亚科(Orthotylinae)昆虫的分类学研究. 内蒙古师范大学硕士学位论文.

史美良. 1987. 阿拉善地区地质构造问题的几点认识. 中国区域地质, (3): 268-273.

孙培善, 孙德钦. 1964. 内蒙高原西部水文地质初步研究. 见: 中国科学院治沙队. 治沙研究, 第六号. 北京: 科学出版社: 245-317.

孙志强, 孙志刚. 2010. 阿拉善荒漠区气象灾害分析与防御. 内蒙古气象, (5): 17-20.

田兆丰, 马忠余. 1999. 中国地种蝇属一新种记述(双翅目: 花蝇科). 动物分类学报, 24(2): 217-219.

田兆丰, 马忠余. 2000. 中国内蒙古溜蝇属一新种(双翅目: 蝇科). 动物分类学报, 25(2): 212-213.

佟灵宝, 能乃扎布. 2008. 花蝽科中国二新种及二新纪录种. 动物分类学报, 33(3): 590-594.

王伴月, 王培玉. 1990. 内蒙古阿拉善左旗乌尔图地区早中新世哺乳动物群的发现及其意义. 科学通报, (8): 607-611.

王超, 郭华东, 张云和. 1991. 内蒙古巴音诺尔公地区雷达图像构造分析. 见: 郭华东. 雷达图像分析及地质应用. 北京: 科学出版社: 103-107.

王乃昂, 李卓仑, 程弘毅, 等. 2011. 阿拉善高原晚第四纪高湖面与大湖期的再探讨. 科学通报, 56(17): 1367-1377.

王同和. 1990. 阿拉善弧形盆地系的构造迁移. 石油实验地质, 16(3): 273-281.

王新谱, 杨贵军. 2010. 宁夏贺兰山昆虫. 银川: 宁夏人民出版社.

王新谱, 于有志, 任国栋. 2000. 中国漠王族幼虫分类研究(鞘翅目: 拟步甲科). 河北大学学报(自然科学版), 20(增刊): 87-93.

魏均鸿, 张治良, 王荫长. 1989. 中国地下害虫. 上海: 上海科学技术出版社: 400-414.

乌恩图. 2012. 阿拉善荒漠区种子植物科的初步分析. 内蒙古林业调查设计, 35(6): 90-92.

乌宁, 刘永江, 照日格图. 1997. 内蒙古瓢虫科昆虫的研究——阿拉善地区瓢虫科昆虫的调查. 内蒙古教育学院学报, (2): 19-21.

吴福桢, 高兆宁. 1978. 宁夏农业昆虫图志(修订版). 北京: 农业出版社: 260-261.

吴团荣, 保平, 陈善科, 等. 2006. 阿拉善荒漠草原几种主要害虫对草地的危害及其防治对策. 内蒙古草业, 18(2): 45-47.

武晓东, 傅和平, 庄光辉, 等. 2000. 内蒙古阿拉善荒漠区啮齿动物区系调查. 内蒙古农业大学学报, 21(4): 36-39.

武晓东, 傅和平, 庄光辉, 等. 2003. 内蒙古阿拉善地区啮齿动物的地理分布及区划. 动物学杂志, 38(2): 27-31.

奥耕思, 郑哲民. 1993. 内蒙古华癞蝗属一新种(直翅目: 癞蝗科). 动物分类学报, 18(2): 193-195.

徐吉山. 2013. 云南拟步甲区系与地理分布特征. 河北大学博士学位论文.

杨贵军. 2002. 蒙新区漠甲亚科(subfamily Pimeliinae)幼虫系统学研究(鞘翅目: 拟步甲科). 宁夏大学农学硕士学位论文.

杨蕤. 2006. 西夏时期河套平原、阿拉善高原、河西走廊等地区生态与植被. 敦煌学辑刊, (3): 145-151.

杨勇奇, 郝俊, 郭文举, 等. 1993. 内蒙古阿拉善地区的半翅目昆虫. 内蒙古师大学报(自然科学汉文版生物学增刊), (4): 7-15.

姚正毅, 王涛, 杨经培, 等. 2008. 阿拉善高原频发沙尘暴因素分析. 干旱区资源与环境, 22(9): 54-61.

由伟丰, 张海清, 校培喜, 等. 2011. 北祁连山—阿拉善地区寒武纪构造—岩相古地理. 地理科学进展, 26(10): 1092-1100.

于有志, 任国栋 1997 中国栉属五新种(拟步甲科· 朽木甲亚科) 四川动物, 16(1): 8-12.

于有志, 任国栋. 2000. 中国北方朽木甲亚科幼虫分类研究(鞘翅目: 拟步甲科). 河北大学学报(自然科学版), 20(增刊): 58-62.

于有志, 杨贵军. 2004. 北方漠甲亚科昆虫蛹的鉴别. 昆虫知识, 41(4): 354-357.

于有志, 张峰举. 2004. 磨光琵甲(鞘翅目: 拟步甲)生物学特性的研究. 宁夏农学院学报, 25(1): 5-7, 16.

于有志, 任国栋, 戴金霞. 1999a. 北方拟步甲科昆虫蛹的鉴别(鞘翅目). 宁夏大学学报(自然科学版), 20(4): 364-367.

于有志, 张大治, 王新谱. 1999b. 琵甲族 Blaptini 五种昆虫幼虫形态(鞘翅目: 拟步甲科). 宁夏农学院学报, 20(4): 15-20.

于有志, 任国栋, 傅志斌. 1993a. 我国北方拟步甲科土栖幼虫常见类群检索. 宁夏农学院学报, 14(增刊): 72-75.

于有志, 任国栋, 马峰. 1993b. 六种土栖拟步甲科昆虫蛹的记述(鞘翅目). 宁夏农学院学报, 14(增刊): 79-84.

于有志, 任国栋, 马峰. 1993c. 琵甲族 Blaptini 八种幼虫的记述(鞘翅目: 拟步甲科). 宁夏农学院学报, 14(增刊): 59-70.

于有志, 任国栋, 马峰. 1994. 花粉甲亚科二种幼虫的形态(鞘翅目: 朽木甲科). 昆虫知识, 31(2): 114-116.

于有志, 任国栋, 马峰. 1995. 漠甲亚科八种幼虫记述(鞘翅目: 拟步甲科). 昆虫学报, 38(3): 347-354.

于有志, 任国栋, 孙全兴. 1996. 北方常见琵甲族 Blaptini 昆虫幼虫形态及属种检索(鞘翅目: 拟步甲科). 昆虫知识, 33(4): 198-203.

于有志, 戴金霞, 任国栋. 2000a. 土甲属(鞘翅目: 拟步甲科)七种幼虫的形态研究. 宁夏农学院学报, 21(1): 1-6.

于有志, 任国栋, 于利子. 2000b. 蒙新区四种拟步甲幼虫记述(鞘翅目: 拟步甲科). 河北大学学报(自然科学版), 20(增刊): 63-67.

于有志, 任国栋, 张大治. 2000c. 脊漠甲属六种幼虫记述(鞘翅目: 拟步甲科). 河北大学学报(自然科学版), 20(增刊): 74-78.

于有志, 任国栋, 张大治. 2000d. 漠甲族七种幼虫形态描述(鞘翅目: 拟步甲科). 河北大学学报(自然科学版), 20(增刊): 68-73.

于有志, 张大治, 任国栋. 2000e. 北方常见刺甲族 Platyscelini 昆虫幼虫的鉴别(鞘翅目: 拟步甲科). 昆虫知识, 37(3): 160-163.

于有志, 张大治, 任国栋. 2000f. 中国琵甲属幼虫分类研究 I (鞘翅目: 拟步甲科). 河北大学学报(自然科学版), 20(增刊): 94-101.

于有志, 王新谱, 任国栋. 2000g. 两种琵甲幼虫营养成分的测定和分析初报. 河北大学学报(自然科学版), 20(增刊): 115-117.

张百平, 张雪琴, 姚永慧, 等. 2009. 内蒙古阿拉善地区的荒漠化与战略性对策. 干旱区研究, 26(3): 438-448.

张秉仁. 2005. 遥感图像三维技术研究及古黄河源头水系的新发现. 吉林大学博士学位论文.

张承礼. 2010. 中国荒漠半荒漠拟步甲的区系起源与平行进化. 河北大学硕士学位论文.

张大治, 于有志, 任国栋. 2000. 中国琵甲属幼虫分类研究 II (鞘翅目: 拟步甲科). 河北大学学报(自然科学版), 20(增刊): 102-109.

张峰举. 2004. 拟步甲亚科昆虫酯酶同工酶及幼虫系统学研究(鞘翅目: 拟步甲). 宁夏大学硕士学位论文.

张峰举, 于有志. 2004. 土甲族5种幼虫的记述(鞘翅目: 拟步甲科). 宁夏大学学报(自然科学版), 25(3): 260-263.

张国庆, 田明中, 刘斯文, 等. 2010. 阿拉善沙漠地质遗迹全球对比及保护行动规划. 干旱区资源与环境, 24(6): 45-50.

张慧. 2010. 中国圆痕叶蝉亚科系统分类研究(半翅目: 叶蝉科). 内蒙古师范大学硕士学位论文.

张建英. 2005. 12 种拟步甲科昆虫生物学特性研究(鞘翅目). 宁夏大学农学硕士学位论文.

张景光, 杨根生, 王新平, 等. 2004. 拟建大柳树灌区对生态环境的影响. 中国沙漠, 24(2): 227-233.

张兰生, 方修琦. 2012. 中国古地理. 北京: 科学出版社.

张荣祖. 2011. 中国动物地理. 北京: 科学出版社.

张永清, 韩建刚, 孟二根, 等. 2003. 内蒙古阿拉善盟巴音诺日公地区赛里超单元的特征及构造意义. 华南地质与
　　矿产, (2): 36-40, 57.

张兆干. 1992. 内蒙古高原中南部的新构造运动. 南京大学学报(地理), 13: 33-43.

张宗祜, 李烈荣. 2004. 中国地下水资源(综合卷). 北京: 中国地图出版社.

张祖辉, 洪祖寅. 1999. 内蒙古阿拉善左旗早石炭世有孔虫动物群的发现. 微体古生物学报, 16(2): 195-206.

章世美, 赵泳祥. 1996. 中国农林昆虫地理分布. 北京: 中国农业出版社.

赵铁桥. 1991. 近代外国人在中国的生物资源考察(续). 生物学通报, (8): 28-30.

赵小林. 2012. 中国莱甲属 Laena 和小莱甲属 Hypolaenopsis 分类(鞘翅目: 拟步甲科: 伪叶甲亚科). 河北大学硕士
　　学位论文.

赵养昌. 1963. 中国经济昆虫志 第四册 鞘翅目 拟步行虫科. 北京: 科学出版社.

郑乐怡, 高兆宁. 1990. 宁夏半翅目昆虫记录. 宁夏农林科技, (3): 15-18.

周良仁. 1989. 阿拉善弧形构造带的基本特征. 西北地质, (2): 1-8.

周勇. 2011. 中国伪叶甲亚族分类研究(鞘翅目: 拟步甲科: 伪叶甲族). 河北大学理学硕士学位论文.

周志宇, 颜淑云, 秦彧, 等. 2009. 阿拉善干旱荒漠区灌木多样性的特点. 23(9): 146-150.

朱玉香. 2003. 中国伪叶甲亚科形态学和分类学研究(鞘翅目: 伪叶甲科). 西南农业大学硕士学位论文.

Allard E. 1883. Mélanges Entomologiques. *Annales de la Société Entomologique de Belgique*, 27: 5-49.

Allard M E. 1880. Essiai de Classification des Blapsides de L'Ancien Monde. 1e partie. *Ann Soc Ent Fr*, 10(5): 269-320.

Allard M E. 1882. Essiai de Classification des Blapsides de L'Ancien Monde. 4e etdernière partie. *Ann Soc Ent Fr*, 2(6):
　　77-140.

Ba Y B, Ren G D. 2009. Taxonomy of *Trigonocnera* Reitter, with the description of a new species (Coleoptera,
　　Tenebrionidae). *Zootaxa*, 2230: 51-56.

Bates F. 1879. Characters of the new genera and species of Heteromera collected by Dr. Stoliczka during Forsyth
　　Expedition to Kashgar in 1873-74. *Cistula Entomologica*, 2(1875-1882): 467-484.

Bates F. 1890. Heteroptera. *In*: Ball V. Scientific results of the second Yarkand Mission. Based upon the collections and
　　notes of the late Ferdinand Stoliczka, Ph. D. Calcutta: Office of Superintendent of Government Printing: 55-79.

Billberg G J. 1820. Enumeratio insectorum in Museo Gust. Joh. Billberg. Stockholm: Typis Gadelianis: 1-138.

Blanchard E. 1845. Histoire des insectes, traitant de leur moeurs et de leur métamorphoses en générale et comprenant une
　　nouvelle classification fondée sur leur rapports naturelles. *In*: Traité Complet d'Histoire Naturelle. Histoires des
　　insectes. Tome second. Paris: Firmin Didot Frères.

Bogachev A V. 1946. Novye chernotelki (Tenebrionidae) Palearctiki. *Doklady Akademii NaukAzerbay-dzhanskoy SSR*,
　　2(9): 391-394.

Bogachev A V. 1949. Novye palearcticheskie vidy Epitragini i Pimeliini (Tenebrionidae). *Doklady Akademii Nauk
　　Azerbaydzhanskoy SSR*, 5(7): 277-280.

Bogdanov-Katjkov N N. 1915. De speciebus novis vel parum cognitis Tentyriinorum (Coleoptera, Tenebrionidae).
　　Russkoe Entomologicheskoe Obozrenie, 15(I): 1-7.

Borchmann F. 1930. Die Gattung Cteniopinus Seidlitz. *Koleopterologische Rundschau*, 15: 143-164.

Borchmann F. 1941. Uber die von Herrn J. Klapperich in China gesammelten Heteromeren. *Entomologische Blatter*, 37: 22-29.

Bouchard P, Steiner W F. 2004. First descriptions of Coelometopini pupae (Coleoptera: Tenebrionidae) from Australia, Southeast Asia and the Pacific region, with comments on phylogenetic relationships and antipredator adaptations. *Systematic Entomology*, 29: 101-114.

Bouchard P, Bousquet Y, Davies A E, et al. 2011. Family-group names in Coleoptera (Insecta). *ZooKeys*, 88: 1-972.

Bouchard P, Lawrence J F, Davies A E, et al. 2005. Synoptic classification of the world Tenebrionidae (Insecta: Coleoptera) with a review of the family-group names. *Annales Zoologici*, 4 (55): 499-530.

Brullé G A. 1832. IVᵉ Classe. Insectes. *In*: Brullé G A, Guérin-Méneville F M. Expédition scientifique de Morée. Section des sciences physiques. Tome III. - l. re partie. Zoologie. Deuxiéme Section. - Des animaux articulés. Paris *et* Strasbourg: F. G. Levrault: 1-240.

Csiki E. 1901. Bogarak. Coleopteren. *In*: Horvath G. Dritte asiatische Forschungsreise des des Orafen Eugen Zichy. Band II. Zoologische Ergebnisse der dritten asiatischen Forschungsreise des Orafen Eugen Zichy. Budapest: Victor Hornyanszky and Leipzig: Karl w. Hiersemann: 77-120.

Dejean P. F. M. A. 1834. Catalogue des coleopteres de la collection de M. le Comte Dejean. Deuxieme edition. Paris: Mequignon-Marvis Peres et Fils: 177-256.

Deyrolle H. 1878. [new taxa]. *In*: Deyrolle H, Fairmaire L. Description de Coléoptères recueillis par M l' abbé David dans la Chine centrale. Annales de la Société Entomologique de France: 87-140.

Egorov L V. 1990. On systematics of tenebrionid beetles of the tribe Platyscelidini (Coleoptera, Tenebrionidae). *Entomologicheskoe Obozrenie*, 69 (2): 401-412.

Egorov L V. 2004. The Classification of Tenebrionid Beetles of the Tribe Platyscelidini (Coleoptera, Tenebrionidae) of the World Fauna. *Entomological Review*, 83 (3): 581-673.

Egorov L V. 2007. A new synonym in the tribe Blaptini (Coleoptera, Tenebrionidae). *Entomologicheskoe Obozrenie*, 86 (1): 171-175.

Eschscholtz J F. 1829. Zoologischer Atlas, enthaltend Abbildungen und Beschreibungen neuer Tierarten, während des Flottscapitains V. Kotzebue zweiter Reise um die Welt, auf der Russisch-keis. Kriegsschlupp Predpriatie in den Jahren 1823-1826 beobachtet. Drittes Heft. Berlin: G. Reimer: 18.

Eschscholtz J F. 1831. Zoologischer Atlas, enthaltend Abbildungen und Beschreibungen neuer Tierarten, während des Flottscapitains V. Kotzebue zweiter Reise um die Welt, auf der Russisch-keis. Kriegsschlupp Predpriatie in den Jahren 1823-1826 beobachtet. Viertes Heft. Berlin: G. Reimer: 19.

Espanol C. 1953. Los Crypticini Palaerucos (Col. Tenebrionidae). *Eos Madrid*, 31: 7-38.

Fabricius J C. 1775. Systema Entomologicae, Systens Insectorum Classes, Ordines, Genera, Species, Adiectis Synonymis, Locis, Descriptionibus, Observationibus. Flensburgi *et* Lipsiae: Libraria Kortii: 1-832.

Fabricius J C. 1781. Species insectorum, exhibens eorum differentias specificas, synonyma auctorum, loca natalia, metamorphosis, adiecitis observationibus, descriptionibus. Tom I. Hamburgi *et* Kilonii: Carol Ernest Bohnii.

Fabricius J C. 1792. Entomologica systematica emendata et aucta. Secundum classes, ordines, genera, species adjectis synonimis, locis, observationibus, descriptionibus. Tom I. Pars 1. Hafniae: Christ Gottl Proft.

Fabricius J C. 1801. Systema Eleutheratorum secundum ordines, genera, species adiectis synonyxmis, locis, observationibus, descriptionibus. Tomus I. Kiliae: Bibliopolii Academici.

Fairmaire L. 1886. Descriptions de Coléoptères de l'intérieure de la Chine. *Annales de la Société Entomologique de France*, 6: 303-356.

Fairmaire L. 1887. Notes sur les Coléoptères des environs de Pékin (1ᵉ partie). *Revue d'Entomologie* (Caen), 6: 312-336.

Fairmaire L. 1888. Descriptions de Coleopteres de L'interieur de la Chine. *Ann Soc Ent Belg*, 32: 26-27.

Fairmaire L. 1891. Description de coleopteres de l'interieur de la Chine (Suite, 6ᵉ partie). *Comptes-Rendus des Seances de la Societe Entomologique de Belgique*, 1891: vi-xxiv.

Faldermann F. 1835. Coleopterorum ab illustrissimo Bungio in China boreali, Mongolia, et Montibus Altaicis collectorum, nec non ab ill. Turczaninoffio et Stchukino e provincia Irkutsk missorum illustrationes. *Memoires de I 'Academie Imperiale des Sciences de St. Petersbourg. Sixieme Serie. Sciences Mathematiques, Physiques et Naturelles*, 3(1): 337-464.

Faldermann F. 1836. Bereicherung zur Käfer-Kunde des Russischen Reiches. *Bulletin de la Société des Naturalistes de Moscou*, 9: 351-398.

Fischer von Waldheim G. 1822. Entomographie de la Russie [Entomographia Imperii Rossici]. Auctoritate Societatis Caesareae Mosquensis naturae scrutatorum collecta et in lucem edita. Volumen I. Mosquae: Auguste Semen: viii, 210.

Fischer von Waldheim G. 1844. Spicilegum Entomographiae Rossicae. II. Heteromera. *Bulletin de la Societe imperiale des Naturalistes de Mouscou*, 17: 3-144.

Frivaldszky J. 1889. Coleoptera in expeditioned. comitis Belae Széchenyi in China, praecipue borealis, a dominis Gustavo Kreitner et Ludovico Lóczy anno 1879 collecta. *Természetrajzi Füzetek*, 12: 197-210.

Gebien H. 1937. Katalog der Tenebrioniden (Col. Heteromera) Teil I. *Pubblicazioni del Museo Entomologico "Pietro Rossi" Duino*, 2: 505-883.

Gebien H. 1940. Katalog der Tenebrioniden, Teil II. *Mitteilungen der Münchener Entomologischen Gesellschaft*, 30: 755-786.

Gebler F A. 1825. Coleopterorum Sibiriae species novae. *In*: Hummel A D. Essais Entomologiques, Insectes de 1824. Novae species. Vol. 1, Nr. 4. St. Petersbourg: Chancellerie privee du Ministere de l'lnterieur:42-57.

Gebler F A. 1829. Bemerkungen liber die Insekten Sibiriens, vorzliglich des Altai. [Part 3]. *In*: Lederbour C F. Reise durch das Altai-Gebirge und die soongorische Kirgisen-Steppe. AufKostender Kaiserlichen Universitiit Dorpat unternommen im Jahre 1826 in Begleitung der Herren D. Carl AntonMiecherund D. Alexander von Bunge K. K. Collegien Assessors. Zweiter Theil. Berlin: G. Reimer: 1-228.

Gebler F A. 1832. Notice sur les Coléoptères qui se trouvent dans le district des mines de Nertschinsk, dans la Sibérie orientale, avec la description de quelques espèces nouvelles. *Nouveaux Mémoires de la Société des Naturalistes de Moscou*, 8: 23-78.

Gebler F A. 1841. Notae et addimenta ad catalogum Coleopterorum Sibiriae occidentalis et confinis Tatariae operis: C. F. Ledebour's Reise in das Altaigebirge und die soongarische Kirgisensteppe. Zweyter Theil. Berlin 1830. Fasciculus secundus. *Bulletin de la Societe Imperiale des Naturalistes de Moscou*, 14(4): 577-625.

Gebler F A. 1859. Verzeichniss der von Herm Or. Schrenk in den Kreisen Ajagus und Karakaly in der ostlichen Kirkisiensteppe und in der Songarey in den Jahren 1840 bis 1843 gefundenen Kaeferarten. *Bulletinde la Societe Imperiale des Naturalistes de Moscou*, 32(1): 426-519, (4): 315-356.

Gemminger M. 1870. [new names]. *In*: von Harold E. Geänderte Namen. *Coleopterologische Hefte*, 6: 119-124.

Germar E F. 1824. Species insectorum novae aut minus cognitae, descriptionibus illustratae. Volumen Primum. Coleoptera, Halae: J. C. Hendelii et filii.

Gistel J N F X. 1848. Naturgeschichte des Thierreichs, fur hohe Schulen. Stuttgart: R. Hoffmann'sche Verlags-Buchhandlung.

Herbst J. F. W. 1797. Natursystem aller bekannten in- und auslandischen Insekten, als eine Fortsetzung der von Buffonschen Naturgeschichte. Der Kafer siebenter Theil. Berlin: Geh. Commerzien, Raths Pauli.

Jia L, Ren GD, Yu YZ. 2013. Descriptions of eleven Opatrini pupae (Coleoptera, Tenebrionidae) from China. *Zookeys*, 291: 83-105.

Kaszab Z. 1940. Rivision der Tenebrionidae-tribus Platyscelini (Col. Tenebrionidae). *Mitt Munchn Entomol Ges*, 30: 119-235, 896-1003.

Kaszab Z. 1962. Beiträge zur Kenntnis der chinesischen Tenebrioniden-Fauna (Coleoptera). *Acta Zoologica Academiae Scientiarum Hungaricae*, 8: 75-86.

Kaszab Z. 1964a. Beitrage zur Kenntnis der Tenebrioniden-Fauna des mittleren Teiles der Mongolischen Volksrepublik (Coleoptera). *Acta Zoologica Academiae Scientiarum Hungaricae*, 10: 363-404.

Kaszab Z. 1964b. Tenebrionidae der mongolisch-deutschen biologischen Expedition 1962 (4. Coleoptera, Tenebrionidae). *Entomologische Abhandlungen*, 32: 1-26.

Kaszab Z. 1965a. Angaben zur Kenntnis der Tenebrioniden-Fauna der Mongolischen Volkrepublik (Coleoptera). *Acta Zoologica Academiae Scientiarum Hungaricae*, 11 (3-4): 295-346.

Kaszab Z. 1965b. Neue Tenebrioniden (Coleoptera) aus China. *Annales Historico-Naturales Musei Nationalis Hungarici*, 57: 279-285.

Kaszab Z. 1965c. Tenebrionidae (Coleoptera) collected by the Polish expedition to Mongolia, 1962-1963. *Acta Zoologica Academiae Scientiarum Hungaricae*, 11 (3-4): 417-430.

Kaszab Z. 1966. Revision der Tenebrioniden-Gattung *Microdera* Eschsch. (Coleoptera). *Acta Zoologica Academiae Scientarum Hungaricae*, 12: 279-305.

Kaszab Z. 1967a. Coleoptera: Tenebrionidae der mongolisch-deutschen biologischen Expedition 1964. *Mitteilungen aus dem Zoologischen Museum in Berlin*, 43: 3-33.

Kaszab Z. 1967b. Die Tenebrioniden der Westmongolei (Coleoptera). *Acta Zoologica Academiae Scientiarum Hungaricae*, 13 (3-4): 328-349.

Kaszab Z. 1968. Ergebinisse der Zoologischen Forschungen von Dr. Z. Kaszab in der Mongolei 168. Tenebrionidae (Coleoptera). *Acta Zoologica Academiae Scientiarum Hungaricae*, 14 (3-4): 339-397.

Kelejnikova S I. 1963. Novyy rod i vid triby Tentyriini (Coleoptera, Tenebrionidae) iz Kirgizii. *Zoologicheskiy Zhurnal*, 42 (4): 622-623.

Kirejtshuk AG, Merkl O, Kernegger F. 2008. A new species of of the genus *Pentaphyllus* Dejean, 1821 (Coleoptera, Tenebrionidae, Diaperinae) from the Baltic amber and checklist of the fossil Tenebrionidae. *Zoosystematica Rossica*, 17 (1): 131-137.

Kolbe H J. 1908. Tenebrionidae. *In*: Kolbe H J. Obst & Weise: Coleoptera, in: Expedition Filchner nach China und Tibet 1903-1905. Wissenschaftlich Ergäbnisse X, 1. Teil 3, Zoologie und Botanik. Berlin: Siegfried Mittler und Sohn: 82-96.

Kraatz G. 1865. Revision der Tenebrionidae der alten Welt aus Lacordaire's Gruppen der Erodiides Tentyriides, Akisides, Pimeliide und der europaischen Zophosis-Arten. Berlin: Berliner Entomologische Zeitschrift, Beicheft: 1-393.

Kraatz G. 1882. Beiträge zur Käferfauna von Turkestan. II. Neue Tenebrioniden von Margelan. *Deutsche Entomologische Zeitschrift*, 26: 81-95, 326.

Lacordaire J T. 1859. Histoire naturelle des insectes. Genera des coléoptères ou exposé méthodique et critique de tous les genres proposés jusqu'ici dans ce ordre d'Insectes. Tome Cinquième. Paris: Librairie Encyclopedique de Roret.

Laporte F L N. 1840. Histoire naturelle des insectes coleopteres; avec une introduction renfermant la anatomie et la physiologie des animaux articules, par M Brulle. Tome deuxieme. Paris: P. Dumenil.

Latreille P A. 1802. Histoire naturelle, generale et particuliere des crustaces et des insectes. Ouvrage faisant suite a l'histoire naturelle generale et particuliere, composee par Leclerc de Buffon, et redigee par C. S. Sonnini, membre de plusieurs societes savantes. Familles naturelles des genres. Tome troixieme. Paris: F. Dufart.

Latreille P A. 1817. [new taxa]. *In*: Nouveau Dictionnaire d'Histoire Naturelle, appliquee aux arts, a l'agriculture, a l'economie rurale et domestique, a la medecine, etc. Nouvelle edition presque entierement refondue et considerablement augmentee, avec des figures tirees des trois regnes de la nature. Cor-Cun. Tome Ⅷ. Paris: Deterville.

Leach W E. 1815. Entomology. *In*: Brewster D. The Edinburg Encyclopedia, 9(1). Edinburg: Baldwin: 57-172.

Li Z, Ren G D. 2004. A systematics on Gnaptorina Reitter (Coleoptera, Tenebrionidae) from China. Oriental Insects, 38: 251-275.

Linnaeus C. 1758. Systema Naturae per regna tria naturae, secundum classes, ordines, genera, species, cum characteribus, differentiis, synonymis, locis. Tomus 1. Ed. Decima, Reformata. Holmiae: Laurentii Salvii.

Löbl I, Merkl O. 2003. On the type species of several tenebrioid genera and subgenera (Coleoptera, Tenebrionidae). *Acta Zoologica Academiae Scientiarum Hungaricae*, 49(3): 243-253.

Löbl I, Merkl O, Ando K, et al. 2008. Tenebrionidae. P. *In*: Löbl I, Smetana A. Catalogue of Palaearctic Coleoptera Vol. 5. Tenebrionoidea. Stenstrup: Apollo Books: 105-352.

MacLeay W S. 1825. Annulosa Javanica, or an attempt to illustrate the natural affinities and analogies of the insects collected in Java by Thomas Horsfield, M. D. , F. L. &G. S. and deposited by him in the honourable East-India Company. London: Kingsbury, Parbury, and Alien.

Marseul S A. 1867. Descriptions d'especes nouvelles. *L' Abeille, Mémoires d' Entomologie*, 4: 33-60.

Marseul S A. 1873. Coleopteres du Japon recueillis par M. Georges Lewis. Enumeration des histerides et desheteromeres avec la description des especes nouvelles. *Annales de la Societe Entomologique de France*, 6(5): 337-340.

Marseul S A. 1876. Coleopteres du Japon recueillis par M. Georges Lewis. 2. memoire. Enumeration des heteromeres avec la description des especes nouvelles. 2. Partie. *Annales de la Societe Entomologique de France*, 6(5): 315-349, 447-464.

Masumoto K. 1996. Fourteen new *Laena* (Coleoptera, Tenebrionidae) from China, Vietnam and Thailand. *Bulletin of the National Science Museum, Tokyo*, (Ser. A), 22(3): 165-187.

Matthews E G, Lawrence J F, Bouchard P, et al. 2010. 11. 14. Tenebrionidae. *In*: Leschen R A B, Beutel R G, Lawrence J F. Handbook of Zoology. A Natural History of the Phyla of the Animal Kingdom. Volume Ⅳ- Arthropoda: Insecta. Part 38. Coleoptera, Beetles. Volume 2: Systematics (Part 2). , Berlin: Walter de Gruyter: 574-659.

Medvedev G S. 1990a. Keys to the Darkling beetles of Mongolia. USSR Academy of Sciences Proceedings of the Zoological Institute: 1-250.

Medvedev G S. 1990b. Novye vidy zhukovchernotelok (Coleoptera, Tenebrionidae) iz Mongolii i Kitaya. *Nasekomye Mongolii*, 11: 132-138.

Medvedev G S. 1990c. Novye vidy zhukovchernotelok roda Leptodes Solier (Coleoptera, Tenebrionidae). *Trudy Zoologicheskogo Instituta Akademii Nauk SSSR*, 211: 104-116.

Medvedev G S. 1998. New species of tenebrionid beetles of the tribe Blaptini (Coleoptera，Tenebrionidae) from Hissaro-Darvaz Mountains and the Plateau of Tibet. *EntomologicalObozrenie*, 77(3): 555-586.

Medvedev G S. 2000. Genera of tenebrionid beetles of the tribe Blaptini (Coleoptera: Tenebrionidae). *Entomologicheskoe Obozrenie*, 79(3): 643-663.

Medvedev G S. 1989. On the nomenclature and systematics of the tenebrionid beetles (Coleoptera, Tenebrionidae) of Mongolia. *Nasekomye Mongolii*, 10: 371-388 (in Russian).

Medvedev G S, Kaszab Z. 1973. Ergebnisse der Mongolisch-Sowietischen biologischen expeditionen in der Mongolischen Volksrepublik (Tenebrionidae, excl. Tentyriini) (Coleoptera). *Folia Entomologica Hungarica Rovartani Közlemenyek*, 26 (1): 79-111 (in Russian).

Medvedev G S, Lobanov AL. 1990. A faunistic list of tenebrionids (Coleoptera, Tenebrionidae) of the Mongolian People's Republic with coordinates of the localities. *Nasekomye Mongolii*, 11: 139-204 (in Russian).

MénétrièsE. 1832. Catalogue raisonne des objets de zoologie recueillis dans un voyage au Caucase etjusqu'aux frontieres actuelles de la Perse entrepris par l'ordre de S. M. l'Empereur. St. Petersburg: Academie des Sciences.

Motschulsky V. 1845. Remarques sur la collection de Coléoptères Russes. *Bulletin de la Société Impériale des Naturalistes de Moscou*, 18: 1-127.

Motschulsky V. 1860. Colt-opteres rapportes en 1859 par M. Severtsef des steppes meridionales des Kirghises, et enumeres. *Bulletin de l'AcademieImperiale des Sciences de St. -Petersbourg*, 2: 513-544.

Motschulsky V. 1872. Enumeration des nouvelles especes de coleopteres rapportes de ses voyages. *Bulletin de la Societe Imperiale des Naturalistes de Moscou*, 45 (3-4): 23-55.

Mulsant E. 1854. Histoire naturelle des coléoptères de France. Latigènes. Paris: L. Maison.

Mulsant E, Godart A. 1868. Description de deux especes nouvelles d'Alphitobius (Coleopteres de la tribu des latigenes, famille des ulomiens). *Annales de la Societe Linneenne de Lyon* (N. S.), 16: 288-291.

Mulsant E, Rey C. 1853. Essai d'une division des derniers Mélasomes. *Mémoires de l'Académie des Sciences, Belles-Lettres et Arts de Lyon*, 3 (2): 20-158.

Mulsant E, Rey C. 1859. Essai d'une division des derniers Melasomes famille des Parvialbres. *Opuscules Entomologiques*, 63-155.

Nabozhenko M V. 2006. A revision of the Genus *Catomus* Allard, 1876 and the Allied Genera (Coleoptera, Tenebrionidae) from the Caucasus, Middle Asia, and China. *Entomological Review*, 86 (9): 1024-1072.

Nabozhenko M V, Löbl I. 2008. Tribe Helopini. *In*: Löbl I, Smetana A. Catalogue of Palaearctic Coleoptera, Vol. 5. Tenebrionoidea. Stenstrup: Apollo Books: 241-257.

Pic M. 1925. Nouveautes diverses. *Melanges Exotico-Entomologiques*, 44: 1-32.

Pierre F. 1964. *Storthocnemis* nouveaux de la zone sahélienne et du Sahara. Remarques concernant les Leucolaephini, trib. nov. (Col. Tenebrionidae). *Bull Inst Fond Afr N* (A), 26: 866-874.

Raven P H, Axelrod D I. 1972. Plate tectonics and Australasian palebiogeography. *Science*, 176: 1379-1386.

Reichardt A. 1936. Darkling beetles of the tribe Opatrini (Coleoptera Tenebrionidae) of the Palearctic Region. Keys to the fauna of the USSR. 19. Moscow: Zoological Institute of the Russian Academy of Sciences: 1-224 (in Russian).

Reining W F. 1931. Entomologischen Ergebnisse der Deutsch-Russischen Alai-Pamir Expedition. *Mitt Mus Berlin*, 16: 873-888.

Reining W F. 1934. ColeopteraⅦ. (Tenebrionidae, Nachtrag). P. 162. *In*: Entomologische Ergebnisse der Deutsch-Russischen Alai-Pamir-Expedition 1928 (11). *Deutsche Entomologische Zeitschrift*, 1933: 129-176.

Reitter E. 1887. Insecta in Itinere Cl. N. Przewalskii in Asia Centrali novissime lecta. Ⅸ. Tenebrionidae. *Horae Societatis Entomologicae Rossicae*, 21: 355-389.

Reitter E. 1889. Insecta A Cl. G. N. Potanin in China et in Mongolia novissime Lecta. ⅩⅢ. Tenebrionidae. *Horae Societatis Entomologicae Rossicae*, 23: 678-710.

Reitter E. 1893. Bestimmungs-Tabelle der unechten Pimeliden aus der palaearctischen Fauna. *Verhandlungen des Naturforschenden Vereines in Brünn*, 31: 201-250.

Reitter E. 1895. Beschreibungen mit Abbildungen neuer Coleopteren, gesa mmelt von Herrn Hans Leder bei Urga in der nördlichen Mongolei. *Wiener Entomlogische Zeitung*, 14: 280-286.

Reitter E. 1896a. Dichotomische Uebersicht det mir bekannten Gaggung aus der Tenebrioniden Abtheilung: Teneyriini. *Deutsche Entomologische Zeitschrift*, Ⅱ: 297-304.

Reitter E. 1896b. Uebersicht der mir bekannten, mit *Penthicus* Fald. verwandten Coleopteren-Gattungen und Arten aus der paläarctischen Fauna. *Deutsche Entomologische Zeitschrift*, 1: 161-172.

Reitter E. 1897a. Analytische Revision der Coleopteren-Gattung *Microdera* Esch. *Deutsche Entomologische Zeitschrift*, 229-235.

Reitter E. 1897b. Dreifsig neue Coleopteren aus russisch Asien und der Mongolei. *Deutsche Entomologische Zeitschrift*, 2: 209-228.

Reitter E. 1898. Uebersicht der bekannten Arten der Coleopteren-Gattung *Scleropatrum* Seidl. aus der palaearctischen Fauna. *Wiener Entomologische Zeitung*, 17(1): 36-39.

Reitter E. 1900a. BestimmungsTabelle der Tenebrioniden-Abtheilungen: Tentyrini und Adelostomini aus Europa und den angrenzenden Ländern. *Verhandlungen des Naturforschendes Vereines in Brünn*, 39: 82-197.

Reitter E. 1900b. Coleoptera, gesammelt im Jahre 1898 in Chinesischen Central-Asien von Dr. Holderer in Lahr. *Wiener Entomologische Zeitun*, 19: 152-166.

Reitter E. 1900c. Weitere Beitrage zur Kenntniss der Coleopteren-Gattung Laena Latr. *Deutsche Entomologische Zeitschrift*, 1899: 282-286.

Reitter E. 1900d. Beitrag zur Coleopteren-Fauna von Europa und den angrenzenden Ländern. *Deutsche Entomologische Zeitschrift*, 1900: 81-88.

Reitter E. 1904. Bestimmungs-Tabelle der Tenebrioniden-Unterfamilien: Lachnogyini, Akidini, Pedinini, Opatrini und Trachyscelini aus Europa und den angrenzenden Landem. *Verhandlungen desNaturforschenden Vereines in Briinn*, 42: 25-189.

Reitter E. 1907. Nachträge zur Bestimmungtabelle der unechten Pimeliden aus der palaearktischen Fauna. *Wiener Entomologische Zeitung*, 26: 81-92.

Reitter E. 1909. Neue Revision der Arten der Coleopterengattung *Prosodes* Esch. *Wiener Entomologische Zeitung*, 28: 113-168.

Reitter E. 1915. Dichotomische Übersicht der Tenebrinoden-Gattung *Scythis* Schaum. *Entomologische Blätter*, 11: 66-72.

Reitter E. 1916. Bestimmungtabelle der Tenebrioniden, enthaltend die Zopherini, Elenophorini, Leptodini, Stenosini und Lachnogyini aus der paläarktischen Fauna. *WienerEntomologische Zeitung*, 35: 129-171.

Reitter E. 1917. Bestimmungs-Schluse fur die Unterfamilien und Tribus der Palaarktischen Tenebrionidae. *Wiener Entomologische Zeitung*, 36(3-5): 51-66.

Ren G D, Ning J, Jia L. 2011. A new species of the genus *Cheirodes* gene from Alxa plateau (Coleoptera, Tenebrionidae, melanimini). *Acta Zootaxonomica Sinica*, 36(3): 564-567.

Ren G D, Yu Y Z. 1994. A new species of *Belopus* Gebin from China (Coleoptera, Tenebrionidae). *Acta Zootaxonomica. Sinca*, 19(33): 351-353.

Ren G D, Zhang C L. 2010. Chinese species of the genus *Centorus*Mulsant, 1854 (s. str.) (Coleoptera: Tenebrionidae: Belopini) with description of two new species. *Caucasian Entomological Bull*, 5(2): 213-214.

Schaum H R. 1865. *Scythis*（description）. In: Kraatz G. *Revision der Tenebrioniden der alten Welt*. Berlin: Nicolaische Verlagsbuchhandlung: 102-103.

Schuster A. 1914. *Itagonia Ganglbaueri* nov. Spec.（Col. , Tenebr.）. *Entomol Mitteilungen*, Ⅲ. 2: 58.

Schuster A. 1933. Die Gattung *Myladina* Rtt.（Col. , Tenebr.）. *Sborník Entomologického Oddělení Národního Musea v Praze*, 11: 96-98.

Schuster A. 1934. Zur Nomenklatur des Subgenus Aulonoscelis Rtt.（Col. , Tenebr.）. *Koleopterologische Rundschau*, 20: 75.

Schuster A. 1936. Schwedisch-Chinesische wissenschaftliche Expedition nach den nordwestlichen Provinzen Chinas, unter Leitung von Dr. Hedin Sven und Prof. Su Ping-chang. Insekten gesa mmelt vom schwedischen Arzt der Expedition Dr. David Hummel 1927-1930. 44. Coleoptera 8. Tenebrionidae. *Arkiv for Zoologii*, 27A（24）: 1-6.

Schuster A. 1940. Die Tenebrioniden（Col.）des Museums Hoang ho-Pei ho in Tientsin. *Koleopterologische Rundschau*, 26: 15-30.

Schuster A, Reymond A. 1937. Quatre nouveaux ténébrionides provenant de la Mission Citroën-Centre-Asie（Col.）. *Bulletin de la Société Entomologique de France*, 42: 234-238.

Sclater PL. 1858. On the geographical distribution of the menbers of the class Aves. *Journ Proc Linn Soc Zool*, 2: 130-145.

Seidlitz G C M. 1893. Tenebrionidae. *In*: Kiesenwetter H, Seidlitz G C M. Naturgeschichte der Insecten Deutschlands. Begonnen von Dr. W F Erichson, fortgesetzt von Prof. Dr. H. Schaum, Dr. G. Kraatz, H. v. Kiesenwetter, Julius Weise, Edm. Reitter und Dr. G. Seidlitz. Erste Abteilung Coleoptera. Fünfter Band. Erste Hälfte. Berlin: Nicolaische Verlags-Buchhandlung: 201-400.

Seidlitz G C M. 1896. Tenebrionidae. *In*: von Kiesenwetter H, Seidlitz G C M. Naturgeschichte der Insecten Deutschlands. Begonnen von Dr. W F. Erichson, fortgesetzt von Pro! Dr. If. Schaum, Dr. G. Kraatz, H. v. Kiesenwetter, Julius Weise, Edm. Reitter und Dr. G. Seidlitz. Erste AbteilungColeoptera. Fiinfter Band. Erste Halfte. Berlin: Nicolaische Verlags-Buchhandlung: 609-800.

Semenov A P. 1891. Diagnoses coleopterorum novorum ex Asia centrali et orientali. *Horae Societatis Entomologicae Rossica*, 25: 262-382.

Semenov A P. 1893. Symbolae ad cognitionem Pimeliidarum. Ⅰ-Ⅲ. *Horae Societatis Entomologicae Rossicae*, 27: 249-264.

Semenov A P. 1907. Synopsis generum tribus Platyopinorum（Coleoptera, Tenebrionidae Pimeliini）. *Horae Societatis Entomologicae Rossicae*, 38（1907-1908）: 175-184.

Semenov A P, Bogatshev A V. 1936. Supplement a La Revision du genr *Blaps* F.（Coleoptera, Tenebrionidae）de G. Seidlitz, 1893. *Festchr*. 60. *Zum Geburtstage. von prof Dr Embrick Strand*, 1: 552-568.

Skopin N G. 1964. Novye vidy chernotelok（Coleoptera, Tenebrionidae）iz smezhnykh s Kazakhtanom rayonov Centralnoy Azii. *Trudy Nauchno-Issledovatelskogo Institute Zashchity RasteniiKazakhstanskoy Akademii Selskokhozyastvennykh Nauk*, 8: 371-388.

Skopin N G. 1973. Revision der Tenebrioniden-Gattungsgruppe *Trigonoscelis-Stemoplax*（Coleoptera）. *Entomologische Arbeiten aus dem Museum G. Frey*, 24: 104-185.

Skopin N G. 1974a. Revision der Gattung Pterocoma Dejean; Solier, 1836（Coleoptera, Tenebrionidae）. *Entomologische Abhandlungendes Staalichen Museum für Tierkundein Dresde*, 40: 127-164.

Skopin N G. 1974b. Zur Revision der eurasiatischen Arten der Gattung Belopus Gb. *Ent. Abh. Mus. Tierk. Dresden.*, 40（2）: 65-103.

Skopin N G. 1979. Systematische Stellung der Gattung *Scythis* Schaum, 1865 sowie Revision der Arten (Coleoptera, Tenebrionidae). *Annales Historico-Naturales Musei Nationalis*, 71: 169-183.

Skopin N G, Kaszab Z. 1978. Uber die Arten der Gattung *Blaps* F. (Coleoptera, Tenebrionidae), gesammelt von Herrn Dr. W. Wittmer im Jahre 1976 in Kaschmir. *Folia Entomologica Hungarica* (N. S.), 31(2): 207-212.

Solier A J J. 1834. Essai d'une division des Coléoptères Hétéromères, et d'une Monographie de la famille des Collaptèrides. *Annales de la Société Entomologique de France*, 3: 479-636.

Solier A J J. 1835. Prodrome de la famille des xystropides. *Annales de la Societe Entomologique de France*, 4: 229-248.

Solier A J J. 1836. Essai sur les Collaptèrides (suite) 7ᵉ Tribu. Akisites. *Annales de la Société Entomologique de France*, 5: 635-684.

Solier A J J. 1848. Essai sur les collapterides. 14ᵉ Tribu. Blapsites. *In*: Baudi di Selve. Studi Entomologici. Publ. Per di Flamino Baudi e di Eugenio Truqui. Tom. 1. Torino: Stamporia Degli Artisti Tipografi: 149-370.

Solsky S M. 1870. Coléoptères de la Sibirie orientale. *Horae Societatis Entomologicae Rossicae*, 7: 334-406.

Stephens J F. 1829. The nomenclature of British insects; being a compendious list of such species as are contained in the systematic catalogue of the British insects, and forming a guide to their classification, &c. &c. London: Baldwin & Craddock.

Walker F. 1858. Characters of some apparently undescribed Ceylon insects. *The Annals and Magazine of Natural History*, 2(3): 202-209, 280-286.

Wang B, Zhang H C. 2011. The oldest Tenebrionoidea (Coleoptera) from the Middle Jurassic of China. *Journal of Paleontology*, 85(2): 266-270.

Waterhouse C O. 1880. Description of new genus and species of Heteromerous Coleoptera. *The Annals and Magazine of Natural History*, 5(5): 147-148.

Watt J C. 1974. A revised subfamily classification of Tenebrionidae (Coleoptera). *New Zealand Journal of Zoology*, 1(4): 381-452.

Yang X J, Ren G D. 2004. A new species and twelve new records of tribe Opatrini from China. *Acta Zootaxanomica Sinica*, 29(2): 305-309.

附　　表

附表 1　阿拉善高原拟步甲在中国动物区系中的归属及其区域分布

	古北界				东洋界			特有属种
	东北区	华北区	蒙新区	青藏区	西南区	华中区	华南区	
朽木甲亚科 Alleculinae	*	*	*	*	*	*	*	
栉甲族 Cteniopodini	*	*	*	*	*	*	*	
栉甲属 *Cteniopinus*	*	*	*	*	*	*	*	
波氏栉甲 *C. potanini*	+	+	+				+	
小栉甲 *C. parvus*		+	+					
异角栉甲 *C. varicornis*		+	+					
窄跗栉甲 *C. tenuitarsis*		+	+					
阿栉甲 *C. altaicus*		+	+					
异点栉甲 *C. diversipunctatus*			+					+
漠甲亚科 Pimeliinae		*	*	*	*			
背毛甲族 Epitragini			*					
驼毛甲属 *Cyphostethe*			*					
格氏驼毛甲 *C. grombczewskii*			+					
楔毛甲属 Trichosphaena			*					
莱氏楔毛甲 *T. reitteri*			+					+
方胸楔毛甲 *T. quadrate*			+					
敦煌楔毛甲 *T. dunhuangensis*			+					+
乌兰楔毛甲 *T. ulanbuhensis*			+					
背毛甲属 *Epitrichia*			*					
谢氏背毛甲 *E. semenovi*			+					
宁夏背毛甲 *E. ningsiana*			+					+
棕色背毛甲 *E. fuscus*			+					+
龙甲族 Leptodini		*	*	*				
龙甲属 *Leptodes*		*	*					
中华龙甲 *L. chinensis*			+					
谢氏龙甲 *L. szekesssyiv*		+	+					
砚甲族 Akidini		*	*	*				

	古北界				东洋界			特有属种
	东北区	华北区	蒙新区	青藏区	西南区	华中区	华南区	
砚甲属 *Cyphogenia*		*	*					
中华砚甲 *C. chinensis*[*]		+	+					
肩脊砚甲 *C. humeralis*			+					
掘甲族 Lachnogyini			*					
掘甲属 *Netuschilia*		*	*					
郝氏掘甲 *N. hauseri*		+	+					
长足甲族 Adesmiini			*					
长足甲属 *Adesmia*			*					
德氏长足甲 *A. anomala dejeanii*			+					
漠甲族 Pimeliini		*	*					
漠王属 *Platyope*		*	*					
鄂漠王 *P. ordossica*[*]			+					
维氏漠王 *P. victori*			+					+
蒙古漠王 *P. mongolica*[*]			+					
条纹漠王 *P. balteiformis*			+					
宽漠王属 *Mantichorula*		*	*					
内蒙宽漠王 *M. mongolica*			+					
宽漠王 *M. grandis*[*]			+					
谢氏宽漠王 *M.semenowi*[*]		+	+					
卵漠甲属 *Ocnera*			*					
光滑卵漠甲 *O. sublaevigata*			+					
脊漠甲属 *Pterocoma*			*					
莱氏脊漠甲 *P. reitteri*[*]			+					
小脊漠甲 *P. parvula*			+					
泥脊漠甲 *P. vittata*[*]			+					
埃氏脊漠甲 *P. amandana edmundi*			+					
洛氏脊漠甲 *P. Loczyi*			+					
角漠甲属 *Trigonocnera*		*	*					
粒角漠甲 *T. granulata*			+					
突角漠甲指名亚种 *T. pseud- opimelia pseudopimelia*[*]		+	+					
宽漠甲属 *Sternoplax*			*					
大瘤宽漠甲 *S. lacerta*			+					

	古北界				东洋界			特有属种
	东北区	华北区	蒙新区	青藏区	西南区	华中区	华南区	
巴氏宽漠甲 S. ballioni			+					
谢氏宽漠甲 S. szechenyi*			+					
扁漠甲属 Sternotrigon			*	*				
多毛扁漠甲 S. setosa setosa			+					
紫奇扁漠甲 S. zichyi			+					
拱背扁漠甲 S. grandis			+					
克氏扁漠甲 S. kraatzi			+					
暗色扁漠甲 S. opaca			+					+
胖漠甲属 Trigonoscelis			*					
光滑胖漠甲 T. sublaevigata sublaevigata			+					
鳖甲族 Tentyriini		*	*	*				
塔鳖甲属 Tamena			*					
皱额塔鳖甲 T. rugiceps			+					
小鳖甲属 Microdera			*	*				
姬小鳖甲 M. elegans*			+	+				
克小鳖甲 M. kraatzi kraatzi*			+					
阿小鳖甲 M. kraatzi alashanica*			+					+
光亮小鳖甲 M. lampabilis*			+					+
罗山小鳖甲 M. luoshanica*			+					+
球胸小鳖甲 M. globata*			+	+				
显刻小鳖甲 M. promptipuncta			+					
重点小鳖甲 M. duplicatipunctatus			+					+
甘肃小鳖甲 M. kanssuana			+					+
圆胸小鳖甲 M. rotundithorax*			+					+
耳褶小鳖甲 M. aurita			+					
山丹小鳖甲 M. shandanana			+					+
蒙古小鳖甲 M. mongolica mongolica*			+	+				
克蒙小鳖甲 M. mongolica kozlovi			+					
宽颈小鳖甲 M. laticollis laticollis			+					
条纹小鳖甲 M. strigiventris			+					
圆鳖甲属 Scytosoma		*	*	*				
狭胸圆鳖甲 S. humeridens			+	+				

	古北界				东洋界			特有属种
	东北区	华北区	蒙新区	青藏区	西南区	华中区	华南区	
梯胸圆鳖甲 S. scalaris*		+	+					
显带圆鳖甲 S. fascia*			+					
卵翅圆鳖甲 S. ovadis			+	+				
小圆鳖甲 S. pygmaeum*			+					
裂缘圆鳖甲 S. dissitiimarginis*			+					+
棕腹圆鳖甲 S. rufiabdomina*			+					
杯鳖甲属 Scythis		*	*	*				
南疆杯鳖甲 S. intermedia scythiformis			+	+				
邻杯鳖甲 S. affinis			+					
东鳖甲属 Anatolica		*	*	*				
突颊东鳖甲 A. tsendsureni			+					
无边东鳖甲 A. immarginata*			+					
磨光东鳖甲 A. polita polita			+					+
谢氏东鳖甲 A. semenowi*			+					+
弯胫东鳖甲 A. pandaroides*			+					
平坦东鳖甲 A. planata*			+					
瘦东鳖甲 A. strigosa*			+	+				
奇异东鳖甲 A. paradoxa			+	+				
塞东鳖甲 A. cechiniae			+					
波氏东鳖甲 A. potanini*		+	+					
尖尾东鳖甲 A. mucronata*		+	⏐					
宽突东鳖甲 A. sternalis*			+					
纳氏东鳖甲 A. nureti*			+					
宽腹东鳖甲 A. gravidula*			+					
小东鳖甲 A. minima*			+					
平颊东鳖甲 A. dashidorzsi temporalis			+					
凹缝东鳖甲 A. suturalis			+					+
库氏东鳖甲 A. kulzeri			+					
小丽东鳖甲 A. amoenula*			+					
平原东鳖甲 A. ebenina*		+	+					
皱纹东鳖甲 A. rugata			+					+
宁夏东鳖甲 A. ningxiana*			+					+

续表

	古北界				东洋界			特有属种
	东北区	华北区	蒙新区	青藏区	西南区	华中区	华南区	
胸鳖甲属 Colposcelis		*	*					
达蒙胸鳖甲 C. damone			+					
福氏胸鳖甲 C. forsteri			+					
隆胸鳖甲 C. montivaga			+					
狭胸鳖甲 C. microderoides microderoides*		+	+					
李氏胸鳖甲 C. licenti			+					+
三沟胸鳖甲 C. trisulcata			+					
伪叶甲亚科 Lagriinae	*	*	*	*	*	*	*	
伪叶甲族 Lagriini	*	*	*		*	*	*	
伪叶甲属 Lagria	*	*	*		*	*	*	
黑头伪叶甲 L. atriceps		+	+		+	+	+	
林氏伪叶甲 L. hirta*		+	+		+			
红翅伪叶甲 L. rufipennis*		+	+		+	+		
眼伪叶甲 L. ophthalmica*	+	+	+		+	+	+	
莱甲族 Laenini		*	*		*	*		
莱甲属 Laena		*	*		*	*		
二点莱甲 L. bifoveolata		+	+		+	+		
刺足甲族 Belopini			*					
刺足甲属 Centorus			*					
贺兰刺足甲 C. helanensis*			+					+
亮黑刺足甲 C. luculentus			+					
阿拉善刺足甲 C. alanshanicus			+					+
梅氏刺足甲 C. medvedevi*			+					+
拟步甲亚科 Tenebrioninae	*	*	*	*	*	*	*	
小黑甲族 Melanimonini			*					
齿足甲属 Cheirodes			*					
梯胸齿足甲 C. scalarithoracus			+					+
郑氏齿足甲 C. zhengi*			+					+
土甲族 Opatrini	*	*	*	*	*	*	*	
漠土甲属 Melanesthes		*	*	*				
希氏漠土甲 M. csikii*			+					
何氏漠土甲 M. heydeni heydeni			+					

	古北界				东洋界			特有属种
	东北区	华北区	蒙新区	青藏区	西南区	华中区	华南区	
多刻漠土甲 *M. punctipennis**			+	+				
粗壮漠土甲 *M. gigas**			+					+
多皱漠土甲 *M. rugipennis**		+	+					
粒刻漠土甲 *M. granulates*			+	+				
多瘤漠土甲 *M. tuberculosa*			+	+				
宁夏漠土甲 *M. ningxiaensis**		+	+					+
景泰漠土甲 *M. jintaiensis**			+					+
达氏漠土甲 *M. davadshamsi**			+					
纤毛漠土甲 *M. ciliata**			+					
沙地漠土甲 *M. psammophila**			+					
大漠土甲 *M. maxima maxima**			+					
蒙古漠土甲 *M. mongolica**			+					
梅氏漠土甲 *M. medvedevi*			+					
蒙南漠土甲 *M. jenseni meridionalis**			+					
暗漠土甲 *M. opaca*		+	+					
短齿漠土甲 *M. exilidentada**			+					
荒漠土甲 *M. desertora**			+					+
伪坚土甲属 *Scleropatrum*		*	*	*				
粗背伪坚土甲 *S. horridum horridum**		+	+					
瘤翅伪坚土甲 *S. tuberculatum**			+	+				
条脊伪坚土甲 *S. tuberculiferum**			+	+				+
希氏伪坚土甲 *S. csikii**			+					
近坚土甲属 *Scleropatroides*			*					
塞近坚土甲 *S. seidlitzi*			+					
土甲属 *Gonocephalum*	*	*	*	*	*	*	*	
网目土甲 *G. reticulatum**		+	+			+		
亚皱土甲 *G. subrugulosum*			+					
沙土甲属 *Opatrum*	*	*	*		*	*		
粗翅沙土甲 *O. asperipenne**			+					
沙土甲 *O. sabulosum**			+					
类沙土甲 *O. subaratum**	+	+	+			+		

续表

	古北界				东洋界			特有属种
	东北区	华北区	蒙新区	青藏区	西南区	华中区	华南区	
阿土甲属 *Anatrum*			*					
松阿土甲 *A. songoricum**			+					
山丹阿土甲 *A. shandanicum**			+					+
景土甲属 *Jintaium*			*					*
条脊景土甲 *J. sulcatum**			+					+
方土甲属 *Myladina*		*	*					
长爪方土甲 *M. unguiculina**		+	+					
光背方土甲 *M. lissonota**			+					+
真土甲属 *Eumylada*			*					
同点真土甲 *E. punctifera*			+					
粗壮真土甲 *E. glandulosa*			+					
波氏真土甲 *E. potanini**			+					
奥氏真土甲 *E. oberbergeri**			+					
笨土甲属 *Penthicus*		*	*	*				
弯笨土甲 *P. lenczyi*			+					
直角笨土甲 *P. Schusteri*			+					
钝突笨土甲 *P. nojonicus**			+					+
祁连笨土甲 *P. (M.) nanshanicus*			+					+
齿肩笨土甲 *P. humeridens*			+					
吉氏笨土甲 *P. kiritshenkoi**			+					
阿笨土甲 *P. alashanicus**			+					+
福笨土甲 *P. frater*			+					
厉笨土甲 *P. laelaps**			+					
钝角笨土甲 *P. obtusangulus*			+					
扁足甲族 Pedinini	*	*	*		*			
直扁足甲属 *Blindus*	*	*	*		*			
瘦直扁足甲 *B. strigosus*	+	+	+					
琵甲族 Blaptini		*	*	*	*	*	*	
琵甲属 *Blaps*		*	*	*		*		
条纹琵甲 *B. potanini**			+					
粗翅琵甲 *B. granulata*			+					
步行琵甲 *B. gressoria**			+	+				

	古北界				东洋界			特有属种
	东北区	华北区	蒙新区	青藏区	西南区	华中区	华南区	
达氏琵甲 *B. davidis**		+	+			+		
边粒琵甲 *B. miliaria**			+					
弯背琵甲 *B. reflexa**		+	+					
异形琵甲 *B. variolosa**			+					
弯齿琵甲 *B. femorlis**		+	+					
钝齿琵甲 *B. medusula**			+					
缢胫琵甲 *B. dentitibia**		+	+	+				
中型琵甲 *B. medusa**		+	+					
异距琵甲 *B. kiritshenkoi**			+					
脐点琵甲 *B. umbilicata*			+	+				
叉尾琵甲 *B. furcala*			+					+
戈壁琵甲 *B. gobiens**		+	+	+				
长尾琵甲 *B. varicosa**		+	+					
皱纹琵甲 *B. rugosa**		+	+					
祁连琵甲 *B. nanshanica*			+	+				
尖尾琵甲指名亚种 *B. acuminata acuminate*			+	+				
拟步行琵甲 *B. caraboides**		+	+	+				
磨光琵甲 *B. opaca**			+					
侧脊琵甲 *B. latericosta**		+	+	+				
阿拉琵甲 *B. allardiana allardiana*			+	+				
小琵甲属 *Gnaptorina*		*	*	*	*	*		
圆小琵甲 *G. cylindricollis**		+	+	+	+			
齿琵甲属 *Itagonia*		*	*	*	*			
原齿琵甲 *I. provostii**		+	+					
侧琵甲属 *Prosodes*		*	*	*				
北京侧琵甲 *P. pekinensis**		+	+					
刺甲族 Platyscelidini	*	*	*	*				
双刺甲属 *Bioramix*		*	*	*	*			
完美双刺甲 *B. integra**		+	+	+	+			
弗氏双刺甲 *B. frivaldszkyi*			+					+
烁光双刺甲 *B. micans**		+	+	+				

	古北界				东洋界			特有属种
	东北区	华北区	蒙新区	青藏区	西南区	华中区	华南区	
刺甲属 Platyscelis	*	*	*	*				
绥原刺甲 P. suiyuana*		+	+					
短体刺甲 P. brevis		+	+					
郝氏刺甲 P. hauseri*		+	+	+				
盖氏刺甲 P. gebieni*	+		+					
佛氏刺甲 P. freyi*		+	+					
小刺甲属 Myatis			+	*				
短毛小刺甲 M. breipilosum			+	+				
褐甲族 Helopini			*					
窄褐甲属 Catomus			*					
王氏窄褐甲 C. wangae			+					+
扁胫甲族 Phaleriini			*					
扁胫甲属 Phtora			*					*
阿拉善扁胫甲 P. alashanensis			+					+
拟步甲族 Tenebrionini	*	*	*	*	*	*	*	
拟步甲属 Tenebrio	*	*	*	*	*	*	*	
黑拟步甲 T. obscurus	+	+	+	+	+	+	+	
黄拟步甲 T. molitor*	+	+	+		+			
拟粉甲族 Triboliini	*	*	*	*	*	*	*	
拟粉甲属 Tribolium	*	*	*	*	*	*	*	
杂拟粉甲 T. confusum	+	+	+	+	+	+	+	
黑拟粉甲 T. madens*			+					
赤拟粉甲 T. castaneum*	+	+	+	+	+	+	+	
隐拟粉甲属 Latheticus	*	*	*	*	*	*	*	
长头隐拟粉甲 L. oryzae	+	+	+	+	+	+	+	
粉甲族 Alphitobiini	*	*	*	*	*	*	*	
粉甲属 Alphitobius	*	*	*	*	*	*	*	
黑粉甲 A. diaperinus	+	+	+	+	+	+	+	
姬粉甲 A. laevigatus	+	+	+	+	+	+	+	
菌甲亚科 Diaperinae	*	*	*	*	*	*	*	
菌甲族 Diaperini	*	*	*	*	*	*	*	
粉菌甲属 Alphitophagus	*	*	*	*	*	*	*	

续表

	古北界				东洋界			特有属种
	东北区	华北区	蒙新区	青藏区	西南区	华中区	华南区	
二带粉菌甲 *A. bifasciatus**		+	+			+		
隐甲族 Crypticini		*	*					
隐甲属 *Crypticus*		*	*					
淡红毛隐甲 *C. rufipes**		+	+					
朱氏隐甲 *C. zubei*			+					
合计	9（12）	29（56）	52（206）	15（33）	8（14）	10（14）	6（9）	21（41）

*(物种拉丁名上的星号)：阿拉善高原与宁夏共有种

注："*"、"+"表示亚科、族、属、种在表中所列动物地理区有分布

附表 2　蒙古国拟步甲在世界动物区系中的归属及其区域分布

	古北界	东洋界	非洲界	澳洲界	新北界	新热带界	特有属种
伪叶甲亚科 Lagriinae	*	*	*	*	*	*	
伪叶甲族 Lagriini	*	*	*	*		*	
伪叶甲属 *Lagria*	*	*	*			*	
凸纹伪叶甲 *Lagria lameyi*	+	+					
刺足甲族 Belopini	*						
刺足甲属 *Belopus*	*						
B. calcaroides gobiensis	+						
B. steppensis	+						
垫甲族 Lupropini							
垫甲属 *Luprops*	*	*	*				
东方垫甲 *L. orientalis*	+	+					
漠甲亚科 Pimeliinae	*	*	*		*	*	
长足甲族 Adesmiini	*		*				
长足甲属 *Adesmia*	*						
德氏长足甲 *A. anomala dejeani**	+						
砚甲族 Akidini	*						
砚甲属 *Cyphogenia*	*						
中华砚甲 *C. chinensis**	+						
肩脊砚甲 *C. humeralis**	+						
龙甲族 Leptodini	*						
龙甲属 *Leptodes*	*						

	古北界	东洋界	非洲界	澳洲界	新北界	新热带界	特有属种
L. mongolicus	+						+
漠甲族 Pimeliini	*						
宽漠王属 *Mantichorula*	*						
谢氏宽漠王 *M. semenowi*[*]	+						
漠王属 *Platyope*	*						
蒙古漠王 *P.mongolica*[*]	+						
中华漠王 *P. proctoleuca chinensis*	+						
扁漠甲属 *Sternotrigon*	*						
拱背扁漠甲 *S. Grandis*[*]	+						
克氏扁漠甲 *S. kraatzi*[*]	+						
紫奇扁漠甲 *S. zichyi*[*]	+						
蒙古扁漠甲 *S. mongolica*	+						
脊漠甲属 *Pterocoma*	*						
小脊漠甲 *P. parvula*[*]	+						
莱氏脊漠甲 *P. reitteri*[*]	+						
蒙古脊漠甲 *P. mongolica*	+						
角漠甲属 *Trigonocnera*	*						
角漠甲莱氏亚种 *T. pseudopimelia reitteri*	+						
胖漠甲属 *Trigonoscelis*	*						
T. sublaevigata granieollis	+						+
鳖甲族 Tentyriini	*			*		*	
东鳖甲属 *Anatolica*	*						
A. psammophila	+						+
粗刻东鳖甲 *A. dashidorzsi fortepunctata*	+						
突颊东鳖甲 *A. tsendsureni*[*]	+						
全边东鳖甲 *A. integra*	+						
弯褶东鳖甲 *A. omnoensis*	+						
无边东鳖甲 *A. immarginata*[*]	+						
奇异东鳖甲 *A. paradoxa*[*]	+						
塞东鳖甲 *A. cechiniae*[*]	+						
波氏东鳖甲 *A. potanini*[*]	+						
尖尾东鳖甲 *A. mucronata*[*]	+						

	古北界	东洋界	非洲界	澳洲界	新北界	新热带界	特有属种
A. amoena	+						
A. aucta	+						
A. boldi	+						+
A. granulipleuris	+						
A.hammarstromi	+						
A. grebenscikovi	+						+
A. guentheri	+						
A. laeustris	+						+
沙地鳖甲 *A. psammophila*	+						+
A. pusilla	+						+
A. relicta	+						+
A. salinicola	+						+
A. scythisoides	+						+
A. splendida	+						+
A. sternalis gobiensis	+						+
A. strigosa strigosa	+						
小丽东鳖甲 *A. amoenula*[*]	+						
条纹东鳖甲 *A. cellicola*	+						
A. subtrapezicollis	+						+
A. sulcipennis laevior	+						+
拉东鳖甲 *A. lata*	+						
平颊东鳖甲 *A. dashidorzsi temporalis*[*]	+						
达希东鳖甲 *A. dashidorzsi dashidorzsi*	+						
A. lucidula	+						
A. modesta	+						
A. muchei	+						+
A. lepida	+						
A. polita borealis	+						
A. pseudaucta	+						
A. sulcipennis sulcipennis	+						
A. undulata	+						
A. atshitmura	+						+
胸鳖甲属 *Colposcelis*	*						

	古北界	东洋界	非洲界	澳洲界	新北界	新热带界	特有属种
狭胸鳖甲 C. microderoides microderoides*	+						
条纹胸鳖甲 C. microderoides strigipleuris	+						
C. brunnea	+						+
C. bulganica	+						+
达蒙胸鳖甲 C. damone*	+						
隆胸鳖甲 C. montivaga*	+						
福氏胸鳖甲 C. forsteri*	+						
C. elegans	+						+
C. kamalovi	+						+
驼毛甲属 Cyphostethe	*		*				
C. mongolica	+						+
背毛甲属 Epitrichia	*						
E. kerzhneri	+						+
E. mongolica	+						
谢氏背毛甲 E. semenovi*	+						
E. semenovi tsendsureni	+						+
高鳖甲属 Hypsosoma	*						
H. juxtalacum	+						+
H. sulciceps	+						
小鳖甲属 Microdera	*						
球胸小鳖甲 M. globata*	+						
间小鳖甲 M. interrupta	+						
M. jurganovae	+						
克小鳖甲 M. kraatzi kraatzi*	+						
克蒙小鳖甲 M. mongolica kozlovi*	+						
耳褶小鳖甲 M. aurita*	+						
锐刻小鳖甲 M. punctipennis	+						
条纹小鳖甲 M. strigiventris*	+						
漠鳖甲属 Melaxumia	*						
角漠鳖甲 M. angulosa	+						
圆鳖甲属 Scytosoma	*						
小圆鳖甲 S. pygmaeum*	+						

续表

	古北界	东洋界	非洲界	澳洲界	新北界	新热带界	特有属种
杯鳖甲属 *Scythis*	*						
细长杯鳖甲 *S. tenuis*	+						
沙栖杯鳖甲 *S. arenaria arenaria*	+						
班氏杯鳖甲 *S. banghaasi*	+						
阿尔泰杯鳖甲 *S. altaicus*	+						
布尔干杯鳖甲 *S. bulganicus*	+						
S. pieehoekii	+						+
S. pusilla	+						
S. skopini	+						+
S. dschungarica	+						+
S. grossepunctata	+						+
楔毛甲属 *Trichosphaena*	*						
T. chogsonzhavi	+						+
T. gobica	+						+
莱氏楔毛甲 *T. reitteri*[*]	+						
T. vestita	+						
拟步甲亚科 *Tenebrioninae*	*	*	*	*	*	*	
琵甲族 Blaptini	*	*					
琵甲属 *Blaps*	*	*					
达氏琵甲 *Blaps davidis*[*]	+						
尖尾琵甲指名亚种 *B. acuminata acuminate*[*]	+						
弯齿琵甲 *B. femoralis*[*]	+						
钝齿琵甲 *B. medusula*[*]	+						
戈壁琵甲 *B. gobiensis*[*]	+						
中型琵甲 *B. medusa*[*]	+						
异距琵甲 *B. kiritshenkoi*[*]	+						
中型琵甲 *B. medusa*	+						
边粒琵甲 *B. miliaria*[*]	+						
宽尾琵甲 *B. pterosticha*	+						
弯背琵甲 *B. reflexa*[*]	+						
皱纹琵甲 *B. rugosa*[*]	+						
异形琵甲 *B. variolosa*[*]	+						
褐甲族 Helopini	*		*		*	*	

	古北界	东洋界	非洲界	澳洲界	新北界	新热带界	特有属种
Eustenomacidius							
E. mongolicus	+						+
小黑甲族 Melanimini	*		*	*	*		
齿足甲属 *Cheirodes*							
C. Dentipes	+		+				
Dolamara							
D. cupreomicans	+						
土甲族 *Opatrini*	*	*					
阿土甲属 *Anatrum*	*						
松阿土甲 *A.songorium**	+						
Dilamus	*						
D. gnom	+						
D. gurjevae	+						+
D. mongolicus	+						+
真土甲属 *Eumylada*	*						
E. punctifera amaroides	+						+
E. punctifera punctifera	+						
同点真土甲 *Eumylada punctifera**	+						
Falsolobodera	*						
F. skopini	+						+
土甲属 *Gonocephalum*	*	*					
G. granulatum pusillum	+						
细粒土甲 *G. persimile*	+						
多毛土甲 *G. pubiferum*	+		+				
网目土甲 *G. reticulatum**	+	+					
毛列土甲 *G. rusticum*	+		+				
亚皱土甲 *G. subrugulosum**	+						
漠土甲属 *Melanesthes*	*						
尖角漠土甲 *M. chinganica*	+						
纤毛漠土甲 *M. ciliata**	+						
达氏漠土甲 *M. davadshamsi**	+						
沙地漠土甲 *M. psammophila**	+						
M. faldermanni	+						
M. jenseni jenseni	+						

	古北界	东洋界	非洲界	澳洲界	新北界	新热带界	特有属种
M. jenseni lacustris	+						+
蒙南漠土甲 M. jenseni meridionalis*	+						
M. maxima borealis	+						+
大漠土甲 M. maxima maxima*	+						
梅氏漠土甲 M. medvedevi*	+						
蒙古漠土甲 M. mongolica*	+						
M. parvula	+						+
西伯利亚漠土甲 M. sibirica	+						
M. altaica altaica	+						+
M. altaica dschungarica	+						+
希氏漠土甲 M. csikii*	+						
何氏漠土甲南部亚种 M. heydeni australis	+						
何氏漠土甲 M. heydeni heydeni*	+						
暗漠土甲 M. opaca*	+						
沙土甲属 Opatrum	*	*					
粗翅沙土甲 O. asperipenne*	+						
沙土甲 O. sabulosum*	+						
类沙土甲 O. subaratum*	+	+					
笨土甲属 Penthicus	*						
阿尔泰笨土甲 P. altaicus	+						
深点笨土甲 P. dilectans	+						
埃笨土甲 P. echingolensis	+						
P. semenovi	+						
阿笨土甲 P. alashanicus*	+						
贝氏笨土甲 P. beicki	+						
P. beicki cerberus	+						+
迟钝笨土甲 P. bruta	+						
布尔干笨土甲 P. bulganicus	+						
达氏笨土甲 P. davadshamsi davadshamsi	+						
P. davadshamsi kobdoensis	+						+
P. davadshamsi vulgaris	+						+
P. dschungaricus	+						+

	古北界	东洋界	非洲界	澳洲界	新北界	新热带界	特有属种
扁平笨土甲 *P. explanatus expalantus*	+						
P. explanatus laesus	+						+
P. explanatus reichardti	+						+
福笨土甲 *P. frater*[*]	+						
P. gobiensis	+						+
齿肩笨土甲 *P. humeridens*[*]	+						
P. kerzhneri	+						+
吉氏笨土甲 *P. kiritshenkoi*[*]	+						
厉笨土甲 *P. laelaps*[*]	+						
瘦笨土甲 *P. lycaon*	+						
P. marginalis	+						
祁连笨土甲 *P. nanshanicus*[*]	+						
钝突笨土甲 *P. nojonicus*[*]	+						
P.obtusangulus bajanus	+						+
钝角笨土甲 *P. obtusangulus*[*]	+						
P. parvulus	+						+
P. reitteri	+						
P. sequensi	+						+
P. teter major	+						+
P. teter teter	+						+
弯笨土甲 *P. leneczyi*[*]	+						
粒土甲属 *Psammestus*	*						
宽粒土甲 *P. dilatatus*	+						
伪坚土甲属 *Scleropatrum*	*						
S. horridum humeralis	+						+
蒙古伪坚土甲 *S. mongolicum*	+						
普氏伪坚土甲 *S. prescotti*	+						
扁足甲族 Pedinini	*	*	*	*	*	*	
直扁足甲属 *Blindus*	*	*					
瘦直扁足甲 *B. strigosus*[*]	+	+					
刺甲族 Platyscelidini	*						
双刺甲属 *Bioramix*	*	*					
黑足双刺甲 *B. picipes*	+						
刺甲属 *Platyscelis*	*	*					

	古北界	东洋界	非洲界	澳洲界	新北界	新热带界	特有属种
短体刺甲 *P. Brevis*[*]	+						
拟步甲族 Tenebrionini	*	*	*	*	*	*	
Bius	*						
B. thoracicus	+						
拟步甲属 *Tenebrio*	*	*	*		*		
黑拟步甲 *T. obscurus*[*]	+	+	+	+	+	+	
黄拟步甲 *T. molitor*[*]	+	+	+	+	+	+	
拟粉甲族 Triboliini							
隐拟粉甲属 *Latheticus*	*	*	*	*	*	*	
长头隐拟粉甲 *Latheticus oryzae*[*]	+	+	+	+	+	+	
拟粉甲属 *Tribolium*	*	*	*	*	*	*	
赤拟粉甲 *T. castaneum*[*]	+	+	+	+	+	+	
杂拟粉甲 *T. confusum*[*]	+	+	+	+	+	+	
褐拟粉甲 *T. destructor*	+	+	+	+	+	+	
粉甲族 Alphitobiini	*	*	*	*	*	*	
粉甲属 *Alphitobius*	*	*	*	*	*	*	
黑粉甲 *A. diaperinus*[*]	+	+	+	+	+	+	
菌甲亚科 Diaperinae	*	*	*	*	*	*	
菌甲族 Diaperini	*	*	*	*	*	*	
尖菌甲属 *Gnatocerus*	*	*	*	*	*	*	
阔尖菌甲 *G. cornutus*	+	+	+	+	+	+	
隐甲族 Crypticini	*		*		*	*	
隐甲属 *Crypticus*	*				*		
淡红毛隐甲 *C. rufipes*[*]	+						
宽须隐甲 *C. quisquilis*	+						
皮下甲族 Hypophlaeini	*	*					
皮下甲属 *Corticeus*	*	*					
皮下甲 *C. fraxini*	+						
C. longulus	+						
松皮下甲 *C. pini*	+						
扁胫甲族 Phaleriini	*		*				

	古北界	东洋界	非洲界	澳洲界	新北界	新热带界	特有属种
侧胫甲属 *Paranemia*	*						
双色侧胫甲 *P. Bicolor*	+						
扁胫甲属 *Phtora*	*						
P. quadrieollis	+						
朽木甲亚科 Alleculinae	*	*	*	*	*	*	
朽木甲族 Alleculini	*	*			*	*	
膜朽木甲属 *Hymenalia*	*	*			*	*	
H. kaszabi	+						+
H. medvedevi	+						
Hymenophorus							
H. doublieri	+						
拟菌朽木甲属 *Mycetocharina*	*						
飞火拟菌朽木甲 *M. macrophthalma*	+						
Mycetochara							
M. koltzei	+						
M. flavipes	+						
栉甲族 Cteniopodini	*	*					
Cistelina	*	*					
C. davidis	+						
栉甲属 *Cteniopinus*	*	*					
阿栉甲 *C. altaicus**	+						
Cteniopus							
C. sulphureus	+						
狭花栉甲属 *Stenery*	*						
S. dejeanii	+						
窄甲亚科 Stenochiinae	*	*			*		
轴甲族 Cnodalonini	*	*					
乌轴甲属 *Upis*	*						
皱鞘乌轴甲 *U. ceramboides*	+						
合计	58（223）	10（13）	7（11）	5（8）	5（8）	5（8）	17（56）

*（物种拉丁名上的星号）：阿拉善高原与蒙古共有种

注："*"、"+"表示亚科、族、属、种在表中所列动物地理区有分布

附表 3　内蒙古拟步甲在中国动物区系中的归属及其区域分布

分类	古北界				东洋界			古北界	东洋界	非洲界	澳洲界	新北界	新热带界	特有属种
	东北区	华北区	蒙新区	青藏区	西南区	华中区	华南区							
伪叶甲亚科 Lagriinae	*	*	*	*	*	*	*	*	*	*	*	*	*	
刺足甲族 Belopini		*						*						
刺足甲属 Belopus			*					*						
阿拉善刺足甲 B. alanshanicus*			+					+						+
土默特刺足甲 B. tumotensis			+					+						+
伪叶甲族 Lagriini	*	*	*	*	*	*	*	*	*	*				
伪叶甲属 Lagria	*	*	*	*	*	*	*		*	*	*		*	
凸纹伪叶甲 L. lameyi		+	+		+	+	*		+					
垫甲族 Lupropini	*	*	*		*	*	*	*	*	*				
垫甲属 Luprops	*	*	*		*	+	*		*					
东方垫甲 L. orientalis	+	+	+		*	*	*		*					
漠甲亚科 Pimeliinae	*	*	*	*	*	*		*	*	*		*	*	
隐土甲族 Idisiini	*	*	*	*										
隐土甲属 Idisia	*	*	*	*										
鳞毛隐土甲 I. ornata	+	+	+	+										
掘甲族 Lachnogyini		*	*	*										
掘甲属 Netuschilia		+	+					+						
郝氏掘甲 N. hauseri*		*						*						
砚甲族 Akidini		*	*	*				*						

续表

	古北界				东洋界			古北界	东洋界	非洲界	澳洲界	新北界	新热带界	特有属种
	东北区	华北区	蒙新区	青藏区	西南区	华中区	华南区							
砚甲属 Cyphogenia		*	*					*						
中华砚甲 C. chinensis*		+	+					+						
齿砚甲属 Eocyphogenia	*	*	*		*	*		*	*					
齿砚甲 E. rugipennis		+	+			+		+	+					
龙甲族 Leptodini		*	*					+						
龙甲属 Leptodes		*	*					*						
中华龙甲 L. chinensis*		+	+					+						
谢氏龙甲 L. szekessyi		+	+					+						
漠甲族 Pimeliini		*	*					*						
角漠甲属 Trigonocnera		*	+					*						
角漠甲莱氏亚种 T. pseudopimelia reitteri								+						
突角漠甲指名亚种 T. pseudopimelia pseudopimelia*		+	+					+						
粒角漠甲 T. granulata*			+					*						
宽漠王属 Mantichorula		*	*					*						
内蒙宽漠王 M. mongolica*			+					+						
宽漠王 M. grandis*			+					+						
谢氏宽漠王 M. semenowi*		+	+					+						
漠王属 Platyope		*	*					*						

续表

	古北界				东洋界			古北界	东洋界	非洲界	澳洲界	新北界	新热带界	特有属种
	东北区	华北区	蒙新区	青藏区	西南区	华中区	华南区							
鄂漠王 *P. ordossica**			+					+						
普氏漠王 *Platyope pointi*			+					+						+
蒙古漠王 *Platyope mongolica**			+					+						
巴林漠王 *P. bairinana*			+					+						+
花青漠王 *P. trichophora*			+					+						+
脊漠甲属 *Pterocoma*			*					*						
小脊漠甲 *P. parvula**			+					+						
泥脊漠甲 *P. vittata**			+					+						
莱氏脊漠甲 *P. reitteri**			+					+						
洛氏脊漠甲 *P. loczyi**			+					+						
瘤脊漠甲 *P. tuberculata*			+					+						
扁漠甲属 *Sternotrigon*			*	*				*						
多毛扁漠甲 *S. setosa setosa**			+					+						
拱背扁漠甲 *S. grandis**			+					+						
克氏扁漠甲 *S. kraatzi**			+					+						
暗色扁漠甲 *S. opaca**			+					+						
紫奇扁漠甲 *S. zichyi**			+					+						
蒙古扁漠甲 *S. mongolica*			+					+						+
胖漠甲属 *Trigonoscelis*			*					*						

续表

	古北界				东洋界			古北界	东洋界	非洲界	澳洲界	新北界	新热带界	特有属种
	东北区	华北区	蒙新区	青藏区	西南区	华中区	华南区							
光滑胖漠甲 T. sublaevigata sublaevigata*			+					+						
鳖甲族 Tentyriini		*	*					*		*		*		
漠鳖甲属 Melaxumia		*	*	*				*						
角漠鳖甲 M. angulosa		+	+					+						
塔鳖甲属 Tamena			*					*						
皱额塔鳖甲 T. rugiceps*			+					+						
东鳖甲属 Anatolica	*	*	*	*				+						
突颊东鳖甲 A. tsendsuren*			+					+						
磨光东鳖甲 A. polita polita*			+					+						
弯胫东鳖甲 A. pandaroides*			+					+						+
弯褶东鳖甲 A. omnoensis			+					+						
无边东鳖甲 A. immarginata*			+					+						
奇异东鳖甲 A. paradoxa*			+	+				+						
塞东鳖甲 A. cechiniae*			+					+						
波氏东鳖甲 A. potanini*		+	+					+						
尖尾东鳖甲 A. mucronata*		+	+					+						
条纹东鳖甲 A. cellicola*	+	+	+					+						
宽突东鳖甲 A. sternalis*			+					+						
纳氏东鳖甲 A. nureti*			+					+						

续表

种名	古北界				东洋界			古北界	东洋界	非洲界	澳洲界	新北界	新热带界	特有属种
	东北区	华北区	蒙新区	青藏区	西南区	华中区	华南区							
宽腹东鳖甲 *A. gravidula***			+					+						
纵凹东鳖甲 *A. externecostata*		+	+					+						
小东鳖甲 *A. minima**			+					+						
平濑东鳖甲 *A. dashidorzsi temporalis**			+					+						
凹缝东鳖甲 *A. suturalis**			+					+						
库氏东鳖甲 *A. kulzeri**			+					+						
小丽东鳖甲 *A. amoenula**			+					+						
A. amoena			+					+						
A. aucta			+					+						
A. granulipleuris			+					+						
A. hammarstromi			+					+						
A. lepida			+					+						
A. polita borealis			+					+						
A. pseudaucta			+					+						
A. sulcipennis sulcipennis			+					+						
A. undulata			+					+						
胸鳖甲属 *Colposcelis*	*		*					*						
李氏胸鳖甲 *C. (Colposceloides) licenti**			+					*						
高鳖甲属 *Hypsosoma*	*		*					*						+

续表

物种	古北界				东洋界			古北界	东洋界	非洲界	澳洲界	新北界	新热带界	特有属种
	东北区	华北区	蒙新区	青藏区	西南区	华中区	华南区							
蒙古高鳖甲 H. mongolica		+	+					*						
H. sulciceps			+					*						
圆胸高鳖甲 H. rotundicolle		+	+					*						
小鳖甲属 Microdera		*	*	*				*						
克小鳖甲 M. kraatzi kraatzi*		+	+					+						
阿小鳖甲 M. kraatzi alashanica*			+					+						
球胸小鳖甲 M. globata*			+	+				+						
间小鳖甲 M. interrupta			+					+						
鄂小鳖甲 M. ordossica			+					+						
姬小鳖甲 M. elegans*			+					+						+
耳褶小鳖甲 M. aurita*			+	+				+						
蒙古小鳖甲 M. mongolica mongolica*			+	+				+						
克蒙小鳖甲 M. mongolica kozlovi*			+					+						
宽颈小鳖甲 M. laticollis laticollis*			+											
亚点小鳖甲 M. subseriata			+					+						
侧小鳖甲 M. pleuralis			+					+						
杯鳖甲属 Scythis	*	+	*					*						
雕纹杯鳖甲 S. sculptilis		+	+					+						
细长杯鳖甲 S. tenuis			+					+						

续表

	古北界				东洋界			古北界	东洋界	非洲界	澳洲界	新北界	新热带界	特有属种
	东北区	华北区	蒙新区	青藏区	西南区	华中区	华南区							
圆鳖甲属 Scytosoma	*	*	*	*				*						
微毛圆鳖甲 S. funebris			+					+						+
梯胸圆鳖甲 S. scalaris*		+	+					+						
暗色圆鳖甲 S. opaca		+	+					+						
小圆鳖甲 S. pygmaeum*			+					+						
粗壮圆鳖甲 S. obesea			+					+						+
裂缘圆鳖甲 S. dissilimarginis*			+					+						
棕腹圆鳖甲 S. rufiabdomina*			+					+						
S. opacum			+					+						
鳖甲属 Tentyria			*					*						
T. vieta			+					+						+
背毛甲族 Epitragini			*					*		*		*		
背毛甲属 Epitrichia			*					*						
谢氏背毛甲 E. semenovi*			+					+						
楔毛甲属 Trichosphaena			*					*						
南疆楔毛甲 T. chotanica			+					+						
T. vestita			+					+						
莱氏楔毛甲 T. reitteri*			+					+						+
乌兰楔毛甲 T. dunhuangensis*			+					+						+

续表

	古北界				东洋界			古北界	东洋界	非洲界	澳洲界	新北界	新热带界	特有属种
	东北区	华北区	蒙新区	青藏区	西南区	华中区	华南区							
拟步甲亚科 Tenebrioninae	*	*	*	*	*	*	*	*	*	*	*	*	*	
粉甲族 Alphitobiini	*	*	*	*	*	*	*	*	*	*	*	*	*	
粉甲属 Alphitobius	*	*	*	*	*	*	*	*	*	*	*	*	*	
黑粉甲 A. diaperinus*	+	+	+	+	+	+	+	+	+	+	+	+	+	
姬粉甲 A. laevigatus*	+	+	+	+	+	+	+	+	+	+	+	+	+	
拟粉甲族 Triboliini	*	*	*	*	*	*	*	*	*	*	*	*	*	
拟粉甲属 Tribolium	*	*	*	*	*	*	*	*	*	*	*	*	*	
赤拟粉甲 T. castaneum*	+	+	+	+	+	+	+	+	+	+	+	+	+	
杂拟粉甲 T. confusum*	+	+	+	+	+	+	+	+	+	+	+	+	+	
隐拟粉甲属 Latheticus	*	*	*	*	*	*	*	*	*	*	*	*	*	
长头隐拟粉甲 L. oryzae*	+	+	+	+	+	+	+	+	+	+	+	+	+	
刺甲族 Platyscelidini	*	*	*	*				*						
刺甲属 Platyscelis	*	*	*	*				*						
巴氏刺甲 P. ballioni		+	+					+						
短体刺甲 P. brevis*		+	+					+						
盖氏刺甲 P. gebieni*	+		+					+						
绥原刺甲 P. suiyuana*	+	+	+					+						
郝氏刺甲 P. hauseri*		+		+				+						
李森刺甲 P. licenti			+					+						+

	古北界				东洋界			古北界	东洋界	非洲界	澳洲界	新北界	新热带界	特有属种
	东北区	华北区	蒙新区	青藏区	西南区	华中区	华南区							
齿剌甲属 Oodescelis	*	*	*					*						
多点齿剌甲 O. punctatissima		+	+					+						
双剌甲属 Bioramix		*	*	*	*			*	*					
烁光双剌甲 B. micans*		+	+	+				+						
琵甲族 Blaptini		*	*	*	*	*	*	*	*					
小琵甲属 Gnaptorina		*	*	*	*	*	*	*	*					
焚里小琵甲 G. felicitana		+	+	+				+						
齿琵甲属 Itagonia		+	*	*	*			*	*					
原齿琵甲 I. provostii*		+	+					+						
琵甲属 Blaps	*	*	*	*		*	*	*	*					
尖尾琵甲指名亚种 B. acuminata*		+	+	+				+						
阿穆尔琵甲 B. amurensis	+	+	+					+						+
中华琵甲 B. chinensis		+	+			+		+	+					
达氏琵甲 B. davidis*		+	+			+		+	+					
缟胫琵甲 B. dentitibia*		+	+	+				+						
弯齿琵甲 B. femuralis*		+	+					+						
叉尾琵甲 B. furcala		+	+	+				+						
戈壁琵甲 B. gobiensis*		+	+	+				+						+
步行琵甲 B. gressoria*		+	+	+				+						
异距琵甲 B. kiritshenkoi*			+					+						

续表

种类	古北界				东洋界			古北界	东洋界	非洲界	澳洲界	新北界	新热带界	特有属种
	东北区	华北区	蒙新区	青藏区	西南区	华中区	华南区							
中型琵甲 B. medusa*		+						+						
钝齿琵甲 B. medusula*			+					+						
磨光琵甲 B. opaca*			+					+						
边粒琵甲 B. miliaria		+	+					+						
弯背琵甲 B. reflexa*		+	+					+						
皱纹琵甲 B. rugosa*		+	+					+						
斯氏琵甲 B. strandi			+					+						
长尾琵甲 B. varicosa*		+	+					+						
异形琵甲 B. variolosa		+	+					+						
条纹琵甲 B. potanini*		+	+					+						
粗翅琵甲 B. granulata			+					+						
祁连琵甲 B. nanshanica			+	+				+						
土甲族 Opatrini	*	*	*	*	*	*	*	*	*					
沙土甲属 Opatrum	*	*	*	*	*	*		*	+					
粗翅沙土甲 O. asperipenne*			+					+						
沙土甲 O. sabulosum*			+					+						
类沙土甲 O. subaratum*	+	+	+			+		+	+					
真土甲属 Eumylada			*					*						
同点真土甲 E. punctifera*			+					+						
粗壮真土甲 E. glandulosa*			+					+						+

续表

	古北界				东洋界			古北界	东洋界	非洲界	澳洲界	新北界	新热带界	特有属种
	东北区	华北区	蒙新区	青藏区	西南区	华中区	华南区							
鄂真土甲 E. ordossana			+					+						+
奥氏真土甲 E. obenbergeri*		+						+						
波氏真土甲 E. potanini*			+					+						
方土甲属 Mylladina		*	*					*						
长爪方土甲 M. unguiculina*		+	+					+						
近坚土甲属 Scleropatroides			*						*					
塞近坚土甲 S. seidlitzi*			+					+						
土甲属 Gonocephalum			*	*	*	*	*	+	*					
毛列土甲 G. rusticum			+					+						
网目土甲 G. reticulatum*		+	+			+								
细粒土甲 G. persimile			+					+						
双齿土甲 G. coriaceum		+	+		+	+	+	+						
亚皱土甲 G. subrugulosum*			+					+						
毛土甲 G. pubens	+							+						
安南土甲 G. annamita			+		+	+	+	+	+					
弯胫土甲 G. curvicolle		+						+	+		*			
棒胫土甲 G. recticolle			+				+	+	+					
漠土甲属 Melanesthes		*	*					*						
希氏漠土甲 M. csikii*								*						
何氏漠土甲 M. heydeni*			+					+						

续表

	古北界				东洋界			古北界	东洋界	非洲界	澳洲界	新北界	新热带界	特有属科
	东北区	华北区	蒙新区	青藏区	西南区	华中区	华南区							
何氏漠土甲南部亚种 M. heydeni australis			+					+						
达氏漠土甲 M. davadshamsi*			+					+						
纤毛漠土甲 M. ciliata*			+					+						
沙地漠土甲 M. psammophila*			+					+						
大漠土甲 M. maxima maxima*			+					+						
蒙古漠土甲 M. mongolica*			+					+						
西伯利亚漠土甲 M. sibirica			+					+						
梅氏漠土甲 M. medvedevi			+					+						+
蒙南漠土甲 M. jenseni meridionalis*			+					+						
暗漠土甲 M. opaca*		+	+					+						
短齿漠土甲 M. exilidentada*			+					+						
毛乌素漠土甲 M. maowusiensis*			+					+						+
多皱漠土甲 M. rugipennis*		+	+					+						
尖角漠土甲 M. chinganica			+					+						
笨土甲属 Penthicus	*	*	*	*				*						
钝突笨土甲 P. nojonicus*			+					+						
齿肩笨土甲 P. humeridens*			+					+						+
吉氏笨土甲 P. kiritshenkoi*			+					+						
阿笨土甲 P. alashanicus*		+	+					+						
福笨土甲 P. frater*			+					+						

续表

种类	古北界				东洋界			古北界	东洋界	非洲界	澳洲界	新北界	新热带界	特有属种
	东北区	华北区	蒙新区	青藏区	西南区	华中区	华南区							
历笨土甲 *P. laelaps**			+					+						
钝角笨土甲 *P. obtusangulus**			+					+						
瘦笨土甲 *P. lycaon*			+					+						
P. marginalis			+					+						
P. reitteri			+					+						
伪坚土甲属 *Scleropatrum*		*	*	*				*						
条脊伪坚土甲 *S. tuberculiferum**			+	+				+						
粗背伪坚土甲 *S. horridum horridum**		+	+					+						+
扁缩伪坚土甲 *S. placosalimus*			+											
粒土甲属 *Psammmestus*			*					*						
宽粒土甲 *P. dilatatus*			+					+						
帕谷甲族 Palorini	*	*	*	*	*	*	*	+	*	*	*	*	*	
帕谷甲属 *Palorus*	*	*	+	*	*	*	*	+	*	*	*	*	*	
P. cerylonoides	+	+	+	+	+	+	+	+	+	+	+			
姬帕谷甲 *P. ratzeburgii*	+	+	+	+	+	+	+	+	+	+	+	+	+	
亚扁帕谷甲 *P. subdepressus*	+	*	*		+	+	+	+	+	*	*	+	+	
扁足甲族 Pedinini	*	*	*	*	*	*	*	*	*	*	*	*	*	
直扁足甲属 *Blindus*	*	*	+	*				*	*		*	*	*	
瘦直扁足甲 *B. strigosus**	+	+	+					+	+					
B. fulvicornis	+	+	+		+			+	+					

续表

种类	古北界				东洋界			古北界	东洋界	非洲界	澳洲界	新北界	新热带界	特有属种
	东北区	华北区	蒙新区	青藏区	西南区	华中区	华南区							
毛扁足甲属 Mesomorphus	*	*					*	*	*	*	*			
毛扁足甲 M. villiger	+	+	+				+	+	+			+		
拟步甲族 Tenebrionini	*	*	*	*	*	*	*	*	*	*	*	*	*	
拟步甲属 Tenebrio	*	*	*	*	*	*	*	*	*	*		*		
黄粉虫 T. molitor	+	+	+		+			+	+	*	+	+		
黑粉虫 T. obscurus	+	+	+	+	+	+	+	+	+	+	+	+	+	
小黑甲族 Melanimini		*	*					*	*	*	*			
齿足甲属 Cheirodes		*	+					*	*	*	*			
梯胸齿足甲 C. scalarithoracus*			+					*						+
菌甲亚科 Diaperinae	*	*	*		*	*	*	*	*	*	*	*	*	
隐甲族 Crypticini	*	*	*					*		*	*	*	*	
隐甲属 Crypticus	*	*	*					*						
淡红毛隐甲 C. rufipes*	*	+		+				*						
朱氏隐甲 C. zubei*	*		+					*						
卵隐甲属 Ellipsodes	*	*			*	*	*	*	*		*	*	*	
纹卵隐甲 E. scriptus	+	+			+	+	+	+	+		+	+		
菌甲族 Diaperini	*	*	*	*	*	*	*	*	*	*	*	*	*	
粉菌甲属 Alphitophagus	+	+	+	*	+	+	+		+	*	*	*	*	
二带粉菌甲 A. bifasciatus*	+	+	+		+	+	+		+		+	+		
尖菌甲属 Gnatocerus	*	*	*	*	*	*	*		*	*	*	*	*	

续表

	古北界				东洋界			古北界	东洋界	非洲界	澳洲界	新北界	新热带界	特有属种
	东北区	华北区	蒙新区	青藏区	西南区	华中区	华南区							
阔角谷盗 G. cornutus	+	+		+	+	+	+	+	+	+	+	+	+	
扁胫甲族 Phaleriini		*	*					*		*				
扁胫甲属 Phtora			*					*						
阿拉善扁胫甲 P. alashanensis*			+					+						+
侧胫甲属 Paranemia			*					*						
双色侧胫甲 P. bicolor			+					+						
炫饰甲属 Phaleromela			*					*				*		
肩炫饰甲 P. humeralis			+					*						
朽木甲亚科 Alleculinae	*	*	*	*	*	*	*	*	*	*	*		*	
朽木甲族 Alleculini	*	*	*	*	*	*	*	*	*	*	*	*	*	
木朽木甲属 Cistelopsis			+			*			+					
淡红木朽木甲 C. rufimembris			+					+						
膜朽木甲属 Hymenalia							*	+	*			*		
点凹膜朽木甲 H. impunctaticollis			+					+						
H. medvedevi			+					+						
朽木甲属 Allecula					*	*	*	*		*	*			
蒙古朽木甲 A. mongolica			+					+						
栉甲族 Cteniopodini	*	*	*	*	*	*	*	*	*					
栉甲属 Cteniopinus	*	*	*	*	*	*	*	*	*					
异点栉甲 C. diversipunctatus*		+	+					*						+

续表

古北界				东洋界			古北界	东洋界	非洲界	澳洲界	新北界	新热带界	特有属种
东北区	华北区	蒙新区	青藏区	西南区	华中区	华南区							
吉林档甲 *C. tschiliensis*							+						
+	+												
阿档甲 *C. altaicus**							+						
	+	+											
窄爵档甲 *C. tenuitarsis**							+						
	+		+										
窄甲亚科 Stenochiinae							*	*	*				
*					*	*							
轴甲族 Cnodalonini							*	*	*				
*		*	*	*	*	*							
窄轴甲属 *Stenophanes*							*	*	*				
		*	*	*	*	*							
细纹窄轴甲 *S. strigipennis*							+						
		+											
德轴甲属 *Derosphaerus*							*	*					
*			*	*	*	*							
淡堇德轴甲 *D. subviolaceus*							+	+					
+					+								
粗角甲亚科 Phrenapatinae							*	*	*	*			
	*			*	*	*							
烁甲族 Amarygmini							*	*	*	*			
	*			*	*	*							
邻烁甲属 *Plesiophthalmus*							*	*					
	*	*		*	*	*							
中型邻烁甲 *P. spectabilis spectabilis*							+	+					
	+				+								
合计							62 (209)	19(27)	6(10)	9(13)	8(12)	6(9)	18(26)
17(22)	36(66)	62(209)	13(21)	11(17)	16(24)	9(15)							

*（物种拉丁名上的星号）：阿拉善高原与内蒙古共有种

注："*"、"+"表示亚科、族、属、种在表中所列动物地理区有分布

附表 4-1　阿拉善高原拟步甲物种分布栅格数据（一）

种名	A5	A6	A7	A8	A9	A10	B4	B5	B6	B7	B8	B9	B10	B11	B12	B13	B14	B15	B16	B17	C2	C3	C4	C5	C6	C7	C8	C9	C10	C11	C12	C13	C14	C15	C16	C17
Cteniopinus potanini	0	0	0	0	0	0	0	0	0	0	0	0	0	0	0	0	0	0	0	0	0	0	0	0	0	0	0	0	0	0	0	0	0	0	0	0
Cteniopinus parvus	0	0	0	0	0	0	0	0	0	0	0	0	0	0	0	0	0	0	0	0	0	0	0	0	0	0	0	0	0	0	0	0	0	0	0	0
Cteniopinus varicornis	0	0	0	0	0	0	0	0	0	0	0	0	0	0	0	0	0	0	0	0	0	0	0	0	0	0	0	0	0	0	0	0	0	0	0	0
Cteniopinus tenuitarsis	0	0	0	0	0	0	0	0	0	0	0	0	0	0	0	0	0	0	0	0	0	0	0	0	0	0	0	0	0	0	0	0	0	0	0	0
Cteniopinus altaicus	0	0	0	0	0	0	0	0	0	0	0	0	0	0	0	0	0	0	0	0	0	0	0	0	0	0	0	0	0	0	0	0	0	0	0	0
Cteniopinus diversipunctatus	0	0	0	0	0	0	0	0	0	0	0	0	0	0	0	0	0	0	0	0	0	0	0	0	0	0	0	0	0	0	0	0	0	0	0	0
Cyphostethe grombczewskii	0	0	0	0	0	0	0	0	0	0	0	0	0	0	0	0	0	0	0	0	0	0	0	0	0	0	0	0	0	0	0	0	0	0	0	0
Trichosphaena quadrate	0	0	0	0	0	0	0	0	0	0	0	0	0	0	0	0	0	0	0	0	0	1	0	0	0	0	0	0	0	0	0	0	0	0	0	0
Trichosphaena dunhuangensis	0	0	0	0	0	0	0	0	0	0	0	0	0	0	0	0	0	0	0	0	0	0	1	0	0	0	0	0	0	0	0	0	0	0	0	0
Trichosphaena ulanbuhensis	0	0	0	0	0	0	0	0	0	0	0	0	0	0	0	0	0	0	0	0	0	0	0	0	0	0	0	0	0	1	0	0	0	0	0	0
Epitrichia ningsiana	0	0	0	0	0	0	0	0	0	0	0	0	0	0	0	0	0	0	0	0	0	0	0	0	0	0	0	0	0	0	0	0	0	0	0	0
Epitrichia fuscus	0	0	0	0	0	0	0	0	0	0	0	0	0	0	0	0	0	0	0	0	0	0	0	0	0	0	0	0	0	0	0	0	0	0	0	0
Leptodes szekessyi	0	0	0	0	0	0	0	0	0	0	0	0	0	0	0	0	0	0	0	0	0	0	0	0	0	0	0	0	0	0	0	0	0	0	0	0
Cyphogenia chinensis	0	0	0	0	0	0	0	0	0	0	0	0	0	0	0	0	0	0	0	0	0	0	0	0	0	0	0	0	0	0	0	1	0	0	0	0
Cyphogenia humeralis	0	0	0	0	0	0	0	0	0	0	0	0	0	0	0	0	0	0	0	0	0	0	1	0	0	0	0	0	0	0	0	0	0	0	0	0
Netuschilia hauseri	0	0	0	0	0	0	0	0	0	0	0	0	0	0	0	0	0	0	0	0	0	0	0	0	0	0	0	0	0	0	0	0	0	0	0	0
Platyope ordossica	0	0	0	0	0	0	0	0	0	0	0	0	0	0	0	0	0	0	0	0	0	0	0	0	0	0	0	0	0	0	0	0	0	0	1	0

种名	A5	A6	A7	A8	A9	A10	B4	B5	B6	B7	B8	B9	B10	B11	B12	B13	B14	B15	B16	B17	C2	C3	C4	C5	C6	C7	C8	C9	C10	C11	C12	C13	C14	C15	C16	C17
Platyope victori	0	0	0	0	0	0	0	0	0	0	0	0	0	0	0	0	0	0	0	0	0	0	0	0	0	0	0	0	0	0	0	0	0	0	0	0
Platyope mongolica	0	0	0	0	0	0	0	0	0	0	0	0	0	0	0	0	0	0	0	0	0	0	0	0	0	0	0	0	0	0	0	0	0	0	0	1
Platyope balteiformis	0	0	0	0	0	0	0	0	0	0	0	0	0	0	0	0	0	0	0	0	0	0	0	0	0	0	0	0	0	0	0	0	0	0	0	0
Mantichorula grandis	0	0	0	0	0	0	0	0	0	0	0	0	0	0	0	0	0	0	0	0	0	0	0	0	0	0	0	0	0	0	0	0	0	0	0	0
Mantichorula semenowi	0	0	0	0	0	0	0	0	0	0	0	0	0	0	0	0	0	0	0	0	0	0	0	0	0	0	0	0	0	0	0	0	0	0	1	0
Ocnera sublaevigata	0	0	0	0	0	0	0	0	0	0	0	0	0	0	0	0	0	0	0	0	0	1	0	0	0	0	0	0	0	0	0	0	0	0	0	0
Pterocoma reitteri	0	0	0	0	0	0	0	0	0	0	0	0	0	0	0	0	0	1	0	0	0	0	0	0	0	0	1	0	0	0	0	0	0	1	1	1
Pterocoma parvula	0	0	0	0	1	0	1	0	0	0	0	0	1	0	0	0	0	0	0	0	0	0	0	0	0	0	1	0	0	0	0	1	0	0	0	0
Pterocoma vittata	0	0	0	0	0	0	0	0	0	0	0	0	0	0	1	0	0	0	0	0	0	0	0	0	0	0	0	0	0	1	0	0	0	0	0	0
Pterocoma amandana edmundi	0	0	0	0	0	0	0	0	0	0	0	0	0	0	0	0	0	0	0	0	0	1	0	0	0	0	0	0	0	0	0	0	0	0	0	0
Pterocoma loczyi	0	0	0	0	0	0	0	0	0	0	0	0	0	0	0	0	0	0	0	0	0	1	1	1	0	1	1	0	0	0	0	0	0	0	0	0
Trigonocera granulata	0	0	0	0	0	0	0	0	0	0	0	0	0	0	0	0	0	0	0	0	0	0	0	0	0	0	0	0	0	0	0	0	0	0	0	1
Trigonocera pseudopimelia pseudopimelia	0	0	0	0	0	0	0	0	0	0	0	0	0	0	0	0	0	0	0	0	0	0	0	0	0	0	0	0	0	0	0	0	0	0	0	0
Sternoplax lacerta	0	0	0	0	0	0	0	0	0	0	0	0	0	0	0	0	0	0	0	0	0	0	0	0	0	0	0	0	0	0	0	0	0	0	0	0
Sternoplax szechenyi	0	0	0	0	0	0	0	0	0	0	0	0	0	0	0	0	0	0	0	0	0	0	0	0	0	1	0	0	1	0	0	0	0	0	0	0
Sternotrigon setosa setosa	0	0	0	0	0	0	0	0	0	0	0	0	0	0	0	0	0	0	0	0	0	0	0	0	0	0	0	0	0	0	0	0	0	0	0	0
Sternotrigon zichyi	0	0	0	1	0	0	0	0	0	0	0	0	1	0	0	0	0	1	0	0	0	0	0	0	0	0	0	0	0	0	0	0	1	1	0	0

续表

种名	A5	A6	A7	A8	A9	A10	B4	B5	B6	B7	B8	B9	B10	B11	B12	B13	B14	B15	B16	B17	C2	C3	C4	C5	C6	C7	C8	C9	C10	C11	C12	C13	C14	C15	C16	C17
Sternotrigon grandis	0	0	0	0	0	0	0	0	0	0	0	0	0	0	0	0	0	0	1	0	0	0	0	0	0	0	0	0	0	0	0	0	0	0	1	0
Sternotrigon kraatzi	0	0	0	1	1	0	0	0	0	0	0	0	1	0	0	0	0	0	0	0	0	0	0	0	0	1	0	0	0	0	0	0	0	0	0	0
Trigonoscelis sublaevigata sublaevigata	0	0	0	0	0	0	0	0	0	0	1	1	0	0	0	0	0	0	0	0	0	1	1	0	0	0	0	0	0	0	0	0	0	0	0	0
Tamena rugiceps	0	0	0	0	0	0	0	0	0	0	0	0	0	0	0	0	0	0	0	0	0	0	0	1	0	0	0	0	0	0	0	0	0	0	0	0
Microdera elegans	0	0	0	0	0	0	0	0	0	0	0	0	0	0	0	0	0	0	0	0	0	0	0	0	0	0	1	0	0	0	0	0	0	0	0	0
Microdera kraatzi kraatzi	0	0	0	0	0	0	0	0	0	0	0	0	0	1	0	0	0	0	0	0	0	0	1	0	1	1	0	0	0	0	0	0	0	0	0	0
Microdera kraatzi alashanica	0	0	0	0	0	0	0	0	0	0	0	0	0	0	0	0	0	0	0	0	0	0	1	0	0	0	1	0	0	0	0	0	0	0	0	0
Microdera lampabilis	0	0	0	0	0	0	0	0	0	0	0	0	0	0	0	0	0	0	0	0	0	0	1	0	0	0	0	0	0	0	0	0	0	0	0	0
Microdera huoshanica	0	0	0	0	0	0	0	0	0	0	0	0	0	0	0	0	0	0	0	0	0	0	0	1	1	0	0	0	0	0	0	0	0	0	0	0
Microdera globata	0	0	0	0	0	0	0	0	0	0	0	0	0	0	0	0	0	0	1	0	0	0	0	0	0	0	0	0	0	0	0	0	0	0	1	1
Microdera promptipuncta	0	0	0	0	0	0	0	0	0	0	0	0	0	0	0	0	0	0	0	0	0	0	0	0	0	0	0	0	0	0	0	0	0	0	0	0
Microdera duplicatipunctatus	0	0	0	0	0	0	0	0	0	0	0	0	0	0	0	0	0	0	0	0	0	0	0	0	0	0	0	0	0	0	0	1	0	0	0	0
Microdera kanssuana	0	0	0	0	0	0	0	0	0	0	0	0	0	0	0	0	0	0	0	0	0	0	0	0	0	0	1	0	0	0	0	0	0	0	0	0
Microdera rotundithorax	0	0	0	0	0	0	0	0	0	0	0	0	1	0	0	0	0	0	0	0	0	0	0	0	0	0	0	1	0	0	0	0	0	0	0	0
Microdera aurita	1	1	0	0	1	1	0	1	1	0	0	0	1	0	0	0	0	0	0	0	0	0	0	1	0	0	1	0	0	0	0	0	0	0	0	0
Microdera shandmana	0	0	0	0	0	0	0	0	0	0	0	0	0	0	0	0	0	0	0	0	0	0	1	0	0	0	0	0	0	0	0	0	0	0	0	0
Microdera mongolica mongolica	0	0	0	0	0	0	0	0	0	0	0	0	0	0	0	0	0	0	0	0	0	0	0	0	0	0	1	0	0	0	0	0	0	0	0	0

种名	A5	A6	A7	A8	A9	A10	B4	B5	B6	B7	B8	B9	B10	B11	B12	B13	B14	B15	B16	B17	C2	C3	C4	C5	C6	C7	C8	C9	C10	C11	C12	C13	C14	C15	C16	C17
Microdera mongolica kozlovi	0	0	0	0	1	1	1	0	0	0	0	1	1	1	0	0	0	0	0	0	0	0	0	0	0	0	0	0	0	0	0	0	0	0	0	0
Microdera laticollis laticollis	0	0	0	0	1	1	0	0	0	0	0	1	1	1	1	0	0	0	0	0	0	0	1	1	1	0	0	0	0	0	0	0	0	0	0	0
Micodera strigiventris	0	0	0	0	0	0	0	0	0	0	1	1	0	0	0	0	0	0	0	0	0	1	0	1	1	1	1	1	0	0	0	0	0	0	0	0
Scytosoma humeridens	0	0	0	0	0	0	0	0	0	0	0	1	0	0	0	0	0	0	0	0	0	0	0	0	0	0	0	0	0	0	0	0	0	0	0	0
Scytosoma scalaris	0	0	0	0	0	0	0	0	0	0	0	0	0	0	0	0	0	0	0	0	0	0	0	0	0	0	0	0	0	0	0	0	0	0	0	0
Scytosoma fascia	0	0	0	0	0	0	0	0	0	0	0	0	0	0	0	0	0	0	0	0	0	0	0	0	0	0	0	0	0	0	0	0	0	0	0	0
Scytosoma ovadis	0	0	0	0	0	0	0	0	0	0	0	0	0	0	0	0	0	0	0	0	0	0	0	0	0	0	0	0	0	0	0	0	0	0	0	0
Scytosoma pygmaeum	0	0	0	0	0	0	0	0	0	0	0	0	0	0	0	0	0	0	0	0	0	0	0	0	0	0	0	0	0	0	0	0	0	0	0	0
Scytosoma dissilimarginis	0	0	0	0	0	0	0	0	0	0	0	0	0	0	0	0	0	0	0	0	0	0	0	0	0	0	0	0	0	0	0	0	0	0	0	0
Scytosoma rufiabdomina	0	0	0	0	0	0	0	0	0	0	0	0	0	0	0	0	0	0	0	0	0	0	0	0	0	0	0	0	0	0	0	0	0	0	0	0
Scythis intermedia scythiformis	0	0	0	0	0	0	0	0	0	0	0	0	0	0	0	0	0	0	0	0	0	0	0	0	0	0	0	0	0	0	0	0	0	0	0	0
Scythis affinis	0	0	0	0	0	0	0	0	0	0	0	0	0	0	0	0	0	0	0	0	0	1	1	1	1	1	0	0	0	0	0	0	0	0	1	0
Anatolica tsendsureni	0	0	0	0	0	0	0	0	0	0	0	0	0	0	0	0	0	0	0	0	0	0	1	0	0	0	0	0	0	0	0	0	0	0	1	0
Anatolica immarginata	0	1	0	0	0	0	0	0	0	0	0	0	0	0	0	0	0	0	0	0	0	1	1	1	0	0	0	0	0	0	0	0	0	0	0	0
Anatolica polita polita	1	1	0	0	1	1	0	1	0	1	0	1	0	1	0	0	0	0	0	0	0	0	0	0	1	1	1	0	0	0	0	0	0	0	0	0
Anatolica semenowi	0	0	0	0	0	0	0	0	0	0	0	0	0	0	0	0	0	0	0	0	0	0	0	0	0	1	0	0	0	0	0	0	0	0	0	0
Anatolica pandaroides	0	0	0	0	0	0	0	0	0	0	0	0	0	0	0	0	0	0	0	0	0	0	0	0	0	0	0	0	0	0	0	0	0	0	0	0
Anatolica planata	0	0	0	0	0	0	0	0	0	0	0	0	0	0	0	0	0	0	0	0	0	0	0	0	0	1	1	0	0	0	0	0	0	0	0	0

续表

种名	A5	A6	A7	A8	A9	A10	B4	B5	B6	B7	B8	B9	B10	B11	B12	B13	B14	B15	B16	B17	C2	C3	C4	C5	C6	C7	C8	C9	C10	C11	C12	C13	C14	C15	C16	C17
Anatolica strigosa	0	0	0	0	0	0	0	0	0	0	0	0	0	0	0	0	0	0	0	0	0	0	0	0	0	0	0	0	0	0	0	0	0	0	0	0
Anatolica paradoxa	0	0	0	0	0	0	0	0	0	0	0	0	0	0	0	0	0	0	0	0	0	0	0	0	0	0	0	0	0	0	0	0	0	0	0	0
Anatolica cechiniae	0	0	0	0	0	0	0	0	0	0	0	0	0	0	0	0	0	0	0	0	0	0	1	0	0	0	0	0	0	0	0	0	0	0	0	0
Anatolica potanini	0	0	0	0	1	0	0	0	0	0	0	1	1	0	0	0	0	1	1	0	0	0	0	0	0	1	1	0	0	0	0	1	1	0	1	1
Anatolica mucronata	0	0	0	0	0	0	0	0	0	0	0	0	0	0	0	0	0	0	0	0	0	0	0	0	0	0	0	0	0	0	0	0	0	0	0	1
Anatolica sternalis	0	0	0	0	0	0	0	0	0	0	0	0	0	0	0	0	0	0	0	0	0	0	0	0	1	0	1	0	0	0	0	0	0	1	0	0
Anatolica mireti	0	0	0	0	0	0	0	0	0	0	0	0	0	0	0	0	0	0	0	0	0	0	0	0	0	0	0	0	0	0	0	0	0	0	0	0
Anatolica gravidula	0	0	0	0	0	0	0	0	0	0	0	0	0	1	0	0	0	1	0	1	0	0	0	0	0	0	0	0	0	0	0	0	0	0	1	0
Anatolica minima	0	0	0	0	0	0	0	0	0	0	0	0	0	0	0	0	0	0	0	0	0	0	0	0	0	1	1	0	0	0	0	0	0	0	0	0
Anatolica dashidorzsi temporalis	0	0	0	0	0	0	0	0	0	0	0	0	0	0	0	0	0	1	0	1	0	1	0	0	0	0	0	0	0	0	0	0	0	1	1	1
Anatolica suturalis	0	0	0	0	0	0	0	0	0	0	0	0	0	0	0	0	0	0	0	0	0	0	0	0	0	0	0	0	0	0	0	0	0	0	0	0
Anatolica kulzeri	0	0	0	1	0	0	0	0	0	0	0	0	1	0	0	0	0	0	0	0	0	0	0	0	0	0	0	0	0	0	0	0	0	0	0	0
Anatolica amoemula	0	0	0	0	0	0	0	0	0	0	0	0	0	0	1	0	1	0	1	0	0	0	0	0	0	0	0	0	0	0	0	1	1	0	1	1
Anatolica ebenina	0	0	0	0	0	0	0	0	0	0	0	0	0	0	0	0	0	0	0	0	0	0	0	0	0	0	0	0	0	0	0	0	0	0	0	0
Anatolica rugata	0	0	0	0	0	0	0	0	0	0	0	0	0	0	0	0	0	0	0	0	0	0	0	0	0	0	0	0	0	0	0	0	0	0	0	0
Anatolica ningxiana	0	0	0	0	0	0	0	0	0	0	0	0	0	0	0	0	0	0	0	1	0	0	0	0	0	1	0	0	0	0	0	0	0	0	0	0
Colposcelis damone	0	0	0	0	0	0	0	0	0	0	0	0	0	0	0	0	0	0	0	0	0	0	0	0	0	0	0	0	0	0	0	0	0	0	0	0
Colposcelis forsteri	0	0	0	0	0	0	0	0	0	0	0	0	0	0	0	0	0	0	0	0	0	0	0	1	0	0	0	0	0	0	0	0	0	0	0	0

续表

种名	A5	A6	A7	A8	A9	A10	B4	B5	B6	B7	B8	B9	B10	B11	B12	B13	B14	B15	B16	B17	C2	C3	C4	C5	C6	C7	C8	C9	C10	C11	C12	C13	C14	C15	C16	C17
Colposcelis montivaga	0	0	0	0	0	0	0	0	0	0	0	0	0	0	0	0	0	0	0	0	0	0	1	0	0	0	0	0	0	0	0	0	0	0	0	0
Colposcelis microderoides microderoides	0	0	0	0	0	0	0	0	0	0	0	0	0	0	0	0	0	0	0	0	0	0	0	0	0	0	0	0	0	0	0	0	0	0	0	0
Colposcelis licenti	0	0	0	0	0	0	0	0	0	0	0	0	0	0	0	0	0	1	1	0	0	0	0	0	0	0	0	0	0	0	0	0	0	0	1	0
Colposcelis trisulcata	0	0	0	0	0	0	0	0	0	0	0	0	0	0	0	0	0	0	0	0	0	0	0	0	0	0	0	0	0	0	0	0	0	0	0	0
Lagria atriceps	0	0	0	0	0	0	0	0	0	0	0	0	0	0	0	0	0	0	0	0	0	0	0	0	0	0	0	0	0	0	0	0	0	0	0	0
Lagria hirta	0	0	0	0	0	0	0	0	0	0	0	0	0	0	0	0	0	0	0	0	0	0	0	0	0	0	0	0	0	0	0	0	0	0	0	0
Lagria rufipennis	0	0	0	0	0	0	0	0	0	0	0	0	0	0	0	0	0	0	0	0	0	0	0	0	0	0	0	0	0	0	0	0	0	0	0	0
Lagria ophthalmica	0	0	0	0	0	0	0	0	0	0	0	0	0	0	0	0	0	0	0	0	0	0	0	0	0	0	0	0	0	0	0	0	0	0	0	0
Laena bifoveolata	0	0	0	0	0	0	0	0	0	0	0	0	0	0	0	0	0	0	0	0	0	0	0	0	0	0	0	0	0	0	0	0	0	0	0	0
Centorus helanensis	1	1	0	0	0	0	0	0	0	0	0	0	0	0	0	0	0	0	0	0	0	0	0	0	0	0	0	0	0	0	0	0	0	0	0	0
Centorus luculentus	1	0	0	0	0	0	0	1	1	0	0	0	0	0	0	0	0	0	0	0	0	0	0	0	0	0	0	0	0	0	0	0	0	0	0	0
Centorus alashanicus	0	0	0	0	0	0	0	0	0	0	0	0	0	0	0	0	0	0	0	0	0	0	0	0	0	0	0	0	0	0	0	0	0	0	0	0
Centorus medvedevi	0	0	0	0	0	0	0	0	0	0	0	0	0	0	0	0	0	0	0	0	0	0	0	0	0	0	0	0	0	0	0	0	0	0	0	0
Cheirodes scalariihoracus	0	0	0	0	0	0	0	0	0	0	0	0	0	0	0	0	0	0	0	0	0	0	0	0	0	0	0	0	0	0	0	0	0	0	0	0
Cheirodes zhengi	0	0	0	0	0	0	0	0	0	0	0	0	0	0	0	0	0	0	0	0	0	0	0	0	0	0	0	0	0	0	1	0	0	0	0	0
Melanesthes csikii	0	0	0	0	0	0	0	0	0	0	0	0	0	0	0	0	0	0	0	0	0	0	0	0	0	0	0	0	0	0	0	0	0	0	0	0
Melanesthes heydeni heydeni	0	0	0	0	0	0	0	0	0	0	0	0	0	0	0	0	0	0	0	0	0	0	0	0	0	0	0	0	0	0	0	0	1	0	0	0
Melanesthes punctipennis	0	0	0	0	0	0	0	0	0	0	0	0	0	0	0	0	0	0	0	0	0	0	0	0	0	0	1	0	0	0	0	0	0	0	0	0

续表

种名	A5	A6	A7	A8	A9	A10	B4	B5	B6	B7	B8	B9	B10	B11	B12	B13	B14	B15	B16	B17	C2	C3	C4	C5	C6	C7	C8	C9	C10	C11	C12	C13	C14	C15	C16	C17
Melanesthes gigas	0	0	0	0	0	0	0	0	0	0	0	0	0	0	0	0	0	0	0	0	0	0	0	0	0	0	0	0	0	0	0	0	0	0	0	0
Melanesthes rugipennis	0	0	0	0	0	0	0	0	0	0	0	0	0	0	0	0	0	0	0	0	0	0	0	0	0	0	0	0	0	0	0	0	0	0	0	0
Melanesthes granulates	0	0	0	0	0	0	0	0	0	0	0	0	0	0	0	0	0	0	0	0	0	0	0	0	0	0	0	0	0	0	0	0	0	0	0	0
Melanesthes tuberculosa	0	0	0	0	0	0	0	0	0	0	0	0	0	0	0	0	0	0	0	0	0	0	0	0	0	0	0	0	0	0	0	0	0	0	0	0
Melanesthes ningxiaensis	0	0	0	0	0	0	0	0	0	0	0	0	0	0	0	0	0	0	0	0	0	0	0	0	0	0	0	0	0	0	0	0	0	0	0	0
Melanesthes jintaiensis	0	0	0	0	0	0	0	0	0	0	0	0	0	0	0	0	0	0	0	0	0	0	0	0	0	0	0	0	0	0	0	0	0	0	0	0
Melanesthes davadshamsi	0	0	0	0	0	0	0	0	0	0	0	0	0	0	0	0	0	0	1	0	0	0	0	0	0	0	0	0	0	0	0	1	0	0	1	0
Melanesthes ciliata	0	0	0	0	0	0	0	0	0	0	0	0	0	0	0	0	0	1	0	0	0	0	0	0	0	0	0	0	0	0	0	0	1	0	0	0
Melanesthes psammophila	0	0	0	0	0	0	0	0	0	0	0	0	0	0	0	0	0	0	0	0	0	0	0	0	0	0	0	0	0	0	0	0	0	1	0	0
Melanesthes maxima maxima	0	0	0	0	0	0	0	0	0	0	0	0	0	0	0	0	0	0	0	0	0	0	0	0	0	0	0	0	0	0	0	0	0	0	0	0
Melanesthes mongolica	0	0	0	0	0	0	0	0	0	0	0	0	0	0	0	0	0	0	0	0	1	0	0	0	0	0	0	0	0	0	0	0	0	0	0	0
Melanesthes medvedevi	0	0	0	0	0	0	0	0	0	0	0	0	0	0	0	0	0	0	0	1	0	0	0	0	0	0	0	0	0	0	0	0	0	0	0	0
Melanesthes jenseni meridionalis	0	0	0	0	0	0	0	0	0	0	0	0	0	0	0	0	0	0	0	0	0	0	0	0	0	0	0	0	0	0	0	0	0	0	0	0
Melanesthes exilidentata	0	0	0	0	0	0	0	0	0	0	0	0	0	0	0	0	0	0	0	0	0	0	0	0	0	0	0	0	0	0	0	0	0	0	0	0
Melanesthes desertora	0	0	0	0	0	0	0	0	0	0	0	0	0	0	0	0	0	0	0	0	0	0	0	0	0	0	0	0	0	0	0	0	0	0	0	0
Scleropatrum horridum horridum	0	0	0	0	0	0	0	0	0	0	0	0	0	0	0	0	0	0	0	0	1	1	0	0	0	0	0	0	0	0	0	0	0	0	0	0
Scleropatrum tuberculatum	0	0	0	0	0	0	0	0	0	0	0	0	0	0	0	0	0	0	0	0	0	1	0	0	0	0	0	0	0	0	0	0	0	0	0	0

续表

种名	A5	A6	A7	A8	A9	A10	B4	B5	B6	B7	B8	B9	B10	B11	B12	B13	B14	B15	B16	B17	C2	C3	C4	C5	C6	C7	C8	C9	C10	C11	C12	C13	C14	C15	C16	C17
Scleropatrum tuberculiferum	0	0	0	0	0	0	0	0	0	0	0	0	0	0	0	0	0	0	0	0	0	0	0	0	0	0	0	0	0	0	0	0	0	0	0	0
Scleropatrum csikii	0	0	0	0	0	0	0	0	0	0	0	0	0	0	0	0	0	0	0	0	0	0	0	0	0	0	0	0	0	0	0	0	0	0	0	0
Scleropatroides seidlitzi	0	0	0	0	1	1	0	0	0	0	0	0	0	0	0	0	0	0	0	0	0	0	0	0	0	1	1	0	0	0	0	0	0	0	0	0
Gonocephalum reticulatum	0	0	0	0	0	0	0	0	0	0	0	1	1	0	0	0	0	0	0	0	0	0	0	0	0	0	0	0	0	0	0	0	0	0	0	0
Gonocephalum subrugulosum	0	0	0	0	1	1	0	0	0	0	0	1	1	0	0	0	0	0	0	0	0	0	0	0	0	0	0	0	0	0	0	0	0	0	0	0
Opatrum asperipenne	0	0	0	0	0	0	0	0	0	0	0	0	0	0	0	0	0	0	0	0	0	0	0	0	0	0	0	0	0	0	0	0	0	0	0	0
Opatrum sabulosum sabulosum	0	0	0	0	0	0	0	0	0	0	0	0	0	0	0	0	0	0	0	0	0	0	0	0	0	1	1	0	0	0	0	0	0	0	0	0
Opatrum subaratum	0	0	0	0	0	0	0	0	0	0	0	0	0	0	0	0	0	0	0	0	0	0	0	0	0	0	0	0	0	0	0	0	0	0	0	0
Anatrum songorium	0	0	0	0	0	0	0	0	0	0	0	0	0	0	0	0	0	0	0	0	0	0	0	0	0	0	0	0	0	0	0	0	0	0	0	0
Anatrum shandanicum	0	0	0	0	0	0	0	0	0	0	0	0	0	0	0	0	0	0	0	0	0	0	0	0	0	1	1	0	0	0	0	0	0	0	0	0
Jintaium sulcatum	0	0	0	0	0	0	0	0	0	0	0	0	0	0	0	0	0	0	0	0	0	0	0	0	0	0	0	0	0	0	0	0	0	0	0	0
Myladina unguiculina	0	0	0	0	0	0	0	0	0	0	0	0	0	0	0	0	0	0	0	0	0	0	0	0	0	0	0	0	0	0	0	0	0	0	0	0
Myladina lissonota	0	0	0	0	0	0	0	0	0	0	0	0	0	0	0	0	0	1	1	0	0	0	0	0	0	0	0	0	0	0	0	0	0	0	0	0
Eumylada punctifera	0	0	0	0	0	0	0	0	0	0	0	0	0	0	1	0	0	0	0	0	0	0	0	0	0	0	0	0	1	0	0	0	0	0	0	0
Eumylada glandulosa	0	0	0	0	0	0	0	0	0	0	0	0	0	0	0	0	0	0	0	0	0	0	0	0	0	0	0	0	1	1	0	0	0	0	0	0
Eumylada potanini	0	0	0	0	0	0	0	0	0	0	0	0	0	0	0	0	0	0	0	0	0	0	0	0	0	0	0	0	0	0	0	0	1	0	0	0
Eumylada oberbergeri	0	0	0	0	0	0	0	0	0	0	0	0	0	0	0	0	0	0	0	0	0	0	0	0	0	0	0	0	0	0	0	0	0	0	0	0
Penthicus lenczyi	1	1	0	0	0	0	0	1	1	0	0	0	0	0	0	0	0	0	0	0	1	1	0	0	0	0	0	0	0	0	0	0	0	0	0	0

续表

种名	A5	A6	A7	A8	A9	A10	B4	B5	B6	B7	B8	B9	B10	B11	B12	B13	B14	B15	B16	B17	C2	C3	C4	C5	C6	C7	C8	C9	C10	C11	C12	C13	C14	C15	C16	C17
Penthicus schusteri	0	0	1	0	0	0	0	0	0	0	0	0	0	0	0	0	0	0	0	0	0	0	0	0	0	0	0	0	0	0	0	0	0	1	0	0
Penthicus nojonicus	0	1	0	0	0	0	0	0	0	0	0	0	0	0	0	0	0	0	0	0	0	0	0	0	0	0	0	0	0	0	0	0	0	0	1	0
Penthicus nanshanicus	1	1	0	0	0	0	0	0	1	0	0	0	0	0	0	0	0	0	0	0	0	0	0	0	0	0	1	0	0	0	0	0	0	0	0	0
Penthicus humeridens	0	0	0	0	0	0	0	0	0	1	0	0	0	0	0	0	0	0	0	0	0	0	0	0	0	1	0	0	0	0	0	0	0	0	0	0
Penthicus alashanicus	0	0	0	0	0	0	0	1	0	0	0	0	0	0	0	0	0	0	0	0	0	0	0	0	0	0	0	0	0	0	0	0	0	1	0	0
Penthicus frater	0	0	0	0	0	0	0	0	0	0	0	0	0	0	0	0	0	0	0	0	0	0	0	0	1	0	0	0	0	0	0	0	0	0	0	0
Penthicus laelaps	0	0	0	0	0	0	0	0	0	0	0	0	0	0	0	0	0	0	0	0	0	0	0	1	0	0	0	0	0	0	0	0	0	0	0	0
Penthicus obtusangulus	0	0	0	0	0	0	1	0	0	0	0	0	0	0	0	0	0	0	0	0	0	0	1	0	0	0	0	0	0	0	0	0	0	0	0	0
Blindus strigosus	0	0	0	0	0	0	0	0	0	0	0	0	0	0	0	0	0	0	1	0	0	0	0	0	0	0	0	0	0	0	0	0	0	0	0	0
Blaps potanini	0	0	0	0	0	0	0	0	0	0	0	0	0	0	0	0	0	0	0	1	0	0	0	0	0	0	0	0	0	0	0	0	0	0	0	0
Blaps gramulata gramulata	0	0	0	0	0	0	0	0	0	0	0	0	0	0	0	0	0	0	0	0	0	0	0	0	0	1	0	0	0	0	0	0	0	0	0	0
Blaps gressoria	0	0	0	0	0	0	0	0	0	0	0	0	0	0	0	0	0	0	0	0	0	0	0	0	0	0	0	0	0	0	0	0	0	0	0	0
Blaps davidis	0	0	0	0	0	0	0	0	0	0	0	0	0	0	0	0	0	0	0	0	0	0	0	0	0	0	0	0	0	0	0	0	0	0	0	0
Blaps miliaria	0	0	0	0	0	0	0	0	0	0	0	0	0	0	0	0	0	0	0	0	0	0	0	0	0	0	0	0	0	0	0	0	0	0	0	0
Blaps reflexa	0	0	0	0	0	0	0	0	0	0	0	0	0	0	0	0	0	0	0	0	0	0	0	0	0	0	0	0	0	0	0	0	0	0	0	0
Blaps variolosa	0	0	0	0	1	0	0	0	0	0	0	0	1	0	0	0	0	0	0	0	0	0	0	0	0	0	0	0	0	0	0	0	0	0	0	0
Blaps femoralis femorals	0	0	0	0	0	0	0	0	0	0	0	0	0	0	0	0	0	0	0	1	0	0	0	0	0	0	0	0	0	0	0	0	0	0	0	0
Blaps medusula	0	0	0	0	0	0	0	0	0	0	0	0	0	0	0	0	0	0	0	0	0	0	0	0	0	0	0	0	0	0	0	0	0	1	0	0

续表

种名	A5	A6	A7	A8	A9	A10	B4	B5	B6	B7	B8	B9	B10	B11	B12	B13	B14	B15	B16	B17	C2	C3	C4	C5	C6	C7	C8	C9	C10	C11	C12	C13	C14	C15	C16	C17
Blaps dentitibia	0	0	0	0	0	0	0	0	0	0	0	0	0	0	0	0	0	0	0	0	0	0	0	0	0	0	0	0	0	0	0	0	0	0	0	0
Blaps medusa	1	1	0	0	1	1	0	1	1	1	0	1	1	0	0	0	0	0	0	0	0	0	0	1	1	1	0	0	0	0	0	0	0	0	0	0
Blaps kiritshenkoi	0	0	0	0	0	0	0	1	1	0	0	0	0	1	0	1	0	0	0	0	0	0	1	0	0	1	1	0	0	0	0	1	1	1	0	0
Blaps umbilicata	0	0	0	0	0	0	0	0	0	0	0	0	0	0	0	0	0	0	0	0	0	0	0	0	0	0	0	0	0	0	0	0	0	0	0	0
Blaps furcala	0	0	0	0	0	0	0	0	0	0	0	0	0	0	0	0	0	0	0	0	0	0	0	0	0	0	0	0	0	0	0	0	0	0	0	0
Blaps gobiensis	1	1	0	1	1	1	1	1	1	1	0	1	1	0	0	0	0	1	1	1	1	1	1	1	1	1	1	0	0	0	0	0	1	1	1	0
Blaps varicosa	0	0	0	0	0	0	0	0	0	0	0	0	0	0	0	0	0	0	0	0	0	0	0	0	0	0	0	0	0	0	0	0	0	0	0	0
Blaps rugosa	0	0	0	0	0	0	0	0	0	0	0	0	0	0	0	0	0	0	0	0	0	0	0	0	0	0	0	0	0	0	0	0	0	0	0	0
Blaps nanshanica	0	0	0	0	0	0	0	0	0	0	0	0	0	0	0	0	0	0	0	0	0	0	0	0	0	0	0	0	0	0	0	0	0	0	0	0
Blaps acuminata	0	0	0	0	0	0	0	0	0	0	0	0	0	0	0	0	0	0	0	0	0	0	0	1	0	1	1	0	0	0	1	1	0	0	0	0
Blaps caraboides caraboides	0	0	0	0	0	0	0	0	0	0	0	0	0	0	0	0	0	0	0	0	0	0	0	0	0	0	0	0	0	0	0	0	0	0	0	0
Blaps opaca	0	0	0	0	0	0	0	0	0	0	0	0	0	0	0	0	0	0	0	0	0	0	0	0	0	0	0	0	0	0	0	0	0	0	0	0
Blaps latericosta	0	0	0	0	0	0	0	0	0	0	0	0	0	0	0	0	0	0	0	0	0	0	0	0	0	0	0	0	0	0	0	0	0	0	0	0
Blaps allardiana allardiana	0	0	0	0	0	0	0	0	0	0	0	0	0	0	0	0	0	0	0	0	0	0	0	0	0	0	0	0	0	0	0	0	0	0	0	0
Gnaptorina cylindricollis	0	0	0	0	0	0	0	0	0	0	0	0	0	0	0	0	0	0	0	0	0	0	0	0	0	0	0	0	0	0	0	0	0	0	0	0
Itagonia provostii	0	0	0	0	0	0	0	0	0	0	0	0	0	0	0	0	0	0	0	0	0	0	0	0	0	0	0	0	0	0	0	0	0	0	0	0
Prosodes pekinensis	0	0	0	0	0	0	0	0	0	0	0	0	0	0	0	0	0	0	0	0	0	0	0	0	0	0	0	0	0	0	0	0	0	0	0	0
Bioramix integra	0	0	0	0	0	0	0	0	0	0	0	0	0	0	0	0	0	0	0	0	0	0	0	0	0	0	0	0	0	0	0	0	0	0	0	0

续表

种名	A 5	A 6	A 7	A 8	A 9	A 10	B 4	B 5	B 6	B 7	B 8	B 9	B 10	B 11	B 12	B 13	B 14	B 15	B 16	B 17	C 2	C 3	C 4	C 5	C 6	C 7	C 8	C 9	C 10	C 11	C 12	C 13	C 14	C 15	C 16	C 17
Bioramix frivaldszkyi	0	0	0	0	0	0	0	0	0	0	0	0	0	0	0	0	0	0	0	0	0	0	0	0	0	0	0	0	0	0	0	0	0	0	0	0
Bioramix micans	0	0	0	0	0	0	0	0	0	0	0	0	0	0	0	0	0	0	0	0	0	0	0	0	0	0	0	0	0	0	0	0	0	0	0	0
Platyscelis sutyuana	0	0	0	0	0	0	0	0	0	0	0	0	0	0	0	0	0	0	0	0	0	0	0	0	0	0	0	0	0	0	0	0	0	0	0	0
Platyscelis brevis	0	0	0	0	0	0	0	0	0	0	0	0	0	0	0	0	0	0	0	0	0	0	0	0	0	0	0	0	0	0	0	0	0	0	0	0
Platyscelis hauseri	0	0	0	0	0	0	0	0	0	0	0	0	0	0	0	0	0	0	0	0	0	0	0	0	0	0	0	0	0	0	0	0	0	0	0	0
Platyscelis gebieni	0	0	0	0	0	0	0	0	0	0	0	0	0	0	0	0	0	0	0	0	0	0	0	0	0	0	0	0	0	0	0	0	0	0	0	0
Platyscelis freyi	0	0	0	0	0	0	0	0	0	0	0	0	0	0	0	0	0	0	0	0	0	0	0	0	0	0	0	0	0	0	0	0	0	0	0	0
Myatis breipilosum	0	0	0	0	0	0	0	0	0	0	0	0	0	0	0	0	0	0	0	0	0	0	0	0	1	0	0	0	0	0	0	0	0	0	0	0
Catomus wangae	0	0	0	0	0	0	0	1	0	0	0	0	0	0	0	0	0	0	0	0	0	0	0	1	0	0	0	0	0	0	0	0	0	0	0	0
Phtora alashanensis	0	0	0	1	0	0	1	0	0	0	0	0	0	0	0	0	0	0	0	0	0	0	1	0	0	0	0	0	0	0	0	0	0	0	0	0
Tenebrio molitor	0	0	0	0	0	0	0	0	0	0	0	0	1	0	0	0	0	0	0	0	0	0	0	0	0	0	0	0	0	0	0	0	0	0	0	0
Tribolium madens	0	0	0	0	0	0	0	0	0	0	0	0	0	0	0	0	0	0	0	0	0	0	0	0	1	0	0	0	0	0	0	0	0	0	0	0
Tribolium castaneum	0	0	0	0	0	0	0	0	0	0	0	0	0	0	0	0	0	0	0	0	0	0	0	0	0	0	0	0	0	0	0	0	0	0	0	0
Alphitophagus bifasciatus	0	0	0	0	0	0	0	0	0	0	0	0	0	0	0	0	0	0	0	0	0	0	0	0	0	0	0	0	0	0	0	0	0	0	0	0
Crypticus rufipes	0	0	0	0	0	0	0	0	0	0	0	0	0	0	0	0	0	0	0	0	0	0	0	0	0	0	0	0	0	0	1	0	0	0	0	0
Crypticus zubei	0	0	0	0	0	0	0	0	0	0	0	0	0	0	0	0	0	0	0	0	0	1	1	0	0	0	0	0	0	0	1	0	0	0	0	0

附表 4-2　阿拉善高原拟步甲种分布栅格数据（二）

种名	D2	D3	D4	D5	D6	D7	D8	D9	D10	D11	D12	D13	D14	D15	D16	D17	E8	E9	E10	E11	E12	E13	E14	E15	E16	E17	F11	F12	F13	F14	F15	F16	G11	G12	G13	G14	G15
Cteniopinus potanini	0	0	0	0	0	0	0	0	0	0	0	0	0	0	0	0	0	0	0	0	0	0	0	1	0	0	0	0	0	0	0	0	0	0	0	0	0
Cteniopinus parvus	0	0	0	0	0	0	0	0	0	0	0	0	0	0	0	0	0	0	0	0	0	0	0	1	0	0	0	0	0	0	0	0	0	0	0	0	0
Cteniopinus varicornis	0	0	0	0	0	0	0	0	0	0	0	0	0	0	0	0	0	0	0	0	0	0	0	1	0	0	0	0	0	0	0	0	0	0	0	0	0
Cteniopinus tenuitarsis	0	0	0	0	0	0	0	0	0	0	0	0	0	0	0	0	0	0	0	0	0	0	0	1	0	0	0	0	0	0	0	0	0	0	0	0	0
Cteniopinus altaicus	0	0	0	0	0	0	0	0	0	0	0	0	0	0	0	0	0	0	0	0	0	0	0	1	0	0	0	0	0	0	0	0	0	0	0	0	0
Cteniopinus diversipunctatus	0	0	0	0	0	0	0	0	0	0	0	0	0	0	0	0	0	0	0	0	0	0	1	0	0	0	0	0	0	0	0	0	0	0	0	0	0
Cyphostethe grombczewskii	0	0	0	0	0	0	0	0	0	0	0	0	0	0	0	0	0	0	0	0	0	0	0	0	0	0	0	0	1	0	0	0	0	0	0	0	0
Trichosphaena quadrate	0	0	0	1	0	0	0	0	0	0	0	0	0	0	0	0	0	0	1	0	0	0	0	0	0	0	0	0	0	0	0	0	0	0	0	0	0
Trichosphaena dunhuangensis	0	1	1	0	0	0	0	0	0	0	0	0	0	0	0	0	0	0	0	0	0	0	0	0	0	0	0	0	0	0	0	0	0	0	0	0	0
Trichosphaena ulanbuhensis	0	0	0	0	0	0	0	0	0	1	1	0	0	0	0	0	0	0	0	0	0	0	0	0	0	0	0	0	0	0	0	0	0	0	0	0	0
Epitrichia ningsiana	0	0	0	0	0	0	0	0	0	0	0	0	0	0	0	0	0	0	1	0	0	0	0	0	0	0	0	0	0	0	0	0	0	0	0	0	0
Epitrichia fuscus	0	0	0	0	0	0	0	0	0	0	0	0	0	0	0	0	0	0	0	0	0	0	1	0	0	0	0	0	0	0	0	0	0	0	0	0	0
Leptodes szekessyi	0	0	0	0	0	0	0	1	0	0	0	0	0	0	0	0	0	0	0	0	0	0	0	1	0	0	0	0	0	0	0	0	0	0	0	0	0
Cyphogenia chinensis	0	0	0	0	0	0	0	0	0	0	0	0	0	0	0	0	0	0	0	1	1	1	0	0	1	0	0	0	0	0	0	0	0	0	1	0	0
Cyphogenia humeralis	0	1	1	0	0	0	0	0	0	0	0	0	0	0	0	0	0	0	0	0	0	0	0	0	0	0	0	0	0	0	0	0	0	0	0	0	0
Netuschilia hauseri	0	1	1	0	0	0	0	0	0	0	0	0	0	0	0	0	0	0	0	0	0	0	0	0	0	0	0	0	0	0	0	0	0	0	0	0	0
Platyope ordossica	0	0	0	0	0	0	0	0	0	0	0	0	0	0	0	0	0	0	0	0	0	0	0	0	0	0	0	0	0	0	0	0	0	0	0	0	0

续表

种名	D2	D3	D4	D5	D6	D7	D8	D9	D10	D11	D12	D13	D14	D15	D16	D17	E8	E9	E10	E11	E12	E13	E14	E15	E16	F11	F12	F13	F14	F15	F16	G11	G12	G13	G14	G15
Platyope victori	0	0	0	0	0	0	0	0	0	1	1	1	0	0	0	0	0	0	0	1	1	1	0	0	0	0	0	0	0	0	0	0	0	0	0	0
Platyope mongolica	0	0	0	0	0	0	0	0	0	0	0	0	0	0	0	0	0	0	0	0	0	0	0	0	0	0	0	0	0	1	1	0	0	0	0	0
Platyope balteiformis	0	0	0	0	0	0	0	0	0	0	0	0	0	1	0	0	0	0	0	0	0	1	1	1	1	0	0	0	0	0	0	0	0	0	0	0
Mantichorula grandis	0	0	0	0	0	0	0	0	1	1	0	0	0	0	0	0	0	0	1	1	1	0	1	0	1	0	0	0	0	0	0	0	0	0	0	0
Mantichorula semenowi	0	0	0	0	0	0	0	0	1	1	1	0	0	0	0	0	0	0	1	1	1	1	0	0	1	1	0	0	0	0	0	0	0	0	0	0
Ocnera sublaevigata	0	1	1	0	0	0	0	0	0	0	0	0	0	0	0	0	0	0	0	0	0	0	0	0	0	0	0	0	0	0	0	0	0	0	0	0
Pterocoma reitteri	0	0	0	1	1	1	0	0	1	1	0	1	1	0	0	0	0	0	1	1	1	0	1	1	0	0	1	1	1	1	0	0	0	0	0	0
Pterocoma parvula	0	0	0	0	0	1	1	0	1	0	0	0	0	0	0	0	0	0	0	0	0	0	0	0	0	0	0	0	0	0	0	0	0	0	0	0
Pterocoma vittata	0	0	0	0	0	0	0	0	1	1	1	0	0	0	0	0	0	0	0	1	0	0	1	0	0	0	1	0	1	0	0	0	1	0	0	0
Pterocoma amandana edmundi	0	0	0	0	0	0	0	0	0	1	0	1	0	0	0	1	1	0	0	1	1	0	0	0	0	0	0	0	0	0	0	0	0	0	0	0
Pterocoma loczyi	0	1	1	0	0	1	1	0	0	0	0	0	0	0	0	0	0	0	0	0	0	0	0	0	0	0	0	0	0	0	0	0	0	0	0	0
Trigonocnera gramulata	0	0	0	0	0	0	0	0	1	1	0	0	0	0	0	1	1	0	0	0	0	0	0	0	1	0	0	0	0	0	0	0	0	0	0	0
Trigonocnera pseudopimelia pseudopimelia	0	0	0	0	0	0	1	1	1	1	0	0	0	0	0	0	0	0	0	0	1	1	1	1	0	0	1	1	1	1	1	1	0	0	0	1
Sternoplax lacerta	0	0	0	0	0	0	0	1	0	0	0	0	0	0	0	0	0	0	0	0	0	0	0	0	0	0	0	0	0	0	0	0	0	0	0	0
Sternoplax szechenyi	0	0	0	0	0	1	1	0	0	0	0	0	0	0	0	0	0	0	0	0	0	0	0	0	0	0	0	0	0	0	0	0	0	0	0	0
Sternotrigon setosa setosa	0	0	0	0	0	0	0	0	0	0	0	0	0	0	0	0	0	0	0	0	0	0	0	0	0	0	0	1	0	0	0	0	0	0	0	0
Sternotrigon zichyi	0	0	0	0	0	1	1	0	0	0	0	0	0	1	0	0	0	0	0	0	0	0	0	0	0	0	0	0	0	0	0	0	0	0	0	0

续表

种名	D2	D3	D4	D5	D6	D7	D8	D9	D10	D11	D12	D13	D14	D15	D16	D17	E8	E9	E10	E11	E12	E13	E14	E15	E16	F11	F12	F13	F14	F15	F16	G11	G12	G13	G14	G15
Sternotrigon grandis	0	0	0	0	0	0	0	0	0	0	0	0	0	0	0	0	0	0	0	0	0	0	0	0	0	0	0	0	0	0	0	0	0	0	0	0
Sternotrigon kraatzi	0	1	1	0	0	1	0	0	0	0	0	0	0	0	0	0	0	0	0	0	0	0	0	0	0	0	0	0	0	0	0	0	0	0	0	0
Trigonoscelis sublaevigata sublaevigata	0	1	1	0	0	0	0	0	0	0	0	0	0	0	0	0	0	0	0	0	0	0	0	0	0	0	0	0	0	0	0	0	0	0	0	0
Tamena rugiceps	0	1	1	0	0	0	0	0	0	0	0	0	0	0	0	0	0	0	0	0	0	0	0	0	0	1	0	0	0	0	0	0	0	0	0	0
Microdera elegans	1	1	0	1	1	1	1	0	0	0	0	0	0	0	0	0	0	1	0	0	0	0	0	0	0	0	1	0	0	0	0	0	0	0	0	0
Microdera kraatzi kraatzi	0	0	0	0	0	0	0	0	0	0	0	0	0	1	0	0	0	0	1	0	0	0	1	0	0	0	0	0	1	0	0	0	0	0	0	0
Microdera kraatzi alashanica	0	0	0	0	0	0	1	0	1	1	1	1	1	1	1	0	0	0	0	1	1	0	1	1	1	0	0	0	1	1	0	0	0	0	0	0
Microdera lampabilis	0	0	0	0	0	0	0	0	0	0	0	0	0	0	0	0	0	0	0	0	0	0	1	0	0	0	0	0	0	0	0	1	0	1	0	0
Microdera huoshanica	0	0	0	0	0	0	0	0	0	0	0	0	0	0	0	0	0	0	0	0	0	0	1	0	0	0	0	0	0	0	0	0	0	0	0	0
Microdera globata	0	0	0	0	0	0	0	0	0	0	0	0	0	1	1	1	0	0	0	0	0	0	0	1	1	0	0	1	0	0	0	0	0	0	0	0
Microdera promptipuncta	0	0	0	0	0	0	0	0	0	0	0	0	0	0	0	0	0	0	0	0	0	0	0	0	0	0	0	0	0	0	1	0	0	0	0	0
Microdera duplicatipunctatus	0	0	0	0	0	0	0	0	0	0	0	0	0	0	0	0	0	0	0	0	0	0	1	0	0	0	0	1	0	0	0	0	0	0	0	0
Microdera kanssuana	0	0	0	0	0	0	0	0	0	0	0	0	0	0	0	0	0	0	0	0	0	1	0	0	0	0	1	0	0	0	0	0	0	0	0	0
Microdera rotundithorax	0	0	0	0	0	0	0	0	0	0	0	0	0	0	0	0	0	0	0	0	0	1	1	0	0	0	0	0	0	0	0	0	0	0	0	0
Microdera aurita	0	1	1	1	1	1	1	0	0	0	0	0	0	0	0	0	0	0	0	0	0	0	0	0	0	0	0	0	0	0	0	0	0	0	0	0
Microdera shandanana	0	0	0	0	0	0	1	0	1	1	0	0	0	0	0	0	1	0	1	0	0	0	0	0	0	1	0	0	0	0	0	0	0	0	0	0
Microdera mongolica mongolica	0	1	1	0	0	1	1	0	0	1	1	0	0	0	0	0	1	0	1	1	1	0	0	0	0	1	0	0	0	0	0	0	0	0	0	0

续表

种名	D2	D3	D4	D5	D6	D7	D8	D9	D10	D11	D12	D13	D14	D15	D16	D17	E8	E9	E10	E11	E12	E13	E14	E15	E16	F11	F12	F13	F14	F15	F16	G11	G12	G13	G14	G15
Microdera mongolica kozlovi	0	0	0	0	0	0	0	0	0	1	0	1	0	0	0	0	0	0	0	1	1	0	1	0	0	0	0	1	0	0	0	0	0	0	0	0
Microdera laticollis laticollis	0	1	1	0	0	1	0	0	1	0	0	0	0	0	0	0	0	0	0	0	0	0	0	0	0	0	0	0	0	0	1	0	0	0	0	0
Micodera strigiventris	0	0	0	0	0	0	0	1	0	1	0	0	0	0	0	0	0	1	0	0	0	0	0	0	0	0	0	0	0	0	0	0	0	0	0	0
Scytosoma humeridens	0	0	0	0	0	0	1	0	0	0	0	0	0	0	0	0	1	0	0	0	0	0	0	0	0	0	0	0	0	0	0	0	0	0	0	0
Scytosoma scalaris	0	0	0	0	0	0	0	0	0	0	0	0	0	0	0	0	0	0	0	0	1	0	0	0	0	0	0	0	0	0	0	0	1	0	1	0
Scytosoma fascia	0	0	0	0	0	0	0	0	0	0	0	0	0	0	0	0	0	0	0	0	0	0	0	0	0	0	0	0	0	1	0	0	0	0	1	0
Scytosoma ovadis	0	0	0	0	0	0	0	0	0	0	0	0	0	0	0	0	0	0	0	0	0	0	0	0	0	1	0	0	0	0	0	0	1	0	0	0
Scytosoma pygmaeum	0	0	0	0	0	0	0	0	0	0	0	0	0	0	0	0	0	0	0	0	0	0	0	1	0	1	0	0	0	0	0	0	0	0	0	0
Scytosoma dissilimarginis	0	0	0	0	0	0	0	0	0	0	0	0	0	0	0	0	0	0	0	0	0	0	0	1	0	0	0	0	0	0	0	0	0	0	0	1
Scytosoma rufiabdomina	0	0	0	0	0	0	0	0	0	0	0	0	0	0	0	0	0	0	0	0	0	0	0	0	1	0	0	0	1	0	0	0	0	0	0	0
Scythis intermedia scythiformis	0	0	0	0	0	0	0	0	0	0	0	0	0	0	0	0	0	0	0	0	0	0	0	0	0	0	0	0	0	0	0	0	1	0	0	0
Scythis affinis	0	1	1	1	0	0	0	0	0	0	0	0	0	0	0	0	0	0	0	0	0	0	0	0	0	0	0	0	0	0	0	0	0	0	0	0
Anatolica tsendsureni	0	1	1	0	0	0	0	0	0	0	0	0	0	0	0	0	0	0	0	0	0	0	0	0	0	0	0	0	0	0	0	0	0	0	0	0
Anatolica immarginata	0	0	0	0	0	0	0	0	1	0	0	0	0	0	0	0	0	0	0	1	0	0	0	0	0	0	0	0	1	0	0	0	0	0	0	0
Anatolica polita polita	0	0	0	0	1	0	0	0	0	0	1	0	0	0	0	0	0	0	1	0	0	0	0	0	0	0	0	0	0	0	0	0	0	0	0	0
Anatolica semenowi	0	0	0	0	0	0	1	0	0	0	0	0	0	0	0	0	0	0	0	1	0	0	0	0	0	0	0	0	0	0	0	0	0	0	0	0
Anatolica pandaroides	0	0	0	0	0	0	0	0	0	0	0	0	0	0	0	0	0	0	0	0	0	0	0	0	0	0	0	0	0	0	0	0	0	1	1	0
Anatolica planata	0	0	0	0	0	1	1	0	0	0	0	0	0	0	0	0	0	0	0	0	0	0	0	0	0	0	0	0	0	0	0	0	1	0	0	0

续表

种名	D2	D3	D4	D5	D6	D7	D8	D9	D10	D11	D12	D13	D14	D15	D16	D17	E8	E9	E10	E11	E12	E13	E14	E15	E16	F11	F12	F13	F14	F15	F16	G11	G12	G13	G14	G15
Anatolica strigosa	0	0	0	0	0	0	0	0	0	0	0	0	0	0	0	0	0	0	0	0	0	0	0	1	0	0	0	0	0	0	0	0	0	0	0	0
Anatolica paradoxa	0	1	1	1	0	0	0	0	0	0	0	0	0	0	0	0	0	0	0	0	0	0	0	0	0	0	0	0	0	0	0	0	0	0	0	0
Anatolica cechiniae	0	0	0	0	0	0	0	0	0	0	0	0	0	0	0	0	0	0	0	0	0	0	0	0	0	0	0	0	0	0	0	0	0	0	0	0
Anatolica potanini	0	0	0	0	0	1	1	0	1	1	1	1	1	1	1	1	0	1	1	1	1	1	1	1	1	1	0	1	1	1	0	1	0	1	0	1
Anatolica mucronata	0	0	0	0	0	0	0	1	0	1	1	1	1	1	1	1	1	1	1	1	1	1	1	1	1	0	1	1	1	1	0	0	1	0	1	0
Anatolica sternalis	0	0	0	0	1	1	1	0	1	1	1	0	0	0	0	0	1	0	1	1	1	1	0	1	1	0	0	0	1	0	0	0	0	0	1	0
Anatolica nureti	0	0	0	0	0	0	0	0	0	0	0	0	0	0	0	0	0	0	0	0	0	0	0	1	1	0	0	0	0	0	0	0	0	0	0	0
Anatolica gravidula	0	0	0	0	1	1	1	1	1	1	0	0	1	1	0	0	1	1	1	1	0	0	0	0	0	0	0	0	1	0	0	0	0	0	0	0
Anatolica minima	0	0	0	1	0	0	0	1	1	1	1	0	0	0	0	0	0	0	1	0	0	0	0	1	0	0	0	0	1	0	0	0	0	0	0	0
Anatolica dashidorzsi temporalis	0	0	0	0	0	0	0	0	0	0	0	0	0	0	0	0	0	0	0	0	0	0	0	0	0	0	0	0	0	0	0	0	0	0	0	0
Anatolica suturalis	0	0	0	0	0	0	0	0	0	0	0	0	0	0	0	0	0	0	0	0	0	0	0	0	0	0	0	0	1	0	0	0	0	0	0	0
Anatolica kulzeri	0	0	0	0	1	1	0	0	1	0	0	0	1	0	0	0	0	0	0	0	0	0	0	0	0	0	0	0	0	0	1	0	0	0	0	0
Anatolica amoenula	0	0	0	0	0	0	0	1	1	0	1	1	0	0	0	1	0	0	0	0	0	0	0	0	1	1	0	0	0	1	0	1	0	0	0	0
Anatolica ebenina	0	0	0	0	0	0	0	0	0	0	0	0	0	0	0	0	0	0	0	0	0	0	0	0	0	0	1	1	0	1	0	0	0	0	0	0
Anatolica rugata	0	0	0	0	0	0	0	0	0	1	0	0	0	0	0	0	0	0	0	0	1	0	0	0	0	0	0	0	0	0	0	0	0	0	0	0
Anatolica ningxiana	0	0	0	0	0	0	0	0	0	0	0	0	0	0	0	0	1	0	0	0	0	1	1	1	1	0	0	1	1	1	0	0	0	0	0	0
Colposcelis damone	1	1	0	1	1	1	0	0	0	0	0	0	0	0	0	0	0	0	0	0	0	0	0	0	0	0	0	0	0	0	0	0	0	0	0	0
Colposcelis forsteri	0	0	0	0	0	0	0	0	0	0	0	0	0	0	0	0	0	0	0	0	0	0	0	0	0	0	0	0	0	0	0	0	0	0	0	0

续表

种名	D2	D3	D4	D5	D6	D7	D8	D9	D10	D11	D12	D13	D14	D15	D16	D17	E8	E9	E10	E11	E12	E13	E14	E15	E16	F11	F12	F13	F14	F15	F16	G11	G12	G13	G14	G15
Colposcelis montivaga	0	0	0	0	0	0	0	0	0	0	0	0	0	0	0	0	0	0	0	0	0	0	0	0	0	0	0	0	0	0	0	0	0	0	0	0
Colposcelis microderoides microderoides	0	0	0	0	0	0	0	0	0	0	0	0	0	0	0	0	1	0	0	0	0	0	0	0	0	0	0	1	1	0	0	0	0	0	0	0
Colposcelis licenti	0	0	0	0	0	0	0	0	0	0	0	0	0	0	0	0	0	0	0	0	0	0	0	0	0	0	0	1	0	0	0	0	0	0	0	0
Colposcelis trisulcata	0	0	0	0	0	0	0	0	0	0	0	0	0	0	0	0	0	0	0	0	0	0	0	0	0	0	0	1	1	0	0	0	0	0	0	0
Lagria atriceps	0	0	0	0	0	0	0	0	0	0	0	0	0	0	0	0	0	0	0	0	0	0	0	0	0	0	0	1	0	0	0	0	0	0	1	0
Lagria hirta	0	0	0	0	0	0	0	0	0	0	0	0	0	0	0	0	0	0	0	0	0	0	0	0	0	0	0	0	0	0	0	0	0	0	1	0
Lagria rufipennis	0	0	0	0	0	0	0	0	0	0	0	0	0	0	0	0	0	0	0	0	0	0	0	0	0	0	0	1	0	0	0	0	0	0	0	0
Lagria ophthalmica	0	0	0	0	0	0	0	0	0	0	0	0	0	0	0	0	0	0	0	0	0	0	0	1	0	0	0	1	0	0	0	0	0	0	0	0
Laena bifoveolata	0	0	0	0	0	0	0	0	0	0	0	0	0	0	0	0	0	0	0	0	0	1	0	0	0	0	0	0	0	0	0	0	0	0	0	0
Centorus helanensis	0	0	0	0	0	0	0	0	0	0	0	0	0	0	0	0	0	0	0	0	0	0	0	1	0	0	0	0	0	0	0	0	0	0	0	0
Centorus luculentus	0	0	0	0	0	0	0	0	0	0	0	0	0	0	0	0	0	0	0	0	0	0	0	0	0	0	0	0	0	0	0	0	0	0	0	0
Centorus alashanicus	0	0	0	0	0	0	0	0	0	1	0	0	0	0	0	0	0	0	0	1	0	0	0	0	0	0	0	0	0	0	0	0	0	0	0	0
Centorus medvedevi	0	0	0	0	0	0	0	0	0	0	0	0	0	0	0	0	0	0	0	0	0	0	0	1	0	0	0	0	0	0	0	0	0	0	0	0
Cheirodes scalarithoracus	0	0	0	0	0	0	0	0	0	0	0	0	0	0	0	0	0	0	0	0	0	0	0	0	1	0	0	0	0	0	0	0	0	0	0	0
Cheirodes zhengi	0	0	0	0	0	0	0	0	1	1	0	0	0	0	0	0	0	0	0	0	0	0	0	1	0	0	0	0	0	0	0	0	0	0	0	0
Melanesthes csikii	0	0	0	0	0	0	0	0	1	1	0	0	0	0	0	0	0	0	0	0	0	0	0	0	0	0	0	0	0	0	0	0	0	0	0	0
Melanesthes heydeni heydeni	0	0	0	0	0	1	1	0	0	0	0	0	0	0	0	0	0	0	0	0	0	0	0	0	0	1	0	0	0	0	0	0	0	1	0	0
Melanesthes punctipennis	0	0	0	0	0	1	1	0	0	0	0	0	0	0	0	0	0	1	0	0	0	0	0	0	0	0	0	0	0	0	0	0	1	1	1	0

续表

种名	D2	D3	D4	D5	D6	D7	D8	D9	D10	D11	D12	D13	D14	D15	D16	D17	E8	E9	E10	E11	E12	E13	E14	E15	E16	F11	F12	F13	F14	F15	F16	G11	G12	G13	G14	G15
Melanesthes gigas	0	0	0	0	0	0	0	0	0	0	0	0	0	0	0	0	0	0	0	0	0	1	0	0	0	0	0	0	0	0	0	0	0	0	0	0
Melanesthes rugipennis	0	0	0	0	0	0	0	0	0	0	0	0	0	0	0	0	0	0	0	0	0	0	0	1	0	0	0	0	0	0	0	0	0	0	0	0
Melanesthes granulates	0	0	0	0	0	0	0	0	0	0	0	0	0	0	0	0	0	0	0	0	0	0	0	0	0	1	0	0	0	0	1	0	0	0	0	0
Melanesthes tuberculosa	0	0	0	0	0	0	0	0	0	0	0	0	1	0	0	0	0	0	0	0	0	0	0	0	0	0	0	0	0	0	1	0	0	0	0	0
Melanesthes ningxiaensis	0	0	0	0	0	0	0	0	0	0	0	0	0	0	0	0	0	0	0	0	0	0	0	0	0	0	0	0	0	1	0	0	0	0	0	1
Melanesthes jintaiensis	0	0	0	0	0	0	0	0	0	0	0	0	0	0	0	0	0	0	0	1	0	0	0	0	0	0	0	0	0	0	0	0	0	0	0	0
Melanesthes davadshamsi	0	0	0	0	0	0	0	0	0	0	0	0	0	0	0	0	0	0	0	0	0	0	1	0	0	0	0	0	1	0	0	0	0	0	0	0
Melanesthes ciliata	0	0	0	0	0	0	0	0	0	0	0	0	1	0	0	0	0	0	0	0	0	1	0	0	0	0	0	1	0	0	0	0	0	0	0	0
Melanesthes psammophila	0	0	0	0	0	0	0	0	0	0	0	0	0	0	0	0	0	0	0	0	1	0	0	0	0	0	0	1	0	0	0	0	0	0	0	0
Melanesthes maxima maxima	0	0	0	0	0	0	0	0	0	0	0	0	0	1	0	1	0	0	0	0	0	0	0	0	0	0	0	0	0	0	0	0	0	0	0	0
Melanesthes mongolica	0	0	0	0	0	0	0	0	0	0	0	0	1	0	1	1	0	0	0	0	0	0	0	0	0	0	0	0	0	0	0	0	0	0	0	0
Melanesthes medvedevi	0	0	0	0	0	0	0	0	0	0	0	0	0	0	0	0	0	0	0	0	0	0	0	0	0	0	0	0	0	0	0	0	0	0	0	0
Melanesthes jenseni meridionalis	0	0	0	0	0	0	0	0	0	0	0	0	0	1	0	0	0	0	0	0	0	0	0	0	0	0	0	0	0	0	0	0	0	0	0	0
Melanesthes exilidentata	0	0	0	0	0	0	0	0	0	0	0	0	0	0	0	0	0	0	0	0	0	0	1	1	1	0	0	0	0	1	0	0	0	0	0	0
Melanesthes desertora	0	0	0	0	0	0	0	0	0	0	0	0	0	0	0	0	0	0	0	0	0	0	0	0	1	0	0	0	0	0	0	0	0	0	0	0
Scleropatrum horridum horridum	0	0	0	0	0	0	0	0	0	0	0	0	1	1	0	0	0	0	0	0	0	0	0	1	0	0	1	1	0	0	0	0	0	0	1	0
Scleropatrum tuberculatum	1	1	0	0	0	0	0	0	0	0	0	0	0	0	0	0	0	0	0	0	0	1	0	0	0	0	0	1	0	0	0	0	0	0	0	0

续表

种名	D2	D3	D4	D5	D6	D7	D8	D9	D10	D11	D12	D13	D14	D15	D16	D17	E8	E9	E10	E11	E12	E13	E14	E15	E16	F11	F12	F13	F14	F15	F16	G11	G12	G13	G14	G15
Scleroparrum tuberculiferum	0	0	0	0	0	0	0	0	0	0	0	0	0	0	0	0	0	0	0	0	0	1	1	0	0	1	0	0	1	1	0	1	1	1	0	0
Scleroparrum csikii	0	0	0	0	0	1	0	0	0	0	0	0	0	0	0	0	0	0	0	0	0	0	0	0	0	0	0	0	0	0	0	0	0	0	0	0
Scleroparoides seidlitzi	0	0	0	0	0	0	1	1	0	0	0	0	0	0	0	0	0	0	0	0	0	0	0	0	0	0	0	0	0	0	0	0	0	0	0	0
Gonocephalum reticulatum	0	0	0	0	0	0	0	1	0	1	0	0	0	0	0	0	0	0	0	0	0	0	0	0	1	0	0	0	0	1	0	0	0	0	1	0
Gonocephalum subrugulosum	0	0	0	0	0	0	0	0	0	1	0	0	0	0	0	0	0	0	0	0	0	0	0	0	1	0	0	0	0	0	0	0	0	0	0	0
Opatrum asperipenne	0	0	0	0	0	0	0	1	0	0	0	0	0	0	0	0	0	0	1	0	1	0	0	0	0	0	0	0	0	0	0	0	0	0	0	0
Opatrum sabulosum sabulosum	0	0	0	0	1	0	1	0	0	0	0	0	0	0	0	0	0	0	0	0	0	0	0	0	0	0	0	0	0	0	0	0	0	0	0	0
Opatrum subaratum	0	0	0	0	0	0	0	0	0	0	0	0	1	0	0	0	0	0	0	0	0	0	0	0	0	0	0	0	1	0	0	0	0	0	0	0
Anatrum songorium	0	0	0	0	0	0	0	1	0	0	0	0	0	0	0	0	0	0	1	0	0	0	0	0	0	0	0	1	0	0	0	0	0	0	0	0
Anatrum shandanicum	0	0	0	0	0	1	1	0	0	0	0	0	0	0	0	0	0	0	1	0	0	0	0	0	0	1	0	0	0	0	0	0	0	0	0	0
Jintaium sulcatum	0	0	0	0	0	0	1	0	0	0	0	0	0	0	0	0	0	0	0	0	0	0	0	1	0	0	0	0	1	0	0	0	0	0	0	0
Myladina unguiculina	0	0	0	0	0	0	1	0	0	0	0	0	0	0	0	0	0	0	0	0	0	0	0	0	0	0	0	1	0	1	0	0	0	0	0	0
Myladina lissonota	0	0	0	0	0	0	0	0	0	0	0	0	0	0	0	0	0	0	0	0	0	0	0	0	1	0	0	0	0	0	0	0	0	0	0	0
Eumylada punctifera	0	0	0	0	0	0	0	0	0	0	0	0	0	1	0	0	0	0	0	0	0	1	0	0	0	0	0	0	0	0	0	0	0	1	0	0
Eumylada glandulosa	0	0	0	0	0	0	0	0	0	1	0	0	0	0	0	0	0	0	0	1	0	0	0	0	0	0	0	0	0	0	1	0	0	0	0	0
Eumylada potanini	0	0	0	0	0	0	0	0	0	0	0	0	0	1	0	0	0	0	0	0	0	0	0	1	0	0	0	0	1	0	0	0	0	0	0	0
Eumylada oberbergeri	0	0	1	0	0	0	0	0	0	0	0	0	0	0	0	0	0	0	0	0	0	1	0	0	0	0	0	0	0	0	0	0	0	0	1	0
Penthicus lenczyi	1	1	0	0	0	0	0	1	0	0	0	0	0	0	0	0	0	0	0	0	0	0	0	0	0	0	0	0	0	0	0	0	0	0	0	0

续表

种名	D2	D3	D4	D5	D6	D7	D8	D9	D10	D11	D12	D13	D14	D15	D16	D17	E8	E9	E10	E11	E12	E13	E14	E15	E16	F11	F12	F13	F14	F15	F16	G11	G12	G13	G14	G15
Penthicus schusteri	0	0	0	0	0	0	0	0	0	0	0	0	0	0	0	0	0	1	0	0	0	0	0	0	0	0	0	0	0	0	0	0	0	0	0	0
Penthicus nojomicus	0	0	0	0	0	0	0	1	1	0	0	0	0	0	0	0	0	1	1	1	0	0	1	1	0	0	0	0	0	0	0	0	0	0	0	0
Penthicus nanshanicus	0	0	0	1	1	1	1	0	0	1	0	0	0	1	0	0	0	0	0	0	0	1	0	0	0	0	0	0	0	0	0	0	0	0	0	0
Penthicus humeridens	0	0	0	0	1	0	1	0	0	0	0	0	1	1	0	0	0	0	0	0	0	0	0	0	0	0	0	0	0	0	0	0	0	0	0	0
Penthicus alashanicus	0	0	0	0	0	0	0	0	0	0	0	0	0	0	0	0	0	0	0	0	0	0	0	1	0	0	0	0	0	0	0	0	0	0	0	0
Penthicus frater	0	0	0	0	0	0	0	0	0	0	0	0	0	0	0	0	0	0	0	0	0	0	0	0	0	0	0	0	0	0	0	0	0	0	0	0
Penthicus laelaps	0	0	0	0	0	0	0	0	0	0	0	0	0	0	0	0	0	0	0	0	0	0	0	0	0	0	0	0	0	0	0	0	0	0	0	0
Penthicus obtusangulus	0	0	0	0	0	0	0	0	0	0	0	0	0	0	0	0	0	0	0	0	0	0	0	0	0	0	0	0	0	0	0	0	0	0	0	0
Blindus strigosus	0	0	0	0	0	0	0	0	0	0	0	0	0	0	0	0	0	0	0	0	0	0	0	0	0	0	0	0	0	0	0	0	0	0	0	0
Blaps potanini	0	0	0	0	0	0	0	0	0	0	0	0	0	0	0	0	0	0	0	0	0	0	1	0	0	1	1	0	0	0	1	1	0	1	0	1
Blaps granulata granulata	0	0	0	0	0	0	0	0	0	0	0	0	0	0	0	0	0	0	0	0	0	0	0	0	0	0	1	1	0	0	0	0	1	0	0	0
Blaps gressoria	0	0	0	0	0	0	0	0	0	0	0	0	0	0	0	0	0	0	0	0	0	0	0	0	0	0	0	1	1	0	0	0	0	0	0	0
Blaps davidis	0	0	0	0	0	0	0	0	0	0	0	0	0	0	0	0	0	0	0	0	0	0	0	1	0	0	0	0	1	1	0	0	0	0	0	0
Blaps miliaria	0	0	0	0	0	0	0	0	0	0	0	0	0	0	0	0	0	0	0	0	0	0	0	0	1	0	0	0	0	1	0	0	0	0	1	0
Blaps reflexa	0	0	0	0	0	0	0	0	0	0	0	0	0	0	0	0	0	0	0	0	0	0	0	0	0	0	0	0	0	0	1	0	0	0	0	0
Blaps variolosa	0	0	0	0	0	0	0	0	0	0	0	0	0	0	0	0	0	0	0	0	0	1	0	1	1	0	1	0	0	0	0	1	0	1	0	0
Blaps femoralis femorals	0	0	0	0	0	0	0	0	0	0	0	0	0	0	1	0	0	0	0	0	0	0	0	0	1	0	1	1	1	0	0	0	0	1	1	0
Blaps medusula	0	0	0	0	0	0	0	0	0	0	0	0	0	0	0	0	0	0	0	0	1	1	0	0	0	0	1	0	0	0	0	0	0	0	0	0

续表

种名	D2	D3	D4	D5	D6	D7	D8	D9	D10	D11	D12	D13	D14	D15	D16	D17	E8	E9	E10	E11	E12	E13	E14	E15	E16	F11	F12	F13	F14	F15	F16	G11	G12	G13	G14	G15
Blaps dentiitibia	0	0	0	0	0	0	1	0	0	0	0	0	0	0	0	0	0	0	0	0	1	0	0	0	0	0	0	0	0	0	0	0	1	1	1	0
Blaps medusa	0	0	0	0	1	1	1	1	0	0	0	0	0	0	0	0	0	0	0	0	0	0	0	0	0	0	0	0	0	0	0	0	0	0	0	0
Blaps kiritshenkoi	0	0	0	0	1	1	1	1	1	0	0	0	0	0	1	0	0	0	0	1	1	1	0	1	1	1	0	0	0	0	1	0	0	0	0	0
Blaps umbilicata	0	0	0	0	0	0	0	0	0	0	0	0	0	0	0	0	0	0	0	0	0	0	0	0	0	0	0	0	0	0	0	0	0	0	0	0
Blaps furcala	0	0	0	0	0	0	1	1	0	0	0	0	0	0	0	0	0	0	0	0	0	0	0	0	0	0	0	0	0	0	0	0	0	1	0	0
Blaps gobiensis	1	1	1	1	1	1	1	0	0	1	1	0	0	0	0	0	0	0	0	0	1	1	1	1	1	0	0	1	0	0	0	1	1	0	1	0
Blaps varicosa	0	0	0	0	0	0	0	0	0	0	1	0	0	0	0	0	0	0	0	0	0	0	0	0	0	0	0	0	0	0	0	0	0	0	0	0
Blaps rugosa	0	0	0	0	0	0	0	0	0	0	0	0	0	0	0	0	0	0	0	1	0	1	0	0	0	1	0	1	0	0	1	1	0	0	1	0
Blaps nanshanica	0	0	0	0	0	0	0	0	1	0	0	0	0	0	0	0	0	1	0	0	0	0	0	0	0	0	0	0	0	0	0	0	0	0	0	0
Blaps acuminata	0	0	0	1	1	0	0	0	0	1	0	0	0	0	0	0	0	1	0	0	0	0	0	0	0	0	0	0	0	0	0	0	0	0	0	0
Blaps caraboides caraboides	0	0	0	0	0	0	0	0	0	1	0	0	0	0	0	0	0	0	1	0	0	1	0	0	0	0	0	0	0	1	0	0	0	0	0	1
Blaps opaca	0	0	0	0	0	0	0	1	0	0	0	0	0	0	0	0	0	0	0	0	0	0	0	0	0	0	0	0	0	0	0	0	0	0	0	0
Blaps latericosta	0	0	0	0	0	0	0	0	0	0	0	0	0	0	0	0	0	0	0	0	0	0	0	0	0	0	1	0	0	0	0	1	0	0	1	0
Blaps allardiana allardiana	0	0	0	0	0	0	0	1	0	0	0	0	0	0	0	0	0	0	0	0	0	0	0	0	0	0	1	0	0	0	0	0	0	1	0	1
Gnaptorina cylindricollis	0	0	0	0	0	0	0	0	0	0	0	0	0	0	0	0	0	0	0	0	0	0	0	1	0	0	0	0	0	0	0	0	1	1	0	0
Itagonia provostii	0	0	0	0	0	0	0	0	0	0	0	0	0	0	0	0	0	0	0	0	0	0	0	0	1	0	0	0	0	1	0	0	0	0	1	0
Prosodes pekinensis	0	0	0	0	0	0	0	0	0	0	0	0	0	0	0	0	0	0	0	0	0	0	0	0	0	0	0	0	0	0	0	0	0	0	1	0
Bioramix integra	0	0	0	0	0	0	0	0	0	0	0	0	0	0	0	0	0	0	0	0	0	0	0	0	0	0	0	0	0	0	0	0	0	0	0	1

续表

种名	D2	D3	D4	D5	D6	D7	D8	D9	D10	D11	D12	D13	D14	D15	D16	D17	E8	E9	E10	E11	E12	E13	E14	E15	E16	F11	F12	F13	F14	F15	F16	G11	G12	G13	G14	G15
Bioramix frivaldszkyi	0	0	0	0	0	0	0	1	1	1	0	0	0	0	0	0	1	1	1	1	0	0	0	0	0	0	0	0	0	0	0	0	0	0	0	0
Bioramix micans	0	0	0	0	0	0	0	1	1	1	0	0	0	0	0	0	1	1	1	1	0	0	0	0	0	0	0	0	0	0	0	0	0	0	0	0
Platyscelis suiyuana	0	0	0	0	0	0	0	0	0	0	0	0	0	0	0	0	0	0	0	0	0	0	0	1	0	0	0	0	1	1	0	0	0	0	0	0
Platyscelis brevis	0	0	0	0	0	0	0	0	0	0	0	0	0	0	0	0	0	0	0	0	0	0	0	0	0	0	0	0	0	0	0	0	0	0	0	0
Platyscelis hauseri	0	0	0	0	0	0	0	0	0	0	0	0	0	1	0	1	0	0	0	0	0	1	1	1	0	0	1	0	0	1	0	1	1	0	0	1
Platyscelis gebieni	0	0	0	0	0	0	0	0	0	0	0	0	0	0	0	0	0	0	0	0	0	0	1	0	0	0	0	0	0	0	0	0	0	0	0	0
Platyscelis freyi	0	0	0	0	0	0	0	0	0	0	0	0	0	0	0	0	0	0	0	0	0	0	0	0	0	0	0	0	0	0	0	0	0	1	1	1
Myatis breipilosum	0	0	0	0	0	0	0	0	1	1	0	0	0	0	0	0	0	0	1	0	0	0	0	0	0	0	0	0	0	0	0	0	0	0	0	0
Catomus wangae	0	0	0	0	0	0	0	0	0	0	0	0	0	0	0	0	0	0	0	0	0	0	0	0	0	0	0	0	0	0	0	0	0	0	0	0
Phtora alashanensis	0	0	0	0	0	0	0	0	0	1	0	0	0	0	0	0	0	0	0	1	0	0	0	0	0	0	0	0	0	0	0	0	0	0	0	0
Tenebrio molitor	0	0	0	0	0	0	0	0	0	0	0	0	0	0	0	0	0	0	0	0	0	0	0	1	0	0	0	0	0	0	0	0	0	0	0	0
Tribolium madens	0	0	0	0	0	0	0	0	0	0	0	0	0	0	0	0	0	0	0	0	0	0	0	0	1	0	0	0	0	0	0	0	0	0	0	0
Tribolium castaneum	0	0	0	0	0	0	0	0	0	0	0	0	0	0	0	0	0	0	0	0	0	0	0	1	0	0	0	0	0	0	0	0	0	0	0	0
Alphitophagus bifasciatus	0	0	0	0	0	0	0	0	0	0	0	1	0	0	0	0	0	0	0	0	0	0	0	1	1	0	0	0	0	0	0	0	0	0	0	0
Crypticus rufipes	0	0	0	0	0	0	0	0	0	0	0	0	0	0	0	0	0	0	0	0	0	0	0	0	0	1	0	0	0	1	0	0	0	0	1	0
Crypticus zubei	0	1	1	0	0	0	0	0	0	1	1	1	0	1	0	0	0	0	0	0	0	0	0	0	0	0	0	0	0	0	0	0	0	0	0	0